자크 데리다

제임스 K. A. 스미스 지음

윤동민 옮김

Jacques Derrida: Live Theory by James K. A. Smith

LIVE THEORY

자크 데리다

초판 1쇄 발행 2024년 1월 31일
초판 2쇄 발행 2024년 3월 8일

지은이 제임스 K. A. 스미스
옮긴이 윤동민

펴낸이 김준성
펴낸곳 책세상

등록 1975년 5월 21일 제2017-000226호
주소 서울시 마포구 동교로23길 27, 3층(03992)
전화 02-704-1251
팩스 02-719-1258
이메일 editor@chaeksesang.com
광고·제휴 문의 creator@chaeksesang.com
홈페이지 chaeksesang.com
페이스북 /chaeksesang 트위터 @chaeksesang
인스타그램 @chaeksesang 네이버포스트 bkworldpub

ISBN 979-11-7131-100-2 94100
      979-11-5931-829-0 (세트)

◆ 잘못되거나 파손된 책은 구입하신 서점에서 교환해드립니다.
◆ 책값은 뒤표지에 있습니다.

자크 데리다

제임스 K. A. 스미스 지음
윤동민 옮김

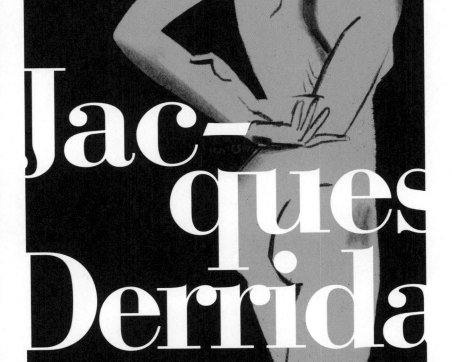

LIVE
THEORY

Jac-
ques
Derrida

스승이자 멘토, 친구 그리고 **탁월한** 해체주의자
짐 올타이스Jim Olthuis와 잭 카푸토Jack Caputo에게

해체 자체는 하나의 방법이나 분석으로 환원할 수 없다….
이것이 해체가 부정적이지 않은 이유이다.
각종 경고에도 불구하고
해체가 종종 그렇게 해석되었다 할지라도 말이다.
나에게, 해체는 항상 긍정적인 요건을 동반한다.
나는 심지어 해체가 사랑 없이는
절대 일어나지 않는다고 말할 수 있다.
—자크 데리다, 1982.

이 페이지는 의도적으로 비워둔다.

차례

약어 목록   12

서문   17

제사題辭: 애도의 작업   23

서론 **데리다의 타자/다른 데리다**   29

　1) '데리다'를 탈신화화하기: 신화와 괴물에 대하여   29

　　(1) 케임브리지 사건   35

　　(2)《뉴욕 리뷰 오브 북스》사건   39

　2) '해체'를 탈신화화하기   42

　3) 타자성의 렌즈: 해체와 타자   51

1장 **말과 사물: 현상학의 타자**   56

　1) 태초에 말씀이 계시니라   56

　2) (글)쓰기: 놀라운 발상   60

　　(1) '신체에서 벗어나': 왜 소크라테스는 쓰지 않았을까   60

　　(2) 후설의 기하학의 고고학   62

　　(3) 유클리드를 해체하기   68

　　　① 언어, 육화 그리고 객관성   69

　　　② 말씀이 육신이 되어: (글)쓰기와 육화   72

　3) 우리 자신에 대해 말하기: 후설에 대한 비판   75

(1) 후설의 기호론   **76**

(2) 부재의 소리: 말하기와 초월성   **81**

  ① '음성 중심주의'와 '현전의 형이상학'   **82**

  ② 말, 사유 그리고 공동체: 의식의 기호학적 조건화   **89**

4) 말을 쓰기: **95**

언어, 폭력 그리고 타자로서의 타자에 대하여

(1) 레비-스트로스: 자민족중심주의로서의 구조주의   **99**

(2) 루소: 필연적 대리보충으로서의 타자   **102**

(3) 원-(글)쓰기와 **차이**Différance: **104**

왜 '텍스트 바깥은 없는가'?

2장 다른 문학, 문학으로서의 타자: 비판적 문학 이론   **110**

1) 철학의 타자: 예를 들어, 문학   **111**

(1) 여지 만들기: 문학 그리고 철학의 미래   **111**

(2) 문학의 비밀스러운 정치학   **119**

2) 변두리에서 온 우편엽서: 은유성을 위한 은유   **124**

(1) 은유의 환원 불가능성: 또는 왜 플라톤은   **124**

자신의 수레에서 절대 내리지 않는가?

(2) 우편엽서: 은유를 수행하기   **130**

3) 타자에 대한 지시: 해석, 맥락 그리고 공동체   **136**

(1) 관계 그리고 해석의 윤리   136
(2) 해석을 위한 안전장치로서의 맥락과 공동체   138

3장 **타자를 환영하기: 윤리학, 환대, 종교**   143
1) 정의**로서의** 해체: 법적인 유령론   145
(1) 국경 개방: 망명과 이민 그리고 도피의 도시들   149
(2) 우리 자신을 (해로움에) 개방하기: 조건 없는 용서   153
(3) 유럽을 유럽의 타자에 개방하기   156
(4) 학계를 개방하기: 도래하는 대학   158
2) 환대**로서의** 종교: 초기-해체주의자로서의   160
레비나스와 키르케고르
(1) '타자와의 관계, 말하자면, **정의**': 레비나스   162
(2) 모든 타자는 전적 타자이다: 키르케고르의 아브라함   169
3) 해체의 정치학: 새로운 국제 노동자 연맹   176
그리고 도래하는 민주주의
(1) 마르크스의 정신을 불러내기   178
(2) 우리가 기다리는 것은 무엇인가?: 도래하는 계몽   184

4장 **데리다의 타자: 타자들의 데리다**   190
1) 타자들로 살다: 데리다 그리고 철학의 역사   194

(1) 플라톤 194

(2) 니체 198

(3) 하이데거 199

(4) 프로이트 201

(5) 다른 타자들 202

2) 타자들의 데리다: 해체에 대한 반응 203

(1) 미국의 수용: 예일학파 203

(2) 독일의 수용: 하버마스와 가다머 204

(3) 영미권의 반응: 분석철학 208

(4) '포스트모더니즘' 이후: 이글턴, 지젝, 바디우 210

5장 저자, 주권 그리고 인터뷰에서의 자명한 것들: 212
데리다 '라이브'

에필로그: 데리다 이후 239

옮긴이의 말 242

참고문헌 246

주 261

약어 목록

데리다의 원저작을 쉽게 표시하기 위해, 나는 책에서 빈번히 인용되는 데리다의 텍스트들의 약어 체계를 채택했다. 여기에는 단순하게 제목과 출간일(프랑스어판/영어판)만 나열했으며, 각 제목의 전체 서지사항 정보는 참고문헌에 포함되어 있다.

Ad   《아듀 레비나스Adieu to Levinas》(1997/1999)

FL   〈법의 힘: 권위의 불가사의한 기초Force of Law: the Mystical Foundation of Authority〉(1992)

GD   《죽음의 선물The Gift of Death》(1992/1995)

IHOG   〈기하학의 기원Introduction to Husserl's Origin of Geometry〉(1962/1978)

Linc   《유한책임회사Limited Inc》(1988/1990)

MP   《철학의 여백들Margins of Philosophy》(1972/1982)

OCF   《세계시민주의와 용서에 대하여On Cosmopolitanism and Forgiveness》(1997/2001)

OG   《그라마톨로지Of Grammatology》(1967/1976)

PC   《우편엽서The Post Card》(1980/1987)

Points   《포인트…: 1974년~1994년의 인터뷰들Points… : In-
         terviews, 1974~1994》(1992/1995)

SM   《마르크스의 유령들Specters of Marx》(1993/1994)

SP   《목소리와 현상Speech and Phenomena》(1967/1972)

Taste   《비밀의 취향A Taste for the Secret》(1997/2001)

WD   《글쓰기와 차이Writing and Difference》(1967/1978)

일러두기
각주는 모두 옮긴이 주다.

라이브 이론

자크 데리다
Jacques Derrida

서문

《자크 데리다: 라이브 이론》을 시작하며, 데리다가 '수용의 지평'이라 부르는 무대 설정을 분명히 하는 것은 (물론 이러한 무대가 이해를 절대적으로 결정하지는 않지만) 이 책을 이해하는 데 도움이 될 것이다. 첫 번째는 이 책의 독자에 대한 것이다. 나는 우리가 흔히 바라듯이 '일반적인 (대중) 독자'라고 말해지는 이들이 '이해하기 쉬운' 글을 쓰려고 노력했다. 그러나 조금 더 구체적으로 말하자면, 나는 이 주제에 흥미를 보이는 학부생을 독자로 설정하고 글을 썼다──물론 그 밖에 다른 독자들을 만날 수 있다면 기쁜 일이겠지만 말이다. 이 텍스트 작업의 상당수는 (로욜라 메리마운트 대학교와 캘빈 대학교의) 학부 세미나의 맥락에서 처음 제안되었고 이 교육적인 맥락은 분명히 이 책에 흔적을 남겼다(그리고 바라건대 이 책을 개선했다). 내가 염두에 둔 독자들을 감안하자면, 데리다 연구자들은 불가피하게 이 책의 여러 측면에 실망할 것이다. (나는 그들이 몇 가지라도 유용한 부분을 또한 발견할 수 있기를 바라지만 말이다); 거의 모든 페이지에 누군가는 '맞아요. 하지만 사실은 그것보다 훨씬 더 복잡합니다'라며 반대할 수 있다. 또는 정반대로, 데리다에 익숙한 사람들은 여기서 많은 뻔한 진술들처럼 보이는 것을 발견할 것이다. 그러한 것이 바로 이와 같은 기획의 위험 요소다. 데리다는 아마도 누구보다도 어떻게 맥락context이 읽기와 수용 방식을 좌우할 수 있는지 주의를 기울인 철학자라고 할 수 있다. 의심할 여지없이, 나는 여기서 연구자들이 때때로 말하는 것처럼 '몇몇 대목들은 너무 급하게 진행된다'거나 (연구자들이 가장 좋아하는 어휘 중 하나인) '더욱 자세한 설명'이 필요하다고 느껴지는 부분을 허용한다. 확실히 말하자면: 그러나 이 책은 (데리다의) 원저작과 기획으로의 초대이지, 철저하고 비판적인 설명을 목적으로 하지 않는다. 실제로 나는 대부분 솔직하게 비판적인 목소리에는 괄호를 쳤다. 그리고 독자로 하여금 먼저 너그럽고 호의적으로 데리다의 세계에 거주해보도록 초대했다. 조금 더 철저한 분석들과 비판적인 참여를 원하는 학자들과 전문 독자들은 나의 다른 저술을 참고할 수 있을 것이다.

이 점을 염두에 두면서, 나는 적용되는 두 가지 방법론적 결정을 내렸으며, 이 점에 유의해야 한다. 첫째: 나의 교육의 실천, 그리고 데리다에 대한 많은 오해는 단순히 그를 직접 읽는 일의 실패에서 비롯되었다는 확신에서, 나는 자부심을 가지고 원저작에서 중요하고 대표적인 텍스트들에 대한 설명을 [책에] 배치했다. 각 장의 핵심적인 곳에는 여러 분야에 걸쳐 데리다를 수용하는 데 중요했을 뿐만 아니라 데리다를 잘 읽기 위해서는 폭 넓게 이해할 필요가 있다고 생각되는 텍스트와 철저하면서도 간략한 설명이 있다. 그러한 주목을 받는 텍스트에 대한 선정은 필연적으로 제한되어 있으며, 데리다의 원저작의 '규준 중에 규준'을 발췌하는 것이 결코 아니다. 선정한 텍스트가 대표성이 있기를 바라지만, 그것들은 결코 완전하지 않다. 실제로 여기서 조금은 덜 주목을 받은 중요한 많은 텍스트들이 있다. 특히 예술에 대한 저작들(《회화에서의 진리》, 《아르토》, 《맹인의 기억들》)이 있으며, (조이스, 말라르메 등) 문학 인사들에 대한 몇몇 저작들, 조금 더 의도적으로 정신분석과 관련하는 몇몇 중요한 주목받지 못했지만 중요한 많은 텍스트들이 빠져 있다. 이에 나는 다만 내가 처한 유한한 조건을 호소할 따름이다. 그러나 나는 이 책에서의 설명들이 데리다의 원저작의 다른 풍부한 분야들을 더 많이 탐구하기 위한 발판을 마련해주기를 바란다. 두 번째, '라이브 이론' 시리즈의 정신을 따라 작업하면서—비록 해체가 생동감 넘치는 추진력에 의문을 제기할지라도—나는 데리다의 방대한 양의 인터뷰에 그의 텍스트로 들어가는 입구로서 일정한 특권을, 또는 최소한 우위를 부여했다. 이것은 인터뷰를 그의 출간된 저작들을 대체하는 것으로 삼는 것이 아니라 그 저작들을 읽기를 위한 하나의 촉매로 삼는 것을 의미한다. 그러나 인터뷰는 또한 (배움의) 진입점으로서의 교육적인 가치 또한 가지고 있다.

그 결과 이 책의 장르는 해설, 선집, 비판적 분석 사이의 어딘가를 맴돌고 있다. 이것은 부분적으로 본 과제의 성격에서 기인하기도 하지만, 부분적으로 자신의 저작으로 동일한 경계를 가로지르는 데리다에 대한 '수행적인' 입문을 제공하려는 열망에서 기인하기도 한다. 우리는 그러한 것에 내 목소리로 데리다의 텍스트들을 주변을 꾸미고, 특정한 주제들에 맞춰져 있는 식의 '미드라쉬적인' 요소가 있다고 말할 수 있다. 나는 순수하게 데리다를 '대'변한다고 주장하기보다는, 나 자신을 해체의 에너지와 열정의 전달자로 간주하여 가능한 한 데리다의 목소리가 전달될 수 있도록 노력했다(데리다가 말한 것처럼, "우리는 모두 중재자이자 변역자이다"[Points, 116]).

독자와 원저작에의 충실함에 대한 이런 관심들을 염두에 두었기에, 나는 2차 문헌에 대한 폭넓은 관계들을 다루는 것 또한 포기했다. (누군가는 곧 출간된 연구를 포함한 데리다에 대한 나의 다른 저술들에서 이것들을 찾아낼 수 있다) 그리고 각주를 최소한으로 유지하고자 했다. 이것은 단순히 교육적인 전략이지 '진짜' 데리다나 '순수한' 데리다를 제시하겠다는 속셈 때문이 아니다. 데리다에 대한 나의 읽기와 해석은 몹시 다층적이며, 해설가들과 비평가들에게 많은 빚을 지고 있다. 그러나 나는 데리다의 원저작에 초점을 맞추어 독자들이 그와 직접적으로 만날 수 있도록 노력했다. 추가 읽기 자료와 참고문헌은 관심 있는 독자들에게 풍부한 2차 문헌을 알려줄 것이다.

이 기획은 내가 깊이 감사하는 공동체, 캘빈 대학교에서 얻은 안식년 덕분에 완성될 수 있었다. 나는 캘빈 동문회로부터의 지원 덕분에 2004년 가을학기에 케임브리지 대학교 신학부에 방문연구원으로 머물 수 있었고 그동안 이 원고가 완성되었다.

이것은 (데리다가 거기서 불러일으켰던 심각한 사건에도 불구하고) 그가 케임브리지에 찬사를 보냈던 것과 어울리는 것처럼 보였다. 왜냐하면 그것은 '도래하는 것을 위해 문을 닫지 않기로 결정했기' 때문이다. 실제로 그는 '케임브리지가 나에게 항상 본이 되었다'고 언급했으며, '나는 케임브리지 대학교의 자랑스러운 박사로 남아 있어서 감사하고 기쁘다'고 말했다(Points, 418). 나는 교수 연구 지원을 해준 동문회에 감사하며, 환대해준 케임브리지 대학교 신학부에 감사한다. 그리고 케임브리지에 머무는 동안 틴들하우스에서 그리스도교 공동체의 환대를 받았는데, 이에 대해 감사의 마음을 전한다.

이 책을 쓰라는 트리스탄 파머Tristan Palmer의 친절한 초대를 내가 받아들였을 때, 나는 위험을 무릅쓰고 그런 기획에 착수할 만한 자만심을 가질 만큼 어리고 어리석었다. 나는 매우 나 자신이 보잘 것 없음을 발견했고, 책의 집필이 끝나갈 무렵 자크 데리다의 죽음과 맞물려(이 책의 <제사> 이하를 보라), 나는 그 과제를 감당할 수 없다는 계속되는 감각이 있었음을 고백해야 했다. 그러나 그러한 것이 바로 데리다가 우리에게 상기시키고자 한 책임의 본성이다. 이 기획이 완성되는 동안 인내심을 가져준 에번스Hywel Evans, 더글러스Sarah Douglas, 윌슨Anya Wilson, 시먼즈Rebecca Simmonds와 일군의 사람들에게 감사드린다. 또한 내가 케임브리지에 있는 동안 옥스퍼드에서 체류한 캘빈 대학교의 학생인 네이선Nathan Sytsma에게도 특별히 감사의 마음을 전한다. 네이선은 원고에 흥미를 가지고 주의 깊게 읽고 의심의 여지없이 책을 나아지게 한 유용한 피드백과 논평을 제공했다.

　이런 종류의 기획을 위해, 이런 식으로 데리다로 돌아오는 것은 당혹스러우면서도 새로운 힘을 불러일으키는 것이었다. 무엇보다 데리다에 대한 비판(내가 생각하기에 정당하며, 내가 계속해서 발전시킬 비판)을 시작하며 지난 몇 년간의 시간을 보낸 이후. 나는 첫사랑으로 돌아가는 것 같이 많은 것을 다시 확인했다. 그래서 나는 데리다에 대해 가장 많은 것을 가르쳐준 이들, 특별히 내 대학원 지도교수인 토론토 그리스도교 연구소의 짐 올타이스Jim Olthuis와 빌라노바 대학교의 (지금은 시러큐스 대학교의) 나의 박사 지도 교수인 잭 카푸토Jack Caputo*에게 이 책을 바치고 싶다. 짐과 잭은 뛰어난 선생님일 뿐만 아니라 지금까지 멘토이며 나의 소중한 친구이다. 나에게 해체라는 것이 무엇보다도 사랑의 일임을 가르쳐준 것은 그들이었다. 그리고 나는 그 때문에 그들을 사랑한다.

2004년 강림절,
케임브리지

---

* 실제 이름은 존 카푸토John D. Caputo지만 그와 지인들에게 '잭'으로 불린다. 데리다가 그의 지인들에게 '자키'로 불린 것처럼 말이다.

: 애도의 작업

자크 데리다는 소크라테스의 철학의 소명을 철저하게 일종의 죽음으로 받아들였다. 주지하다시피 '저자의 죽음'에 대한 담론과 관련되면서 (그리고 사실에 대해서 거의 보편적으로 오해를 받으면서) 데리다의 작업에는 자주 유령들이 출몰했다. 이 책의 집필이 끝나갈 무렵, 자크 데리다는 (2004년 10월 9일 이른 시간에) 췌장암으로 사망했다. 그의 원저작에 새겨진 죽음은 이제 그의 몸에 그 흔적을 남겼고, 우리에게는 애도가 남아 있다. 그러나 이것은 데리다가 애도의 작업으로 묘사했던 해체의 과제가 우리에게 남겨졌다는 의미일 뿐이다. 레비나스, 드 만, 들뢰즈, 리오타르 등에 대한—그의 가장 강력한 성찰 중 일부가 우리에게 송사와 추도사의 형태로 다가오는 것에는 이유가 없지 않다.

데리다의 죽음으로부터 해체가 허무주의에 가까운 것이라고 결론을 내리는 것은—학계뿐만 아니라 미디어에서—데리다를 비판하는 이들의 실수라고 할 수 있다. 뿐만 아니라 데리다는 진리와 정의, 대학, 그리고 우리가 소중히 여기는 더 많은 제도와 가치의 적으로 비난받아 왔다. 데리다에 대한 신화와 거짓—

맞다. 거짓이다―은 그의 죽음에서조차 계속되었고, 《뉴욕타임스New York Times》와 같은 주요 신문들과 《뉴 크리테리온New Criterion》과 같은 저널들의 부고란에서 입증되었다. 그러나 이것은 우리가 단지 데리다를 읽지 않았기 때문에 갖게 된 그와 해체에 대한 그림일 뿐이다―그리고 데리다의 죽음 이후 이런 부당한 캐리커쳐와 왜곡은 이 책을 위해 내가 이미 채택했던 전략, 곧 학계뿐만 아니라 미디어에 유포된 '데리다의 신화'의 탈신화화를 추구하는 것을 정당화하는 것처럼 보였다. 왜냐하면 결국―오히려 처음부터―해체는 사랑의 일이기 때문이다. (데리다는 해체를) 비판에 대한 단순한 '방법'으로 만드는 것이 아니라 본질적으로 해체의 생산적인 양상을 증명하기 위해 무진 애를 썼다. 그는 한번은 다음과 같이 논평했다: '나에게 해체는 부정적이지 않다. 해체는 항상 긍정적인 요건을 동반한다. 나는 심지어 해체가 사랑 없이는 절대 일어나지 않는다고 말하고 싶다….'

우리는 데리다의 병에 대해 1년 넘게 알고 있었지만 그의 사망 소식은 뜻밖의 일이었다. 가장 뜻밖인 것은 그 소식이 나를 얼마나 슬프게 했는가 하는 것이었다. 나는 여기 (악명 높은 '데리다 사건'의 현장인) 케임브리지에서, 이제는 아이러니한 것처럼 보이고, 심지어 어쩌면 비뚤어지고, 어쩌면 은밀히 희망을 품은 듯한 제목을 가지고 있는 책을 작업하던 중 그 소식을 들었다: 어떻게 우리가 계속해서 데리다의 이론을 '살아 있는 이론Live Theory'이라 말할 수 있겠는가?

이 책의 기획은 내가 10여 년 전에 읽었던 (그의) 텍스트를 다시 읽어보려는 취지로 시작되었다(물론 나는 그의 텍스트 읽기를 그만둔 적이 없다). 데리다가 죽기 며칠 전,《그라마톨로지》는 내 책상 위에 있었고, 그 누더기가 된 페이지들(그리고 여백에 쓴 나의 아는 체하는 메모들)을 보는 것은 마치 어떤 노래가 나를 특정한 시간과 장소로 돌려보내는 것과 같았다. 오랫동안 데리다를 **매개로 하는** 작업을 수행했고, 지난 몇 년 동안 그에 대한 비판 작업에 몰두하게 한 이 기획은 내가 그의 저작에 얼마나 많은 것을 빚지고 있는지에 대한 깊은 감사를 다시 느끼게 해주었다. 그가 죽기 일주일 전에, 나는 데리다 교수에게 작은 감사의 표시로 이 책의 사본을 보내는 흥분되는 일을 친구와 나누었다. 하지만 그의 죽음에 대한 소식은 이 계획들을 중단시켰다. 그리고 나는 불현듯 내가—작은 사랑의 메모가 들어 있는—주소도 없고 수신인도 없는 소포를(《우편엽서》의 저자에게 흥미를 줄 수 있는 시나리오를) 가지고 있음을 발견했다.

나의 슬픔 속에 숨겨진 것은 죄책감의 요소인 것 같다. 왜냐하면 나는 이 책이 사과의 징표일 수 있기를 또한 바랐기 때문이다. 내가 데리다를 마지막으로 보았을 때, 나는 미국 종교학술 회의에서 희망에 대한 그의 개념을 꽤 신랄하게 비판하는 논문을 발표하고 있었고, 데리다 교수는 청중으로 있었다. 데리다가 책 사인회에 서둘러 가야 했기 때문에(그는 그러한 록 스타였다), 우리는 그 논문에 대해 논의할 기회가 없었다. 내가 비판하는 동안, 나는 우리가 그 대화를 나누지 못한 것에 낙심했고 나의 경솔함과 데리다의 정중함의 비대칭에 더 낙심했다. 내가 항상 이 지적으로 위대한 인물에 대해 나를 완전히 무장해제 시킨다고 여겼던 점은 그의 인격적인 겸손함—그를 비판하는 사람들을 부끄럽게 만들 수 있는 자기를 비우는 겸손함이었다. 나는 이 《자크 데리다》가 (저 잘못된) 묘사를 조금이나마 바로잡고 데리다에 대한 나의 엄청난 빚과 그의 연구 노동을 존경하는 하나의 표시이기를 바랐다. 이것은 데리다가 지속적으로 강조하는(짐작컨대, 강조했던—내가 자크를 생각할 때 과연 과거 시제에 익숙해질 수 있을까?) 어떤 것을 우리에게 떠올리게 한다: 어떤 사상가를 충실하게 다루는 것은 일정한 휴식을 요구한다. 진정한 '추종자'가 되는 것은 충실함이라는 미명 아래 어떤 시점에서 헤어지는 것을 요구한다. 나는 내가 데리다의 추종자나 '시종'임을 주장하지는 않지만, 그에게 많은 빚을 졌다. 그리고 만일 내가 때로는 그의 사유의 방향에서 벗어나야 한다면, 이것은 종종 자크 데리다를 따른다는 명목으로 행해질 것이다. 새로운 길을 발견할 수 없다면 낯설고 쓸쓸할 것이다.

데리다의 대단히 귀중한 원저작 중 하나인 〈할례 고백Circumfession〉에서, 그는 우리에게 죽음에서의 희망을 시사한다:

사랑을 꿈꾸거나 마지막 전쟁에서 다리나 기차를 폭파시키는 저항군이 되는 꿈을 꾸지 않을 때 내가 원하는 단 한 가지는 나의 아들들과 함께 결성할 오케스트라에서 내 자신을 바쳐 나의 아들들과 함께 성스럽게 연주함으로써 세계 전체를 치유하고 축복하고 매혹하며, 나의 아들들과 함께 세계의 환희를, 그들의 창조물을 만들어내는 것이다. 죽는다는 것이 이 사랑스러운 음악의 바닥으로 천천히 가라앉는 것이라면, 나는 죽음을 받아들일 것이다.

'살아 있는 이론'—이론상 살아 있는 선택지—으로서의 해체의 실행 가능성은 생존에 대한 물음으로서 이해될 수 있을 것이다. 이탈리아 철학자 지안니 바티모Gianni Vattimo는 데리다에게 죽음과 생존에 대해 물음을 던진 적이 있다: "당신은 '존속'[내세]에 대해 생각하나요, 그렇지 않은가요?" 이에 대해 데리다는 다음과 같이 대답했다: "나는 죽음 **외에** 아무것도 사유하지 않습니다. 나는 항상 죽음에 대해 생각합니다. 거기에 존재하는 사물의 급박한 사태 없이는 10초도 지나가지 않습니다. 나는 존속의 구조로서 '존속'의 현상에 대한 분석을 절대 멈추지 않습니다. 그것은 내가 관심을 가지는 참으로 유일한 것입니다. 하지만 정확하게 말하자면, 사후 세계가 존재한다는 것을 믿지 않는 한에서 그렇습니다"(Taste, 88). 만일 《자크 데리다: 라이브 이론》이 해설을 넘어 해명의 기능을 가지고 있다면, 그것은 심지어 데리다 이후에도 데리다가 '살아 있다'(존속)는 신호로 받아들여질 수 있으며, 이론과 문화비평에서 살아있는 선택지로서 해체의 존속을 위한 사례를 보여줄 것이다.

이 페이지는 의도적으로 비워둔다.

데리다의 타자/다른 데리다

1) '데리다'를 탈신화화하기: 신화와 괴물에 대하여

악명 높은 철학자의 반열에 오른 이는 많지 않다. 철학자들은 보
통 추상적으로 피땀 흘려 일하고, (문화나 정치는 고사하고) 대학
전체에 거의 영향을 주지 않음으로써 그러한 악명에서 일반적
으로 벗어난다. 다른 말로 하자면, 철학자들은 악명과는 크게 상
관이 없어서 그렇게 되기가 쉽지 않다. 그래서 자크 데리다의 악
마화는 그의 영향력과 관련성이 전문적인 철학의 좁은 통로를
넘어 대학 전체에 미쳐, 나아가 예술과 디자인, 정치와 제도적
삶, 심지어 대중문화의 세계로 확산되고 있다는 하나의 표시로
받아들여질 수 있다. 문학 이론, 건축, 교육 그리고 신학과 같은
다양한 학문 분과에 대한 '해체(우선은 우리가 데리다의 작업에 대
한 하나의 약어로 사용하는)'의 영향력을 넘어서, 해체라는 어휘는
음악[1]에서 요리[2]에 이르기까지 대중적인 담론과 실천에 널리 퍼
졌다. 그러나 데리다의 작업에 문제를 제기했던 대중적이고 학
문적인 담론들에서의 해체의 편재적 성격은 정확히 두 가지 측

면을 가진다. 첫 번째, 해체라는 용어(이 용어 그 자체뿐만 아니라 이항 대립, 여백들, **파르마콘**과 같은 관련된 주제들)의 거의 모든 대중적인 전유들은 **잘못된**—전유들이며, 해체라는 용어와 자크 데리다의 이름을 가장 우스꽝스러운—또는 반대로, 가장 전통적이고 지배적인—몇몇의 문화적인 기획들에 사용했다. 불행하게도 이것은 또한 해체에 대한 많은 학문적인 전유들에도 해당된다. 데리다의 작업이 채택되었던 방식, 그래서 학문적인 문화뿐만 아니라 대중적인 문화에서도 그렇게 선전되었던 방식은 널리 퍼졌지만 데리다와 그의 '기획'에 대한 깊이 잘못된 인식을 조성했다. 두 번째, 데리다를 '문화전쟁'의 군대로 징집하는 현상 유지의 수호자들의 분노를 불러 일으키는 것은 바로 이러한 데리다의 작업의 확산이다—이것은 적들에 의해 징집되어 적들에 대항하는 군대로 들어가 하나의 목표물로 설정되는 확실히 독특한 사례이다. (보통 데리다를 읽지 않고) 데리다를 먼저 오해하고, 그래서 해체에 대한 대중적이고 학문적인 잘못된 전유를 그의 고유한 기획의 대리 표현으로 삼는 문화전쟁 비평가들은 해체를 일종의 바이러스로 보고, 그에 감염된 숙주들은 어떤 문화적 질병으로서의 해체를 퍼뜨리게 만드는 바이러스로 본다. 그래서 해체는 대학, 도덕성, 이성 등을 포함한 다수의 다른 이상들과 제도들의 적일 뿐만 아니라 진리와 정의의 그리고 미국식 방법의 적으로 악마화되었다.[3] 그리고 이런 해체 비평가들은 흔히 강력한 문화적 영향력의 시초—예를 들어, 국제 뉴스의 논설 지면—를 장악하고 있기 때문에, 그들이 해체로 간주하는 것을 거부하는 현 상황은 만연한 접종 효과를 가지며, 더 나아가 이 같은 비평가들이 실행해온 회피 전략을—무엇보다도, 실제로 데리다를 **읽는** 어려운 일을 피하는 일을—강화한다.[4]

열광적인 (잘못된) 전유와 공격적인 묵살의 결과는 프랑켄슈타인-같은 일종의 괴물-데리다, 곧 환희를 불러일으키거나 공포를 일으키는 어떤 신화적 생물의 창조였다. 데리다 그 자신은 우리에게 이 괴물-데리다의 창조를 고려할 수 있는 개념적 장치를 제공한다. 첫 번째, 괴물은 보통 일종의 혼종적인 어떤 것이다, '서로 접목되는 여러 다른 종류로 이뤄진 생물체들이 합성된 어떤 형태 말이다. 여러 다른 종류로 이루어진 신체들을 합쳐놓는 접목, 혼종화, 합성이 괴물일 수도 있다'(Points, 385). 두 번째, 괴물은 '처음으로 나타난 것 그리고 그 결과 아직 인지되지 않은 것이다. 괴물은 우리가 아직 그것에 대해 이름을 가지지 않은 어떤 종이다'(Points, 386). 신기함과 낯섦을 모두 특징으로 하는 괴물은 익숙함의 호수에서 나타나 그 자신을 보여주지만elle se montre, 우리가 그 괴물을 규정할 수 있는 범주들이 부족하기 때문에,—그리고 보통 괴물의 바로 그 낯섦이 우리를 섬뜩하게 만들기 때문에—우리는 그것에 괴물성을 부여한다.[5] 세 번째, 바로 그 순간에, 괴물은 괴물로 명명되고, 길들여진다: '우리가 괴물을 괴물로 파악하자마자, 우리는 그것을 길들이기 시작한다—괴물로서 괴물—"그 자체"이기 때문에, 우리는 괴물을 규범들과 비교하기 시작하고, 그것을 분석하기 시작하며, 결과적으로 이 괴물의 모습에서 두려울 수 있는 모든 것을 정복하기 시작한다'(Points, 386). 하나의 예로 디즈니의 〈미녀와 야수〉의 마지막 장면들 중 하나를 생각해보자: 이름 없는 야수는 일종의 '보답 없는 선물'을 주었고, 벨을 풀어주었다. 비록 그것이 그의 괴물 같은 상태를 영원히 받아들이는 것을 의미했지만 말이다. 마을의 전형적인 남자이자 그 이야기의 악당인 개스톤은 야수의 성을 엿볼 수 있는 마법의 거울에 달려들었다. 그에게 처음으로 나타난, (직립보행을 하고 말하는) 인간과 (털로 덮여 있고, 발톱과 송곳니를 가진) 짐승/야수의 흉측하고 위험한 혼종인 것처럼 보이는 생물과 마주하면서, 개스톤은 정확하게 마을의 분노를 불러일으키기 위해, 그리고 야수를 악한 것으로 만들기 위해, 그래서 야수를 자신의 오두막 벽에 걸린 다른 동물들처럼 길들이기 위해 야수를 괴물이라 명명한다.[6]

데리다는 자신도 모르게 우리에게 자신에 대한 평판을 이해하기 위한 틀을 제공한 것은 아닌가? 만일 해체가 고모라를 향해 앉아 있는 일종의 괴물로 파악되는 것이라면, 해체는 그 자체로 이런 평판을 해체할 수 있는 도구를 제공할 수 있는가?

아니면, 달리 말해, 우리는 문화와 학계를 가로지른 해체의 확산이 '데리다'에 대한 신화를 발생시켰다고 말할 수 있는데, 그의 이야기는—때때로 해체'라는 이름으로', 때때로 경계해야 하는 적이나 대상으로—해체에 대한 너무 많은 오해들을 반복하고 퍼뜨렸다.

그래서 데리다와 관련된 많은 유령이 있다. 한편으로, 그의 저작은 우리와 우리의 제도들을 문제 삼는다. 다른 한편으로, 해체는 오랫동안 다른 이들에 의해 창조된 괴물 데리다에 의해 시달려왔다. 나는 여기서 우리의 과제를 실행하기 위해 이 유령의 장면을 인용했다. 이런 괴물들과 신화들의 지평들—학계 전역에 걸쳐 있는 괴물 데리다, 신문과 저널에서 말해지고 다시 말해지는 '데리다'[7] 신화—이런 괴물들과 신화들의 지평들에 맞서 이 책의 1차적인 과제는, 비록 매개되는 것이지만, 이 만연한 '데리다' 신화를 '탈신화화'하기 위해 데리다와의 직접적인 만남을 주선하는 것이다. 또는 괴물의 은유를 빌리자면, 우리의 목적은 해체를 **길들이는** 것이나 그것의 괴물 같은 성격을 제거하는 것이 아니라, 오히려 그것의 괴물성을 제거하는 것이 아니라, (비록 괴물이지만) 그것의 괴물성을 적절하게 이해하는 것이다. 그것은 우리가 생각하는 그런 종류의 괴물이 아니다.[8] 이 첫 번째 전략에 착수함으로써, 나는 데리다 비평가들에게 특권을 줄 생각은 없다. 차라리 데리다 그 자신이 강조하는 것처럼, 우리는 '우리가 자리한 곳에서' 시작해야 한다. 데리다를 새롭게 접하는 사람은 자신이 그 자신이 이런 신화와 괴물들에 둘러싸여 있음을 발견하게 된다. 그렇지 않다고 상상하는 것은 순진해빠진 것이다.[9] 게다가 데리다 자신은 종종 해체가 **아닌** 것을 보여줌으로써 해체를 설명하려고 하며, 그렇게 함으로써 명백하게 오독에 대응한다. 그러나 여기서 이 도전은 독특하다. 왜냐하면 '데리다' 신화는 친구들과 적들 모두에 의해 퍼지게 되었던 어떤 것이기 때문이다—열정이 넘치는 초심자들과 매서운 비방자들에 의해 말이다. 그래서 우리의 첫 번째 과제가 데리다를 탈신화화하는 것이라면, 이것은 그를, 말하자면, 그의 숭배자들과 적들로부터 데리다를 구출하는 것을 필요로 할 것이다. 만일 내가 데리다를 그의 적들의 근거 없는 공격으로부터 지키는 데 관심이 있다면, 나는 똑같이 그의 저작이 발생한 현상학적 환경을 무시하고 하늘에서부터 떨어진 사람처럼 읽는 경향을 가진 영어 및 문화 이론의 그런 조교수들로부터 데리다를 구하는 데 관심이 있다. 그래서 우리는 특히 미국에서, 데리다에 대한 평판의 역사에(가다머가 '영향사'라고 불렀던 것에) 주의를 기울일 필요가 있을 것이다. 데리다를 '이론 전쟁'(**새로운 기준** 대 **비판적 탐구**)에 위치시킴으로써, 나는 데리다와 해체를 이해하는 데 있어서 어떤 제3의 방법을 모색하고자 한다. 동시에 나의 목표 중 하나는 **새로운 기준과 비판적 탐구** 두 진영 모두가 적어도 '공정하다'고 생각할 수 있는 데리다에 대한 소개를 작성하는 것이다.

그러나 이 부정의 길via negativa과 탈신화화는 시작에 불과하다. 그다음 우리는 데리다와 해체에 대한 좀 더 건설적이고 긍정적인 설명으로 이동할 것이다. 이 탈신화화를 수행하기 위해, 나는 먼저 이 '데리다' 신화의 요소들 또는 우리가 '공인된' 데리다라고 묘사할 수 있는 것을 분석하고자 한다. 신화적 '데리다'는 징후적이고 광범위한 정서를 보여주는 두 개의 유명한 '데리다 사건'으로 구체화된다. 그것들 각각은 '데리다' 신화의 한 측면을 강조한다. 컬트적인 추종자들을 만들어내기 위해 의도적으로 모호하고 어려운 사상가로 여겨져, 대학이라는 공간을 지배하는 합리적 담론의 절차를 약화시킨다고 한다. 다른 한편으로, 해체는 소위 '저자의 죽음'을 감안할 때, '무엇이든 허용된다'는 것을, 해석은 모든 기준으로부터 자유로워지고 저자의 의도와의 모든 관련으로부터 분리되어 해석학적 허무주의를 야기한다고 여겨진다.

(1) 케임브리지 사건

학계와 광범위한 문화계에서 데리다를 읽는 것의 중요성은 1992년 케임브리지 대학에서 데리다에게 명예 학위doctorate homoris causa를 수여하자는 제안이 나오면서 본격적이고 공개적으로 수면 위로 떠올랐다. 제안 이후에 즉시, 반대가 나왔고, 대학 교수들에게 거의 전례가 없는 투표, 수여를 지지하는 투표와 반대하는 투표를 실시하라는 요구가 있었다. 찬성과 반대 각각의 진영은 자신들의 주장들을 뒷받침하는 '전단flysheets'을 배포했고 대학의 교수진들에게 자신들을 지지하는 서명을 하도록 요청했다.[10] 수여 반대 전단에 나오는 데리다에 대한 그림은 데리다 신화의 고전적인 공식이며 괴물-데리다의 위협을 전형적으로 표현한 것이다. 그들은 데리다가 바로 그 학문의 과제의 기반을 약화시킨다고 비난했다. "간혹 부인하는 경우도 있지만, 그의 방대한 작업의 주요한 관심사이자 그것이 만들어내는 결과는 모든 학문 분과가 기초하고 있는 증거와 논증의 기준들을 부정하고 폐기하는 것이었다."[11] 크리스토퍼 노리스Christopher Norris가 지적하듯, 실제로 그들이 데리다를 이해하는 데 실패했음을 확실하게 나타내는 용어—데리다의 "교의들"은 "모든 텍스트와 텍스트들의 해석은 동등하다"라는 주장과 "저자의 견해의 무의미함, 그리고 올바른 해석과 그렇지 않은 해석의 구별 불가능성"에 관한 관련된 "교의들"을 포함하고 있다.[12] 그러나 우리가 보게 될 흔한 조치에서, 괴물-데리다에 대해 그러한 맹렬한 반응을 일으키는 것은 그 조치가 제기하는 위협이다. 그들은 다음과 같이 결론을 내린다: "우리가 이 수여를 반대하기로 결정하는 것이 단지 이런 교의들 때문이 아니라, 진지한 모든 학문적 주제들에 대해 그 교의들이 초래할 수 있는 경악할 만한 결과들 때문이다." (…) 그 결과들은 "사실과 허구, 관찰과 상상, 증거와 편견의 구별을 부정함으로써, 학문과 과학기술, 의학을 완전히 헛소리로 만든다. 그 결과들은 정치에서 위험천만한 비합리적 이데올로기와 정권에 대한 마음의 방어기제를 빼앗는다."[13] 괴물-데리다는 해협을 건너온 위험으로 여겨지며, 또한 폭압적인 정권의 이데올로기를 수동적으로 받아들이도록 우리를 세뇌할 수도 있다. 정말 위험하다.

이는 데리다의 도발이 학계의 경계를 넘어 좀 더 대중적인 문화로 흘러드는 방식을 보여주는 실례로, 국제적 미디어는 빠르게 개입했다. 그래서 데리다의 비평가들은 미디어를 (증거 없이) 비판을 개시하는 장소로 삼았는데, (1992년 5월 9일 자) 런던의 《타임The Time》지에 실린 서한letter이 가장 유명하다. 배리 스미스Barry Smith가 이끄는 그 서한의 서명자들은 여러 나라 출신의 (주로 분석) 철학자들을 포함했지만, 그중에 케임브리지의 서명자는 한 명도 없었다.[14] 《타임The Time》지의 서한은 무엇보다도 데리다가 '명확함과 엄밀함의 허용 기준'을 충족하지 못한다고 비난한다: "우리가 볼 때 데리다 씨의 방대한 저술들은 일반적인 학계 학문의 형태를 넘어서는 것이다. 무엇보다도─모든 독자가 스스로 밝히는 것처럼 (그리고 이 논점과 관련하여 모든 페이지들이 그러한 데[15])─그의 작업은 이해가 불가능한 문체를 사용한다"(Points, 420). 그들은 이어서 '그 문체를 뚫고 들어가려는 노력이 이루어지고 나면, 적어도 우리에게는, 조금이라도 일관성 있는 주장들이 이루어지는 곳에서, 이 주장들은 거짓이거나 하찮은 것임이 분명해진다'고 비난한다(Points, 420).

데리다에 대한 인정이 결정된 투표 이후에도 동일한 종류의 비난이 케임브리지 **내부에서** 반복되었다.[16] (투표) 사건 이후의 어떤 문서에서, 브라이언 헤블스웨이트Brian Hebblethwaite는 흥분하여 다음과 같이 과장되게 말했다: '우리가 현대 철학에서 완전히 퇴폐적인 기준을 다루고 있다는 것을 깨닫기 위해서는 데리다의 글을 조금만 읽으면 된다.'[17] 게다가 그의 독설적인 언사는 계속해서 이어졌다: "데리다의 작업은 논증적인 엄밀함과 표현의 명확성에 대한 경멸에서 그리고 끈질긴 '해체'를 위한 세련되지 못한 신조어와 멍청한 말장난을 선호한다는 점에서 특히 퇴폐적이다"(Points, 109). 그런 다음 그는 단지 세련되지 못한 스타일에 대한 물음을 넘어 그가 해체의 내용과 효과로 여기는 것, 즉, "모든 안정적인 의미와 참조사항을 약화시키고 확인 가능한 모든 저자의 의도를 '해체'하려는 데리다의 계획적인 시도"

로 나아간다(Points, 109). "그는 의도적으로 상식적인 논의의 조건들을 파괴하려고 한다"(Points, 109); 그리고 그의 작업은 "아주 기본적인 철학 그 자체와 대학 그 자체의 가치[18]를, 즉, 진리에 대한 사심 없는 탐구, 이성적 탐구에 대한 헌신, 위대한 정신들과 진실을 비추는 그들의 통찰과 힘에 대한 존중을 공격한다는 그 이유만으로 치명적이다"(Points, 110). 데리다는, 한마디로, "이성, 진리 그리고 객관성의 적들" 중 하나이다(Points, 110).[19] 정말 괴물이다.

이런 종류의 수사는 앨런 블룸, 존 설 등에 의해 미국에서 이미 발표되었던 데리다에 대한 비판을 반복한 것이다. 특히 해체적인 모든 것들에 대한 거부를 증명할 기회를 놓치지 않았던 비평과 예술에 대한 보수적인 저널인 **새로운 기준**이 여기에 해당했다. 실제로 르네 웰렉René Wellek은 초기 기사에서 데리다(와 다른 이들)를 '문학 연구를 파괴'했다고 비난했다.[20] 웰렉은 '새로운 이론'(즉, 해체)는 '인간이 실재와는 전혀 상관이 없는 언어의 감옥 안에 살고 있다'고 주장한다고 오해하며, 해체의 가장 극단적인 공식의 효과를 (그리고 '자크 데리다는 미국 학생들에게 이 관점을 가장 인상적으로 공식화한 철학자'라고) 악의적으로 조롱한다: 해체는 '인간의 폐지를 기대하며, 자아를 부정하고 언어를 마음대로—설정되는 기호들의 체계로 여긴다. 그 이론은 완전한 회의주의로, 궁극적으로는 허무주의로 인도한다.'[21] 그래서 그는 데리다를 "(글)쓰기가 말하기보다 앞선다는 가당찮은 이론, 모든 아이들과 문자 언어를 가지지 않는 수천 개의 구어들이 부인하는 주장"을 제기한다고 비난한다.[22] 웰렉에게 데리다는 그저 반계몽주의자이거나 잘못 알고 있는 이가 아니라 멍청한 인물이다. 그래서 웰렉의 비판은 훗날 데리다가 그 자신을 퍼뜨려 다른 이들을 감염시키는 '바이러스'라는 말이 나올 것을 예견한다.[23] 물론, 이것은 "'청년들을 타락시키는 것'에 대한 소크라테스의 기소"라는 철학의 창시적인 장면을 반복한다. '만일 이것이 학식 있는 사람의 변덕을 보여주는 유일한 사례라면 무해할 수도 있다. [하지만] 불행하게도, 그것은 재치와 학식 없이 크게 유행하여 모방되었고, 무조건적 변덕과 극단적인 주관성을 장려하여 그러므로 지식과 진리라는 바로 그 개념들의 해체를 조장했다'.[24] 다시, 우리에게 데리다는 지식과 진리 그리고 합리적 담론에 대한 앵글로색슨의 가치들의 기초를 약화시키기 위해 유럽 대륙에 나타난 괴물 같은 **위협**으로 묘사된다.

(2) 《뉴욕 리뷰 오브 북스》 사건

'케임브리지 사건'이 일어난지 1년이 안 되어, 데리다는 또 다른 사건, 이번에는 미국 쪽의 사건에 휘말리게 된다. 그 상황을 조성하는 몇 가지 배경은 차례로 이렇다(전체 설명은 Points 422~454를 보라). 1987년 빅토르 파리아스Victor Parias는 《하이데거와 나치즘Heidegger et le nazisme》이라는 책을 출판했다. 이 책은 1930년대 하이데거와 국가사회주의와의 공모를 '폭로해' 프랑스에서 아주 많은 주목을 받았다.[25] 하이데거 연구와 관련이 없는 사람들에게는 '새로운' 것처럼 보였던 파리아스의 설명은 **더 말할 것도 없이** 하이데거의 자료 전체를 거부하는 것에 동의하는 것처럼 보였으며, 하이데거의 나치즘에 대한 오명이 그의 사유와 씨름하는 부담에서 우리를 면제시켜주었음을 시사한다. 하지만 데리다는 그러한 손쉬운 결론을 받아들일 수 없었고, 그래서 (프랑스에서 파리아스의 책이 출간된 이후 며칠만에 바로 출간된) 《정신에 대해서》와 그 다음 《르 누벨 옵세르바퇴르Le Nouvel Observateur》에 수록된(지금은 Points 181~190에 재수록된) 디디에 에리봉과의 인터뷰에서 많은 것을 말했다. 얼마 후 뉴욕에서, 데리다는 리처드 월린Richard Wolin이 편집한 논문집에서 이 인터뷰의 영어 번역을 발견했다.[26] 월린에 의해 격렬한 비판을 받은 데리다의 텍스트는 번역되어 그 책에 포함되어 있었는데, 편집자는 데리다의 허락을 요청하거나 얻지 않았다.[27] 데리다는 변호사를 통해 항의했지만 법적 조치를 취하지 않았고, 그 결과 컬럼비아 대학교 출판부는 이 책을 회수했고 MIT에서 데리다의 텍스트 없이 두 번째 판을 출간했다. 토마스 시핸Thomas Sheehan이 《뉴욕 리뷰 오브 북스NYRB》에서 이 책을 논평했을 때, 그의 논평의 3분의 일이 이 '데리다 사건'에 할애되었고, 이후 몇 달 동안 《뉴욕 리뷰 오브 북스》의 독자란letter column은 활기차지만 때로는 끔찍한 논쟁의 장이 되었다.

해체에 대한 어떠한 관심이나 시간이 없는 학자들조차 자크 데리다(와 롤랑 바르트 그리고 푸코)와 관련된 소위 '저자의 죽음'에 대한 소문을 듣지 않을 수 없었다. 이미 살펴봤던 것처럼, 그 용어는 해석에는 기준이 없으며, 텍스트에 대한 이해에서 저자의 의도는 아무런 역할을 하지 않고, 저자는 자신의 텍스트를 통제하지 않는다는 가정된 주장과 동의어가 되었다. 그래서 자크 데리다가 《뉴욕 리뷰 오브 북스》와 같이 매우 공적인 장에서 저자로서의 그의 **권리**를 주장했을 때, 이 신화를 믿었던 비평가들은 '여기 자크 데리다가 있다'며 극도로-시적인 아이러니에 사용했으며, '텍스트와 저자 사이의 모든 관계를 산산 조각낸 해석학적 괴물이 갑자기 **저자로서의** 권리를 주장했다!'고 말하는 것처럼 보였다. 실제로, 월린은 그의 편지 중 하나에서 해체의 테이블을 뒤엎고 데리다의 철학적 주장과 그의 저자의 실천 사이 어떤 특정한 수행적 모순을 제시할 기회를 놓치지 않았다: 데리다가 '(그가 가장 좋아하는 상투적 문구인 내 권리를 주장하라faire valoir mes droits와 같은) 상황의 **법적** 측면과 저자의 특권(다소 **반-해체주의적인 정신**에서 덧붙이자면: 어떻게 그가 그 자신을 어쨌든 다른 이와 함께 만든 **인터뷰**의 유일한 저자이자 권리의 소유자라고 생각할 수 있겠는가?)에 너무 사로잡힌 것 같다'고 월린은 언급했다.[28] 그러한 조치의 결과는 괴물-데리다를 길들이는 것이었다. 비록 그 길들이기가 정확히 길들이고자 하는 것에 의존하는 것이었지만 말이다.

이런 두 '사건'은 '데리다' 신화의 두 징후를 제공하며, 학계가 그들 자신이 만들어낸 괴물-데리다의 위협에 대해 어떻게 대응해왔는지를 우리에게 알려준다.

2) '해체'를 탈신화화하기

자신의 작품에 대한 공격적이고 독설에 찬—심지어 일종의 학계의 제명 같은—반응에 직면했을 때, 데리다는 괴물을, 괴물의 **위협**을 불러일으키는 용어로 이 문제를 공식화한다. "이 사람들은 도대체 무엇에 위협을 받는다고 느꼈기에 이런 식으로 자제력을 잃어버리는 것일까?"(Points, 403) 케임브리지의 행사에 개입한 외부 학자들은 "악, 전염병, 퇴폐로부터 케임브리지를 구하거나 방역한다는 구실로"—어떻게 해서든 데리다 바이러스가 퍼지는 것을 막고자 그렇게 행동했다(Points, 403). 그러한 보호 조치에 대응하여, 데리다는 해체의 괴물성을 약화시키고자 하지 않는다. 그의 대응은 '나는 괴물이 아니다'가 아니라 '나는 당신이 생각하는 괴물이 아니다, 나는 **그런** 괴물이 아니다'라는 것이다. 사실 그는 이어서 다음과 같이 말할 수도 있다. "당신은 당신의 괴물 데리다를 만들고 '데리다' 신화를 제시하면서 실제로 해체를 어리석고, 터무니없고, 멍청한 것으로 환원함으로써 그것을 **길들이는 일**을 해왔다." "당신은 가장 말도 안 되는 주장들을 '해체'의 탓으로 돌림으로써 해체가 제기하는 **진짜** 위협을 길들이려고 했다." 그래서 데리다는 해체가 특정한 괴물성을 가지고 있다는 점을 부인하지 않는다.

학생들과 젊은 선생님들의 적극적인 참여는 종종 그들이 나와 내 작업을 공격할 때, 자신들이 언급하는 학술적인 규칙과 절도를 잃어버린다는 점에서 자주 우리 동료들을 긴장하게 만든다. 만일 이 작업이 그들에게 그렇게 위협적으로 보인다면, 그것은(그들이 쉽게 내 작업을 제거하도록 만드는 이유인) 이 저작이 단순하게 별나거나 이상하고, 이해할 수 없거나 새로운 종류의 것이기 때문이 아니라, 내가 희망하는 것처럼, 그리고 그들이 자신들이 인정하는 것 이상으로 믿는 것처럼, 근본적인 규범들과 다수의 지배적인 담론들, 그들의 평가의 기초가 되는 원칙들, 학술적 제도들의 구조들과 제도들 안에서 진행되는 연구들을 재검토하는 데 있어서 내 작업이 충분한 자격을 갖추었으며, 엄밀히 논증되고, 설득력을 가지기 때문이다.(Points, 409)

그래서, 무엇이 '해체'**인가**? 자크 데리다는 누구인가? 그는 무엇을 하고 있는가? 만일 데리다 신화가 거짓이라면, 우리는 데리다에 대해 어떻게 생각해야 하는가? 만일 괴물-데리다가 우리가 생각했던 그런 괴물이 아니라면, 그 괴물성의 본성은 무엇인가? 해체는 무엇을 위협**하는가**? 데리다는 어떤 종류의 괴물인가? 여기서 우리의 목적 중 하나는 해체의 괴물성의 본성을 더 잘 이해함으로써 '데리다' 신화를 불식시키는 것이다. 그리고 우리가 발견할 것은 정확하게 '친숙한' 괴물이 아니라 아마도 매우 긍정적이고 적극적인 욕망의 생명체인 프랑켄슈타인의 괴물과 꽤 유사한 어떤 것이다.

그러나 데리다는 종종 일종의 부정의 길via negativa을 통해, 그러니까 무엇이 해체가 아닌지를 밝힘으로써 해체를 둘러싼

신화를 불식시키려고 한다.[29] 그리고 그 목록은 보통 꽤 긴 편인데, 그것은 많은 것들이 해체로부터 기인하기 때문이다. 데리다는 흔히 다음의 부정들nots을 강조한다.

• **해체는 어떤 '방법'이 아니다.** 이 말로 데리다는 해체가 공식이나 규칙들의 집합으로 환원될 수 있는 '기술'이 아니라는 점을, 그래서 어떤 텍스트나 맥락에 어떤 프로그램의 방식으로 적용될 수 있는 것이 아니라는 점을 보여주고자 한다. 실제로 (의심할 여지없이 학부 과정의 문학 이론 입문에서 조장되는) 그러한 생각은 데리다 신화를 확산시킨 주요한 태도 중 하나이다.[30] 첫째, 그리고 가장 기본적으로, 데리다는 '해체는 어떤 방법론적인 수단이나 일련의 규칙들 그리고 치환 가능한 절차로 환원될 수 없다'고 강조한다; 이것이 "각각의 해체적인 '사건'은 단일하다"는 말이 맞는 이유이다.[31] 그러나 둘째로, 그리고 가장 흥미롭게도, 데리다는 "해체는 심지어 어떤 **행위**나 **연산**이 아니다"라고 강조한다.[32] 즉, 해체는 우리가 **행하는** 어떤 것조차 아닌 것이다. 오히려 해체는 발언하는 가운데 발생하는 것이다. 말하자면, **해체된다**ça se déconstruit. 그것은 자신을 해체한다. 해체는 텍스트**에** 가서 무언가를 하는 어떤 해석의 대가가 초래하는 것이 아니며, 외부의 도구들이나 작업을 위한 기구들을 가지고 어떤 텍스트'에' 작업한 결과도 아니다. 오히려 해체는 텍스트 **내부에서**, 안에서, 텍스트가 가진 자원들에서 일어난다. 그래서 우리 해석자들이 단지 텍스트 그 자체의 해체의 목격자(또는 아마도,

소크라테스의 은유를 빌리자면, '산파')일 뿐이라는 것은 맞는 말이다.[33]

• **해체는 단순히 어떤 부정적인 '파괴'가 아니다.** 이것은 아마 그 용어가 파괴의 단순한 동의어로 또는 단순히 '분해하다'라는 의미로 가장 흔히 잘못 전유되었던 이유일 것이다. 이것은 해체라는 말 안에 'con'의 운동을 놓치는 것이다: 해체는 재구축을 위해 분해하는 이중적-운동이다. 그래서 데리다는 그가 '해체'라는 용어를 채택한 배경에는 우리가 단순하게 부정적인 것이 아니라 재구성적인 의미를 가지는 하이데거 용어 **Destruktion** 또는 **Abbau**의 울림을 들어야 한다는 점을 강조한다. ([하이데거에게] 서구 형이상학의 해체는 단순히 형이상학에 대한 거절이나 절멸이 아니라 비판적 재구성이다) 그래서 데리다는 '해체'가 인문과학에서의 지배적인 담론으로서 '구조주의'의 맥락에서 채택된 용어라는 점을 상기하면서, 다음과 같은 점을 강조한다: "구조의 허물기, 분해, 제거는, 특정한 의미에서 그것이 문제시하는 구조주의 운동보다 더 역사적인 것으로서 부정적인 작업이 아니었다. 그것은 파괴하기보다는 또한 '앙상블'이 어떻게 구성되는지를 이해하고 이를 위해 그것을 재구성하는 일을 필요로 했다."[34] 반대되는 것으로 알려졌음에도 불구하고, 해체는 근본적으로 제도에 관심이 있다―무질서라는 이름에서가 아니라 더 정의로운 제도를 위하여 제도적인 틀을 부수고 개방시킴으로써 말이다. "해체는 무엇보다도 시스템에 관심을 가진다. 이것은 해체가 시스템을 붕괴시킨다는 의미가 아니라 반드시 체계적이

지 않은, 원한다면 함께할 수 있는, 합의 또는 연대의, 가능성으로 이어짐을 의미한다"(Points, 212).

• **해체는 어떤 '만능의' 이름이 아니다.** 데리다는 '해체'라는 이 하나의 단어가 어떻게 그렇게 빠르고 널리 사용되었는지에 대해 항상 놀라워했다. "내가 이 단어를 선택했을 때, 혹은 이 단어가 나에게 강요되었을 때, 나는 그 당시에 나의 관심을 끌었던 담론에서 이 단어가 그러한 중심적인 역할을 하는 것으로 인정받을 것이라고는 거의 생각하지 못했다."[35] 사실, 이 단어는, 적어도 그 자체로는, 나에게 결코 만족스럽지 않았다. (그러나 어떤 단어 또한 그러했다) 이 단어는 항상 어떤 전체 담론에 의해 둘러싸여 있으며, 항상 그래야 한다.[36] 그래서 우리는 해체라는 용어를 그것의 맥락에서 이해해야 한다. 왜냐하면 "'해체'라는 용어는, 다른 모든 단어와 마찬가지로, 오직 일련의 가능한 대체어들 안에서의, 너무 경솔하게 '맥락'이라 불리는 것 안에서의 그 단어의 각인으로부터만 그 가치를 얻기" 때문이다. 그 용어는 (어떤 것도 "해체"와 같이 채택되지는 않았지만) 유사-대체어들에 해당하는 여러 개의 다른 용어들의 맥락에 속한다: 이 용어들은 "쓰기écriture", "흔적trace", "차이différance", "대리보충supplement", "하이멘hymen", "파르마콘**pharmakon**", "여백margin" 등을 포함한다.[37]

• **해체는 허무주의적인 어떤 것이 아니다.** 많은 사람은 데리다가 '선악의 저편의' 일종의 비정치적인 예술 지상주의를 옹호하는 것으로 받아들였고 따라서 해체에 대해 허무주의라고 비

난을 퍼부었다. 해체를 어떠한 의미나 진리와도 반대되는 것으로 고려하면서, 그들은 해체를 어떠한 의미나 진리와도 반대되는 것으로 고려하면서, 데리다가 끝없는 힘 싸움을 찬양하는 것으로 보며—해체를 "동굴 안에서처럼 언어가 막혀 있는 상태에서, 기호의 결합을 가진 일종의 쓸데없는 체스 게임으로" 표현한다.[38] 그러나 데리다는 명백하게 그런 표지를 거부한다. "해체는 무 안에 있는 울타리가 아니라, 타자를 향한 개방성이다."[39] 우리가 이제 보게 될 타자를 향한 이 개방성은 해체의 윤리 정치적 핵심을 제시한다.[40] 그래서 데리다는 해체가 새로운 허무주의는 아니며, 심지어 어떤 상대주의조차 아니라고 강조한다: 그는 "나는 차이를 고려하지만, 상대주의자는 아니다"라고 주장한다. 상대주의는 어떤 "학설, 절대적인 것을 지시하거나 그것을 부정하는 방법으로, 오직 문화만이 있으며 순수한 학문이나 진리는 없다고 말한다. 나는 그러한 것을 말한 적이 없으며 상대주의라는 단어를 사용한 적도 없다."[41]

• **해체는 반-철학적이 아니다.** 해체는 철학에 의문을 제기하고 서구에서 전승되는 철학의 관행과 제도 모두에 의문을 제기하긴 하지만, 철학 그 자체나 대학 그 자체에 반대하지 않는다. 실제로 그러한 비난을 퍼부은 비평가들은 철학 기관들에 대한 데리다의 오랜 세월의 투자와 (철학교육연구그룹the **Groupe de recherche sur l'enseignement de la philosophie**, GREPH에의 관련에서) 그 분야와 국제철학학교Collège International de Philosophie에 대한 그의 지지에 무지했다는 점은 분명해보인다. 데리

47

다는 자신의 직업적 삶의 대부분을 초등학교부터 대학원 과정에 이르기까지 교육 기관의 문화와 실천에—그리고 그 안에 있는 철학의 자리에—헌신해왔다. 그는 (GREPH의 활동으로) 초등학교 교육 과정에서 철학을 확대하는 프로그램에 긴밀하게 관여해왔으며, 유일무이한 학제 간 연구 기관인 국제철학학교 출범에 관여한 핵심 인물 중 한 명이었다.[42] 물론 이것이 해체가 현재의, 또는 정해진 형태의 학술 기관이 현대의 철학적 실천에 대해 우호적이라는 것을 의미하지는 않는다. 데리다가 주목하는 것처럼, "해체는 의미의 유일한, 또는 특권을 가진 수호자와 전달자로 행동하는 특정 대학과 문화 기관의 주제넘음에 물음을 제기하는 데 도움을 줄 수도 있다 (⋯) 해체에는 모든 교육 기관에 도전하는 어떤 것이 있다. 그것은 파괴를 요청하는 물음이 아니다. 그러한 제도들의 파괴가 아니라 오히려 그것은 우리가 [예를 들어] 문학을 읽는 이러저러한 제도적인 방식에 동의할 때, 우리가 실제로 무엇을 하고 있는지를 인식하게 만드는 물음이다."[43] 데리다는 그러한 물음을 떠맡는다. 철학에 **반대해서**가 아니라 철학이라는 이름으로 그리고—"**도래하는 민주주의**라는 거대한 물음과 떼려야 뗄 수 없는"—"도래하는" 대학이라는 이름으로 말이다(Points, 338).

해체가 무엇이 **아닌지**에 대한 이 간단한 소묘에서 우리는 이미—좋은 부정의 방식으로—해체가 무엇인지 눈치채기 시작했다. 해체란 텍스트, 구조, 제도가 '타자'를 소외시키고 배제하는 방식에 주의를 기울이고 제도와 실천을 좀 더 정의롭게 (즉, 타자의 부름에 응답하도록) 재조직하고 재구성하는 매우 긍정적인 비판의 방식이다. 그래서 해체는 급진적인radical 비판의 방식이지만, 또한 긍정에 의해 움직인다. 데리다는 다음과 같이 고백한다: "나는 인정되든 그렇지 않든, 결국 어떤 종류의 긍정이 동기가 되지 않는 급진적인 비판을 상상할 수 없다."[44] 비판은 그것이 다른 어떤 것에 대한 반응이라는 점에서 긍정적이다: 비판은 우리가 **책임져야 할** 어떤 것을 위해 그리고 또한 특정한 미래를 위해, "도래하는" 것에 대한 어떤 전망으로 시작된다.[45] 데리다는 계속해서 말한다: "내 말은 해체가, 그 자체로, 필연적으로 해체를 요청하고, 소환하거나 해체에 동기를 유발하는 타자성에 대한 긍정적인 반응이라는 것이다. 그러므로 해체는 소명—부름에 대한 응답이다."[46] 여기서 데리다는 (이미 1981년에) 해체가 근본적으로 "정치적" 기획이며, 주로 타자성에 의해 동기가 부여되는,—그가 말하는 "타자의 부름"인 텍스트, 제도 그리고 실천에 참여하는 방식임을 시사한다. 그러나 해체에는 "방법"과는 다른, 일련의 "교의"는 말할 것도 없이, 틀림없이 **형식적인** 특성이, 그래서 다른 방식으로 다른 사건들에 존재하는 그런 특성이 있다. 우리는 매우 넓은 범위에서 그 자리를 설정할 수 있는 입장 또는 감각으로 해체를 생각하는 것이 더 나을 것이다. 이와 같이, 해체는—다른 어떤 강력한 비판적 입장과 마찬가지로—특정한 전이 가능성transferability 또는 이동 가능성을 가지고 있다. "나는 유비에 의해 바뀔 수 있는 몇 가지 일반적인 규칙과 절차가 있다고 생각한다. (…) 그러나 이 규칙들은, 매번 고유한 요소이며 그 자체가 완전히 어떤 방법으로 전환되지 않는 텍스트에 속해 있다"(Points, 200). 예를 들어, 해체의 형식적 본성은 왜 그것이 탈식민주의 이론, 페미니즘 또는 비판적 인종 이론과 같은 좀 더 구체적이고 특정한 비판 이론에 강력한 영향을 끼쳤는지 설명한다. 그것은 또한 왜 특정한 해체적인 감성이 (예를 들어, 그레이엄 워드Graham Ward의 작업에서) 독특한 그리스도교 문화 이론으로 받아들여질 수 있는지를 설명한다.

해체의 **본래** 정치적인 특성을 통찰하는 것은 중요하다. 어떤 사람들은 데리다의 사유에는 초기의 무정치적이고 책임과 **상관없는** 예술지상주의에서 (대략 1990년 이후인) 후기의 작업, 곧 더 정치적이고 윤리적인 관심으로의 일종의 **전회**가 있다고 제안했다. 그러나 이것은 후설과 현상학에 관한 최초의 텍스트 이후로 데리다의 "타자"에 대한 관심이 그의 작업에 동기를 부여했던 한에 있어서는 잘못된 구별이다. 이미 1975년에 데리다는 "이 정치적 해체"가 "정치적 구조에 대한 해체"에 관한 것이라는 점은 "처음부터 분명했다"는 점을 확고히 했다(Points, 28). 그것은 해체가 정치적이 **되는** 문제가 아니었다; 해체는 항상 정치적이었다. 데리다는 우리가 미국 남부에서 (데리다 또한 '가졌던') 종교를 가졌다고 말하는 것처럼 '정치(성)를 가지지' 않았다; 반대로, 데리다는 "철학적 활동은 어떤 정치적 실천을 **필요로 하는 것**이 아니라 그것은, 이렇든 저렇든, 정치적 실천이다"라고 강조한다(Points, 70). 그래서 어떤 질문자가 "정치 분야"와 관련하여 데리다는 "거기서 눈에 띄는 입장들을 취한 적이 결코 없다"고 말했을 때, 데리다는 데리다 "신화"를 직접적으로 허무는 대답을 했다: "아, '정치 분야'! 하지만 나는 다른 것은 생각하지 않는다고 대답할 수 있다."(Points, 86). 우리는 이하에서 현상학과 문학에 대한 [그의] 초기의 연구조차도 타자성에 대한 정의를 행하는 것과, 그래서 특정한 정치와 깊은 관련이 있다는 점을 알게 될 것이다.

3) 타자성의 렌즈: 해체와 타자

우리는 이미 해체가 타자의 부름에 대한 긍정적인 응답이며, 따라서 본질적으로 타자에 답하는 윤리적이고 정치적인 **소명**이라는 것을 확인했다. 그리고 나는—데리다를 '소개'하기 위해—이 책의 과제 중 하나가 데리다가 당한 묘사—비평가들과 추종자들 모두가 빠진 '데리다'—를 탈신화화하는 것이라고 제안했다. 그러기 위해서는 1960년대 현상학과 언어철학에 대한 그의 초기 연구에서 윤리, 정치, 종교에 대한 그의 가장 최근 연구로 확장되는 데리다의 작업 전체에 대한 비판적 접근이 필요하다. 나는 이 책의 구성과 이후의 설명에서 '타자'에 대한 관념, 또는 '타자성'에 대한 개념을 데리다의 초기 작업에서부터 후기 작업까지의 근본적인 연속성을 제시할 뿐만 아니라 데리다의 작업의 다양한 주제와 분야를 확인할 수 있도록 돕는 하나의 해석적인 렌즈로 사용할 것이다.[47] 처음부터 해체는 타자에 대한 응답이었다. 예를 들어, 데리다가 언어와 관련한 '참조사항reference'에 대해 말했을 때조차, 그는 그것을 타자성의 관점에서 상술한다. 데리다는 "해체가 참조사항에 대한 어떤 유예라는 식으로 말하는 것은 완전히 틀렸다"고 강조한다. "해체는 항상 언어의 '타자'와 깊은 관계가 있다."[48] 많은 사람이 그러는 것처럼 해체가 언어 너머의 참조사항을 인정하지 않는다고 잘못 가정하는 것은 무엇보다도 그러한 소위 언어적 관념론이 동일성의 영역임을 이해하는 데 실패하는 것이다. 반면에 데리다를 비판하는 이들에게도 해체가 무엇보다도 차이, 즉 **타자**와 관계가 있다는 것은 분명하다. 그래서 만일 해체가 '언어철학'과 같은 어떤 것을 제공한다면, 보통 '참조사항'이라고 불리는 것—언어와 언어의 '타자'와의 관계에 대한 설명을 만들어내는 것은 정확하게 타자성에 대한 해체의 관심이다.

해체가 타자성에 대한 응답이라고 말하는 것은 해체가 애초부터 "유대인의 학문"이었다고 말하는 또 다른 방식이 될 수 있다.[49] 우리는 데리다가 처음부터 레비나스주의자—히브리 전통의 전형들, 곧 "고아와 과부, 나그네(이방인)"(《출애굽기》, 22:21~22)에 초점을 맞춰 '타자'를 성찰한 유대인 철학자 에마뉘엘 레비나스의 작업에 신세를 진 인물—였다고 말할 수 있다. 데리다는 나중에 "처음에 내가 가장 관심을 가졌던 레비나스는 현상학에 종사하며, 현상학에 '타자'에 대한 문제를 제기한 철학자였다"고 언급했다.[50] 그러나 데리다의 타자성에 대한 유대적 관심은 또한 타자가 **되는**—이방인이 되는, 그래서 배제의 대상이

되는 특정한 경험에서 비롯된다.[51] 알제리계 유대인인 데리다는
프랑스 학교에서 추방되는 고통과 프랑스 시민권 박탈을──국내
체류 외국인이 되었다는, 포위당한 채 추방당한 사람이 되었다
는 낙인을 경험했다.[52] 혹은 그가 〈할례 고백〉의 어딘가에서 말
한 것처럼, "나는 항상 인기 있는 배제된 존재라는 느낌을 항상
받았다"(Circ, 279). 데리다의 타자성에 대한 이 감각은 이반 칼
마르Ivan Kalmar가 이야기한 에피소드에서 나타난다. 칼마르는
데리다의 〈할례 고백〉과 (자신의 삶에서 "유대인성"의 중요성을 말
년에 폭로한) 하인리히 하이네의 《고백록Confessions》을 비교하
면서, 초기의 데리다는 자신의 유대인성에 대해 드러내지 않았
다고 생각한다.

> 한때 내가 스스로를 살필 기회가 있었듯이, 데리다는 자신의
> 유대인성을 아주 크게 말하지 않을 충분한 이유가 있었을 것이
> 다. 내가 유명한 미국 문학을 가르치는 프랑스인 교수와 파리
> 의 라틴 지구 식당에서 저녁을 먹고 있을 때였다. 대화를 하다
> 프랑스와 미국의 전문가들 사이의 관계에 대해 이야기를 했고,
> 나는 데리다가 프랑스보다 북미에서 훨씬 더 인기가 있다는 사
> 실에 대해 언급했다. "물론이지." 그는 대답했다. "데리다는 프
> 랑스인이 아니야." 나는 "그렇다면 그는 뭐야?"라고 물으며 완
> 전히 어리둥절해했다. 그 교수는 자세한 설명을 거부했다. 그
> 때 나는 데리다가 유대인이었다는 것을 알지 못했다.[53]

사실 데리다는 그의 사유에서 유대주의와 타자성의 근본적인 연결을 제안한다. 1981년, 그는 "나는 종종 내가 그리스 철학 전통의 변두리에서 공식화하려는 물음이 유대인이라는 모델을, 즉, **타자-로서의-유대인**을 자신의 '타자'로 삼는다고 느낀다"고 말했다.[54] 이 **타자임**은 어떤 철학적 기획, 곧 타자를 **위한/대한** 경계로서의 해체를 탄생시킨다.[55] 후설과 현상학에 대한 초기 연구부터 환대와 종교에 대한 가장 최근의 성찰에 이르기까지—데리다의 기획은 근본적으로 타자에 대한 의무에 응답하여 떠맡은 **타자성**에 대한 설명이다. 그래서 '타자'라는 렌즈는 또한 해체가 근본적으로 어떻게 그리고 어째서 **긍정적인** 전략인지를 분별하도록 도와준다. 해체는 순수한 부정적인 파괴의 방식은 말할 것도 없고 단순히 비판적인 '방법'이기는커녕, 텍스트와 구조 그리고 제도가 타자에 대한 부름에 응답할 수 있도록 만들기 위해 그들에 대한 집중적인 조사에 착수하는 **부름**이자 소명이다. 해체는 타자를 위한 자리를 만드는 방식이며, 그래서 근본적으로 일종의 환대와 환영이다.

타자성과 "타자"는 데리다를 두 개의 다른 관점에서 비추는 해석학적인 이중 초점 렌즈이다. 한편으로, 우리는 타자를 해체의 부름에 생명을 불어넣고, 다양한 주제와 텍스트, 인물들을 가로질러 데리다의 비판적 이론이 지향하는 것으로 고려할 것이다. 다른 한 편으로, 타자성의 렌즈는 또한 또 다른 데리다를, 곧 '탈신화화된' **다른** 데리다, 우리가 '이론 이후에' '하나의' 데리다로 생각할 수 있는 것을 개방할 것이다.[56]

따라서 이 '타자'라는 렌즈는 현상학과 언어에 대한 데리다의 초기 작업[57](1장)과 문학 그리고 문학과 철학과의 관계에 대한 그의 관심(2장), 명백하게 윤리와 정치, 종교와 관계 맺고 있는 그의 후기 작업(3장)으로 이어지는 각각의 장들을 구성한다. 또한 우리는 1~3장이 대략적으로 형이상학, 인식론, 윤리학과 같은 일종의 고전적인 철학의 '삼학'에 해당한다고 제안할 수 있다. 그다음 4장에서는 철학적 전통과 현대 이론에서 데리다와 다른 사상가들과의 관계에 대한 간략한 개관을 제공한다. 이 장은 일종의 확장된, 주석 달린 참고문헌으로 이해될 수 있으며, 독자에게 추가적인 참여를 안내하는 지도를 제공한다. 마지막으로, 우리는 5장에서 해체에 대한 일종의 '사례연구'로서, 인터뷰라는 바로 그 장르를 따져 묻는 '인터뷰'를 통해 책에서 탐구된 주제들을 확장하여 다룰 것이다.

1장

말과 사물

: 현상학의 타자

> 무엇보다도, 쓴다는 것*은 무엇인가?
> 쓴다는 사태는 어떻게 바로 저 '무엇인가?'라는
> 물음을 방해할 수 있는가?
> -〈정립의 시간: 구두점The Time of a Thesis: Punctuations〉, 37.

1) 태초에 말씀이 계시니라

이제는 9/11로 표기되는 '사건'에 직면했을 때 데리다의 즉각적인 응답은 **언어**에 대한 물음을 던지는 것이었다: "나는 **무엇보다도 언어**, 명명하는 것, 어떤 날을 정하는 이러한 현상에 주의를 기울일 필요성이 있다고 믿는다. (⋯) 사람들이 서둘러 우리처럼 믿도록, ['데리다' 신화와는 반대로] 언어에 몰입시키기 위해서가 아니라, 정확하게 언어 **너머에서** 무슨 일이 일어나고 있는지 이해하려고 노력하기 위해서 말이다."[1] 그래서 데리다는 40년

---

* 원어 '에크리튀르écriture'는 다양하게 번역되는데, 이 책에서는 본문의 맥락에 따라 (글)쓰기, 문자, 기록으로 옮겼다.

동안 자신의 작업에 근원적으로 생기를 불어넣었던 **언어**에 대한 물음으로, 단, 언어와는 **다른** 것, 언어 **너머에** 있는 것을 바라보며 수행한 그 물음으로 계속해서 되돌아간다.

'태초에 말씀이 계시니라'는 언젠가 완성될 자크 데리다의 **전집**에 어울리는 명구일 것이다. 그런데 그는 왜 언어에 1차적으로 관심을 갖는가? 정확히는 어째서 (글)쓰기에 그렇게 집착하는가? 데리다의 작업이 그 맥락이나 근원으로 환원될 수 없지만, 이 관심은 보통 루트비히 비트겐슈타인과 마르틴 하이데거에 의해 결정적으로 이루어진 20세기 철학의 언어적 전환이라고 불리는 더 넓은 맥락에 속한다. 하이데거는 '인간'이 이성적인 동물zoon logon ekhon이라는 아리스토텔레스의 주장을 **언어**와 좀 더 밀접한 이성, 곧 **로고스**의 의미를 재발견하여 '**로고스**를 가지고 있는' 존재자인 인간을 '**말**할 수 있는 능력을 가진' 존재자로 재구성했다.[2] 그러나 우리는 이 언어적 전회가 언어를 망각하거나 폄하하는 경향, 곧 (예를 들어, 소크라테스의 대화편들을 상기해본다면) 철학은 단지 담론이라는 매체에서만 '발생'한다는 점을 **망각**하고, 철학이 언어에 대한 물음으로 방향을 정할 때마다 통례적으로 언어의 '2차적인 성격'(OG, 14)을 진리에 대한 순수한 접근으로부터 동떨어진 것으로 **폄하**하는, 서구 사상에서의 오랜 전통을 거스르는 방식이라는 점을 인식해야 한다. 언어에 대한 이 망각과 폄하는 구체화에 대한 일반적인 철학적 태도와 타자와의 관계에 있는 타자성과 연결된다. 이 연결은 자연스러운 것이다: 기호들의 세계는, 그것이 문자소든 음소든 간에,

신체를 활성화시키고 신체에 의존하는 감각적 현상의 세계이다. 공기와 귀가 없다면, 표시와 문자가 없다면, 언어도 없을 것이다. 그래서 언어는 물질과 물질성과, 들을 수 있는 귀와 읽을 수 있는 눈을 가진 신체와 뗄 수 없게 연결되어 있다. 더욱이, 공동체 안에서 타자와 공유하는—'공공적' 현상으로서의 언어는 본질적으로 **관계적** 현상이며 그래서 필연적으로 **타자**와 관련한다. 철학적 전통은 언어를 평가절하했던 만큼 언어라는 '매체'— 신체와 물질을 평가절하했다. 또는 반대로, 서양 철학의 전통에서 오랫동안 지속된 합리주의(와 이원론)이 신체와 물질성을 폄하하는 한, 이와 같은 형이상학적 수행의 증상으로 언어에 대한 부정적인 설명이 나타난다.

데리다에게, (플라톤에서 헤겔에 이르는) 서양의 철학적 체계에서 언어의 자리는 더 넓은 형이상학적 가정들의 미시적으로 구체화된 것으로서 기능한다. 그래서 언어는 형이상학, 존재론, 우리가 대략적으로 '철학적 인간학'[3] 또는 '심리철학'[4]이라 부를 수 있는 것에 대한 더 넓은 물음으로 들어가는 길이다. 그리고 플라톤 이후의 철학자들이 **(글)쓰기**에 대해 가장 적대적인 평가를 유지했던 한에서, 데리다는 특히 더 깊은 철학적 가정들을 '발견하는' 장소로 (글)쓰기에 대한 이론적 설명에—또는 이론적 구조들에서 (글)쓰기의 자리에—관심을 가진다. 그래서 (글)쓰기라는 '사례case'는 일종의 철학적이고 이론적인 체계들로 들어가는 입구이다. 데리다는 자신의 초기 작업을 반성하면서 자신의 분석이 철학사뿐만 아니라 "인문과학(언어학, 인간학, 심리학)"에서도, "집요하고 반복적이며 심지어 모호할 정도로 강박적인 평가절하가 오래된 모든 제약의 징표로서의 (글)쓰기에서" 발견된다고 말한다.[5] 하지만 해체가 (내부로부터, 중간태로) 어떻게 작동하는지에 대한 우리의 설명을 염두에 두면서, 데리다는 내부로부터 자신의 주장에 도전하는 철학적 전통 내에서 **내부로부터** 그 철학적 주장들에 도전하는 분열의 장소들을— '언어의 타자'(몸과 다른 것들의 타자성, 그리고 타자들의 몸)가 플라톤에서 헤겔에 이르기까지 지배적인 서양 전통에서 가정된 존재론을 중단시키는 곳들을—찾는 데 관심을 가진다. 그러나 우리가 앞서 강조했듯이, **다른** 사유 방식에 개방하기 위해 이러한 분열을 찾는 것, 언어와 (글)쓰기의 재평가를 통해 구체화, 공동체, 그리고 타자에 대한 우리의 책임을 또 다른 방식으로 사유하는 미시-우주적 시행을 모색하는 것, 이것은 궁극적으로 긍정적이고 생산적인 기획이다.

이 장에서 우리는 대략 연대순으로 (글)쓰기와 언어에 대한 데리다의 초기 분석을 기술할 것이다. 우리는 먼저 데리다의 첫 저작, 후설의 《기하학의 기원》에 대한 그의 1962년 번역 중 〈서론〉을 다룰 것인데, 이것은 데리다가 "후설의 현상학의 공리들로부터 사유되지 않은 것"의 외부 작업으로, "문학 이론"을 정교화하는 것에 처음 관심을 가지게 된 작업이다.[6] 후설에 대한 이 해체—후설에 거슬러 후설을 읽기—는 다음으로 언어에 대한 후설의 설명에 초점을 맞춘 데리다의 《목소리와 현상》에서의 다른 '장소'에서 수행된다. 이어서 우리는 1967년의 저작 중 하나인 《그라마톨로지》의 중심적인 내용들을 다룰 것이다. 여기서 우리는 데리다가 철학의 역사에서의 이런 주제들을 다루면서 시야를 다른 인문과학, 특히 레비-스트로스의 인류학을 포함하도록 확장하는 것도 살펴볼 것이다. 이런 장소들을 가로지르면서, 우리는 계속해서 타자에 대한 문제에, 그리고 데리다의 초기 현상학과 '문학 이론'이 어떻게 윤리학자이자 동시에 정치학이 되는지 주의를 집중할 것이다.

2) (글)쓰기: 놀라운 발상

(1) '신체에서 벗어나': 왜 소크라테스는 쓰지 않았을까[7]

우리가 이미 주목했던 것처럼, 서양철학의 역사에서 언어는 〔그리고 특히 (글)쓰기는〕 세속적이고 물질적인 것과 그리고 완전히 믿을 수 없는 경험적인, 구체화된 경험의 영역과 연관되어왔다. 혀로 내뱉은 목소리, 또는 손으로 그린 낙서와 표시는 그 자체로 우선 **변화**하는 세계인 물질적 세계와 불가분하게 연결되어 있는 신체와 떼려야 뗄 수 없게 연결되어 있다. 시간에 의해 지배되는 신체의 물질적 세계(따라서 귀와 손, 소리와 책들)는 생성과 쇠퇴, 도래함과 사라짐의 예측할 수 없는 변화로 주어진다. 내가 오늘 알고 있는 것이 내일은 사실이 아니거나 한 세대에 알려진 것이 다음 세대에 사라질 수도 있다면, 어떻게 그러한 종잡을 수 없는 것이 **지식**의 토대가 될 수 있을까?[8] 그래서 철학이 시작된 이래로 철학의 주요한 운동 중 하나는 철학적 지식의 대상을 세속적이고 분명하지 않으며 부패하기 쉬운 신체의 세계에서 영원하고 변하지 않는 '이데아'의 세계, 또는 플라톤이 때때로 '형상'이라고 부르는 것으로 옮기는 것이었다. 이데아는 비물질적이기 때문에 시간에 지배받지 않으며 따라서 생성과 쇠퇴의 종속되지 않는다. 즉, 이데아는 창조되거나 만들어진 것이 아니다. 그래서, 내가 한번 어떤 것의 **이데아**를 알게 되면, 나는 변화에 노출되지 않는 지식의 형태를 확보한 것이 된다. 나는 정원의 이 나무가 초록색이라는 것을 '알' 수 있지만, 사실, 그 주장은 **적절한** 지식 (또는 '의미가 명료한' 지식)으로 간주되지 않는다. 왜냐하면 그 주장은 내일 거짓이 될 수 있기 때문이다. 가을의 변화 과정은 하룻밤 사이에 유기체에 일어날 수 있고, 나는 다음날 노란색으로 변한 나무를 발견할 수 있다. 대조적으로 내가 **이데아**— 어떤 것의 '본질', 그것을 그 무엇으로 만들어주는 것—를 한번 알게 되면, 그 이데아는 변화를 겪지 않는다. 내가 오늘 정의가 무엇인지 안다면, 내일 내가 일어났을 때, 정의의 이데아는 동일한 것으로 남아 있는 것이다. 내가 어렸을 때, 피타고라스의 정리의 이념(이데아)를 이해했다면, 그것은 지금 나에게 지식으로 남아 있을 것이다. 그래서 철학의 근본적인 운동은 지식을 비물질적인 **이데아**의 영역에 위치시킴으로써 구체화의 변화로부터 보호하는 것이다. 따라서 철학은 항상 이미 '관념주의적'으로 인식된다.

(2) 후설의 기하학의 고고학

플라톤으로부터 2000년 이후 후설을 생각해보자. 후설은 **결코** '플라톤주의자'가 아니지만, 이 오랜 철학적 전통을 공유하고 **이데아** 또는 그가 '이념'이라고 부르는 것에 대해 근본적인 관심을 갖는다. 그러나 후설은 우리에게 굴절시킨 플라톤주의를 제공한다.[9] 이후 《기하학의 기원》에서, 그는 갈릴레오의 선례를 따라 이념들의 **역사**에 대한 역설적인 연구에 착수한다. 우리는 여기서 놀랄 만한 개념을 만난다: '이념적'이고 '보편적인' (그리고 항상 '동일한' 것으로 간주되는) 어떤 것에는 '역사'가 있다. 이것은 무슨 뜻인가? 우리는 먼저 여기서 "기하학"이 "수학적으로 순수한 시공간에 존재하는 형상들을 다루는 모든 학문 분과"(IHOG, 158) 또는 후설이 '이념들'이라고 부르는 것을 포함한다는 점을 이해할 필요가 있다.[10] 기하학의 기원에 대한 물음은 최초의 기하학자가 누구인지, 또는 최초의 증명이 언제 공식화되었는지에 대한 물음이 아니라 "기하학이 처음으로 역사에서 출현한—출현해야 했던 그 의미"와 관련한다(IHOG, 158). 이것은 궁극적으로 **전통**에 대한 물음이 된다. 거기에서 기하학은 전승되는 것의 하나의 예에 불과하다. 그래서 기하학은 (후설이 "훌륭한 문학의 구성"[IHOG, 160]을 포함시키는) 다른 이념들에 대한 일종의 사례연구다.

그래서 기하학에는 전통이 있다. 기하학은 다른 학문들과 동일한 진보와 발전을 겪는다. 지식은 예측된 지평이 '된다'. 이 학문의 발전은 하나의 예측과 실현이다. 하지만 여기서 독특한 물음이 발생한다. "이 예측과 예측을 성공적으로 실현하는 과정은 결국 순수하게 고안자의 **주관** 안에서 발생하며, 따라서 의미는 오로지 그 전체 내용을 포함하여 현재의 기원자로서 그의 정신적 공간 안에 놓여 있다"(IHOG, 160). 예를 들어, 유클리드 기하학은 유클리드의 주관성에서 시작된다. 후설은 우리가 기하학이 '주관적인' 것처럼 '기하학적 실재'와 단순한 '심리적 존재'를 혼동해서는 안 된다고 주의를 준다.[11] 기하학적 현존은 오히려 본질적으로 '대상적'이다: 기하학의 진리는 "'모두'에 대해 존재한다"(IHOG, 160). "실제로, 그것은, 그것의 최초 정립에서부터 독특하게 **초시간적**이고, 확신하건대, 모든 사람들[sic]이 접근할 수 있는 현존을 가지고 있다"(IHOG, 160, 강조는 추가). 그 결과, 우리는 역설적으로 보이는 다음과 같은 사실과 마주하게 된다: 기하학은 역사를 가지면서도 초시간적이다.

기하학적 진리로서 이념들은 개별적인 구조와 독립적으로 존재한다. 그것들은 직관에 충전적인 '현상'이다. 다른 말로 하자면, 그것들은 우리에게 잔여 없이 완전하게 주어진다. (예를 들어, 이것은 우리에게 오로지 '음영들'에서만 주어지는 물리적 대상과는 대조적인 것이다: 나는 한 번에 컵의 한쪽 면만을 볼 수 있다. 그러나 하나의 '현상'으로서 피타고라스 정리의 진리는 내가 그것을 이해할 때 나에게 완전하게 주어진다. 그것은 '측면들'을 가지지 않는다. 거기에는 줌의 부재나 결핍은 없다.) 하나의 존재 방식으로서의—이 "객관성은 모든 학문적 구성과 학문 그 자체뿐만 아니라, 예를 들어, 훌륭한 문학의 형성물 또한 속하는 문화 세계의 모든 부류의 정신적 산물에 적합하다"(IHOG, 160). 이로부터 후설은 많은 예에서 이러한 유형의 현상은 '반복'될 수 없다고 결론짓는다. 예를 들어, "피타고라스의 정리, [실제로] 모든 기하학은, 그것이 얼마나 자주 **또는 심지어 어떤 언어로** 표현될 수 있는지와 상관없이, 오로지 한 번만 존재한다. 그것은 유클리드의 '원어'와 모든 '번역'에서 동일하다"(IHOG, 160). 따라서 그러한 현상은 번역에 의해 영향을 받지 않는다. 왜냐하면 그들의 '존재'는 초시간적이어서 자신들의 시간적인 현시에 의해 영향을 받지 않기 때문이다. 실제로 (《목소리와 현상》에 보면), 우리는 여기서 문제가 되는 것이 영혼과 신체의 관계라고 (그리고 그것도 플라톤적인 관계라고) 말할 수 있다. "감각적인 발언은 모든 신체적인 사건과 마찬가지로, 그리고 신체 그 자체에서 구체화된 모든 것과 마찬가지로 시공간적인 개별화를 가지고 있다; 그러나 이것은 '이념적 대상'이라고 불리는 정신적인 형태 자체에 대해서는 그렇지 않다"(IHOG, 160~161).

여기서 후설은 흥미로운 소견을 제공한다: "이념적 대상들은 특정한 방식으로 세계에서 객관적으로 존재하지만, 이중의 층으로 이루어진 반복들 그리고 결국 감각적으로 구체화하는 반복들—즉, 언어에 **의해서만** 그러하다"(IHOG, 161, 강조는 추가). 그래서 한편으로 그는 그러한 대상들이 언어적 구체화의 영향을 받지 않는다고 말하는 것처럼 보이지만, 다른 한편으로 그는 대상들의 가능조건으로서, 대상들이 '존재하기 위한', 언어적 구체화를 지적하는 것처럼 보인다. 여기서 후설은 그가 추적하고자 하는 문제와 맞닥뜨린다: "(모든 학문의 이념성과 똑같이) 기하학적 이념성이 어떻게 최초 고안자의 정신인 의식의 영역 내의 형성물로부터, 곧 개인의 내적인 근원으로부터 그것의 이념적 객관성으로 나아가는가?"(IHOG, 161) 다시 말해, 어떻게 기하학적인 진리는 그것의 "고안자"의 주관성 안에서의 심리적 존재에서 시작하여 ("모든 사람들에 대해 존재하는") 객관성을 성취하는가? 후설은 "기하학적 이념성이 이른바 그것의 언어적 신체[Sprachleib]를 받아들이게 되는 **언어를 통해**", 발생한다고 말한다(IHOG, 161). 그래서 언어는 일종의 **육화incarnation**이다.

그런데 이 말은 두 번째 물음을 불러일으킨다: 어떻게 언어가 이것을 발생시키는가? 어떻게 언어에서의 구체화가 기하학적 진리를 '객관적으로' 만드는가? 이 물음이 궁극적으로 언어 그 자체의 기원에 대한 물음을 제기하게 되지만, 후설은 먼저 "인간 문명 내에서 인간의 하나의 기능으로서의 언어와 인간 실존의 지평으로서의 세계 사이의 관계"에 대한 물음을 다룬다(IHOG, 161).[12] 언어는 기하학적 통찰을 공유하기 위한 조건들을 제공하는 공동체를 창조한다(IHOG, 162). 그래서 피타고라스 정리를 생각하는 기하학자는 그것을 다른 사람들에게 표현할 수 있고, 그것이 언어를 통해 상호주관적으로 소통될 수 있는 한, 그것은 "객관적인" 의미로 존재한다: 즉 "내부적인" 것은 외부적으로 "표현"될 수 있다.[13] 그러나 이것은 후설을 앞의 두 번째 물음으로 데려간다: "의식 안에서 구성된 형성물은 어떻게 그것의 상호주관적인 존재에 도달하는가?"(IHOG, 163) 어떻게 그것은 객관성을 성취하는가?

첫 번째 기하학자에게 근원적이고 생생하게 "자명한" 것은 이후에 **다시 활성화**될 수 있다. 다시 말해, 유클리드가 냅킨에 쓴 것, 또는 그의 손가락에 매달려 있는 펜조차 나중에 그의 근원적 통찰을 그에게 상기시키는 계기가 될 수 있다. 하지만, 이것은 여전히 우리를 다른 사람들에게 데려가지 않는다. 그것은 **언어**를 통해 발생한다: 우리가 "공감과 언어의 공동체로서의 공감과 동료 인류의 기능"을 생각해본다면, 우리는 "상호 언어적 이해의 만남, 어떤 주체의 근원적 생산과 산물이 다른 사람들에 의해 적극적으로 이해될 수 있다"는 것을 보게 될 것이다(IHOG, 163). 그래서 첫 번째 기하학자의 마음에서 시작된 것은 언어와 의사소통을 통해 객관적이 된다. "몇몇 사람 간 의사소통의 공동체의 통일에서 반복적으로 생산된 구성물은 유사한 어떤 것이 아니라 모두에게 공통적인 하나의 구성물로서 의식의 대상이 된다"(IHOG, 163~164).

이것은—한 사람에서 공동체로의—객관성을 향한 첫 번째 운동이지만, 기하학자들의 첫 번째 공동체도 사라질 것이기 때문에 두 번째 운동이 요구된다. "부족한 것은 고안자와 그의 동료들이 더 이상 깨어 있지 않거나 심지어 더 이상 살아 있지 않은 기간에조차도 지속하는 '이념적인 대상들'의 **존재다**"(IHOG, 164). 이 경우 무슨 일이 발생하는가? 어떻게 언어 공동체를 통해 객관성을 획득한 피타고라스의 정리는 이러한 대화 상대자들의 죽음을 견뎌내는가? **(글)쓰기**를 통해서다. "**쓰여진 것**의 중요한 기능, 언어적 표현을 기록하는 것은 직접적이거나 매개적인 개인적 응대 없이 그것이 의사소통을 가능하게 만든다는 것이다. 즉, 이것은 **가상의 소통이 된다**는 것이다"(IHOG, 164, 강조는 추가). 여기에 (글)쓰기와 "저자의 죽음" 사이의 첫 번째 연결고리가 있다. 따라서 이념 또는 이념적 대상은 (글)쓰기에서 '침전'된다: "써내려가는 것은 의미-구조의, [예를 들어] 기하학적인 자명성의 영역 안에서, 말로 쓰인 기하학적인 구조의 근원적 존재 방식의 변형을 가져온다"(IHOG, 164). 하지만 이 침전은 독자에 의해 재활성화되거나 침전이 제거된다. 그래서 이 기하학적 진리—이념적 대상—은 쓰인 언어에서 침전될 수 있지만, 그것은 그것의 근원적 자명성에서 재활성화될 수 있다. 그러나 이 재활성화가 **독자에 의해** 영향을 받는다는 점을 주목하라. 따라서 우리는 단순하게 "그 표현을 **수동적으로** 이해하는 것과 [**능동적으로**] 의미를 재활성화함으로써 그것을 자명하게 만드는 것을 구별할 필요가 있다"(IHOG, 165, 강조는 추가). 한편으로 그는 이후에 이것을 신문을 피상적으로 읽고 그 뉴스를 "받아들이는 것"과 비교하고, 다른 한편으로는 뉴스를 통해 '감동을 받아', 경험 그 자체를 재활성화하는 것과 비교한다(IHOG, 167). "언어의 유혹"은 수동적일 뿐 의미를 재활성화하지는 않는—후설의 용어로, "사태 그 자체"로 돌아가지 않는—독자들의 공동체를 창조하기 쉽다. 후설은 잡담Gerade 또는 "쓸데없는 이야기"에 대한 하이데거의 비판을[14] 상기시키면서 "삶의 더 점점 더 많은 부분이 순전히 연상에 의해 지배되는 일종의 말하기와 읽기로 빠져든다"고 언급한다(IHOG, 165). 그래서 (글)쓰기는 필수적이 자 매력적이다.

(글)쓰기의 긍정적인 역할은 기하학의 진보에서 확인할 수 있다. 만일 학문이 단계마다 전면적으로 그 자신을 다시 고 안해야 한다면, 그것은 결코 성장하거나 진보하지 못할 것이 다(IHOG, 166~167). 그러나 언어와 쓰기와 관련된 "특이한 '논 리적인' 활동" 때문에, 독자는 "설명"을 통해 근원적 "자명성"을 다시 활성화할 수 있다: "수동적인 의미-패턴이었던 것은 이제 능동적인 생산을 통해 구성되는 형식이 된다"(IHOG, 167). 이것 은 시간을 무시하는 자명성의 작용을 통해 개인으로 하여금 자 신의 "명백한 유한성"을 넘어서도록 허락하는 일종의 "무한화" 를 가능하게 만든다(IHOG, 168).

우리는 이와 같이 영원한 이데아에 대한 흥미로운 지속적 철학적 욕망의 굴절을 살펴보았다:—이념들 일반에 대한 사례 연구로서—후설의 기하학의 고고학에서, 그는 결국 (글)쓰기의 물질성이 기하학의 영원한 진리들의 조건이라는 점을 인정하게 된다(IHOG, 169). 오랜 플라톤적 전통의 관점에서 이것은 이단 처럼 들릴 것이다. 왜냐하면 그것은 (플라톤의 보증의 유비를 떠올 려보자면) 신체가 영혼의 조건이라는 것을 제안하기 때문이다.

(3) 유클리드를 해체하기

만일 해체가 항상 철학의 '타자'가 철학의 잘 짜인 계획을 방해 하게 되는 방식에 주의를 기울인다면, 우리는 후설의 이 작은 단편이 어떻게 젊은 자크 데리다의 시선을 사로잡았는지 알 수 있다. 여기에—영원하고 불변하는 **이념들**에 대한 파악이라는—오랜 철학적 내력을 가진 기획이 있다. 그리고 이 기획은 자신의 가계도의 더러운 작은 비밀, 곧 부패하기 쉬운 (글)쓰기의 물질이 이념의 어머니라는 사실을 인정한다. 영원과 시간, 신체와 영혼, 이념들의 결합에 의해 생산된 사생아들인, 이념들은—따라서 철학적 기획 그 자체는—오염된 유산을 가지고 있다.

① 언어, 육화 그리고 객관성

데리다는 후설이 '말'과 그것의 '물질적 육화' 사이에 '특정한 비의존성'을 유지하기를 원했다는 점에서, 후설의 언어철학에 잔존하는 '플라톤주의'를 폭로한다(IHOG, 66~69). 후설은 언어에 대한 이념들의 의존성을 지적하지만, 이러한 "이념적 형성물들은 언어의 사실성과 그것들의 특정한 언어적 육화가 아니라 일반적으로 언어 자체에만 뿌리를 내리고 있다"(IHOG, 66).[15] 그것은 마치 후설이 자신의 논지의 급진성으로부터 뒷걸음을 치는 것과 같다. 반면에, 데리다는 이것을 더 급진적인 결론으로 이끌어가고자 한다. 예를 들어, 후설은 그가 "속박된 이념들"이라고 부르는 것과 "묶인 이념들" 사이의 구분을 유지하고자 한다: ("논리수학적 체계와 순수한 본질적 구조들"과 같은) **자유로운** 이념들은 "어떤 영토에도 묶여 있지 않거나, 오히려 우주의 전체와 가능한 모든 우주에 그들의 영토를 가지고 있다."[16] 그래서 자유로운 이념들은 모든 물질적인 연결의 더러움이 정화된, **가**

장 순수한 이념들이다: 이 이념들은 플라톤의 형상들에 가장 가까운 원형이다. 반면에 **속박된** 이념들은 "이념들과 더불어 실제를 수반하므로 현실 세계에 속한다." 이 이념들은 "지구에, 화성에, 특정한 영토 등등에 묶여 있다."[17] 영토와 물질과의 연관성에 의해 오염된, ("문학적 대상들"을 포함한 문화적 현상과 같은) 속박된 이념들은, 말하자면, 기하학적 이념의 대상의 순수성을 결여하고 있다. 그러나 《기하학의 기원》에 대한 데리다의 읽기는 이 구별을 불안정하게 만든다: 데리다는 후설의 주장에 기초하여 **모든** 이념들을 **속박된** 이념들로 만드는 방식을 지적한다. 영토와 신체의 오염은 끝까지 지속된다.[18]

데리다가 흥미를 느끼는 것은 이념들과 언어 사이의 이러한 구별과 비의존성의 관계 모두를 주장함으로써 객관성에 도달하는 길에 후설이 마침내 정확하게 언어에 의지하여 객관성에 이르는 방법이다! 그렇다면 후설은 절대적인 이념적 객관성을 위한 가능성의 필수불가결한 매개체이자 조건으로서 언어를 향해 **다시 내려가는** 것처럼 보인다 (…) 따라서, 후설은 진리 출현의 순수한 가능성을 확보하기 위해 그가 환원시킨[괄호 친] 언어, 문화, 역사로 **돌아가지** 않는가? 그는 방금 묘사한 절대적인 "자유"를 역사와 다시 연결시키기 위해 "강제"되지 않는가?(IHOG, 76) 이것은 이스라엘 자손을 다시 이집트로 인도하는 것과 비슷하지 않은가? 그렇다. 그러나 후설은 이 또한 순수한 객관성을 향한 마지막 단계라고 생각했을 것이다. 이념적 대상은 (여기서는 '돌아가는' 것처럼 보임에 틀림없는) 언어로 '나가지' 않고서는 '최초의 기하학자'의 심리적 삶의 노예가 되고, 거기에 갇히게 된다. 실제로, 이것은 "법적이고 초월적인 **의존성**"을 드러낸다(IHOG, 76): 비록 "기하학적 진리는 모든 특수하고 사실적인 언어적 파악 자체를 넘어서"는 경우에도(그리고 데리다는 이것을 부정하고자 하지 않는다), 이 진리나 이념성이 후설이 주장하는 "전시간성omnitemporality"을 성취하기 위해서는—즉, 이 진리가 "실제적 개인의 심리적 삶" 안에 갇히지 않기 위해서는—**객관성을 위해서는**, 기하학적 진리가 언어로 구체화될 필요가 있다(IHOG, 77).

> 따라서 우리가 기하학에 대해 말할 수 있는지의 여부는 말이 신체로 떨어지거나 역사적 운동에 미끄러지는 외적이고 우연적인 가능성이 아니다···. 역설적인 것은, 명백하게 다시 언어로 떨어지고 이로 인해 역사로 떨어지지 않고서, 즉 의미의 이념적 순수성에서 멀어지는 하강 없이, 의미는 심리적 주관성에—발명가의 머릿속에—구속된 사실로서의 경험적 구성물로 남아 있을 것이라는 점이다. 역사적 육화는 초월적인 것을 구속하는 대신 그것을 자유롭게 만든다.(IHOG, 77)

그러므로 여기서 우리는 철학이 배제하고자 하는 것—언어 및 신체, 영토, 물질성과 언어의 고리—이 그 스스로를 **철학적 체계 안에서** 철학이 원하는 것의 바로 그 가능조건으로 다시 천명하는 사례를 확인한다.

② 말씀이 육신이 되어: (글)쓰기와 육화

우리가 후설의 《기하학의 기원》에서 보았던 것처럼, 기하
학이 객관성을 성취하기 위해서는, 최초의 기하학자가 **말하는**
것만으로는 충분하지 않다. 기하학적 진리들이 지속적인 객관
성("지속하는, 실제 존재")을 성취하기 위해서는, 그것들은 쓰여
져 기록되어야 한다. 후설이 주목한 것처럼, **글로 쓰인** 이 기하학
의 기록은 "의사소통이 **가상화**되는" 것이다(IHOG, 164, 강조는
추가). 데리다는 이 가상화에 초점을 맞추고 "이 가상화가, 더욱
이, 애매한 가치를 가진다는 점, 곧 그것은 수동성과 망각 그리
고 모든 **위기**의 현상을 일제히 가능하게 만든다"는 점에 주목한
다(IHOG, 87). 다시 말해, (글)쓰기는 축복이자 저주이다―또는
데리다의 초기 저작들에서의 다른 개념을 차용하자면, (글)쓰
기는 **파르마콘pharmacological**으로 독이자 약이다[4장 1)의 (1)
참조].

(글)쓰기에서의 의사소통의 "가상화"는 화자가 부재하는
(즉, 현존하지 않는) 의사소통을 위한 가능성을 창조함으로써 발
생한다: "대화를 절대적으로 가상화함으로써, (글)쓰기는 현존
하는 모든 주체가 부재할 수 있는 일종의 자율적인 초월적 영
역을 창조한다"(IHOG, 88). 다른 말로 하자면, (글)쓰기는 (비
트겐슈타인이 증명한 것처럼) '사적인 언어'로 환원될 수 없고, 두
사람 사이에 공유되는 어떤 말하는 방식으로조차 환원될 수 없
는 **공공**재로 기능하는 언어의 필연성을 확고하게 만든다. 언어
와 관련하여, 제3자는 항상 현존한다: (글)쓰기는 단순하게 양

자의 관계를 초월하는 일종의 보편적으로 읽힐 가능성을 가져야 한다. 다시 말해, (글)쓰기는[19] **원칙적으로** 최초의 기하학자 뿐만 아니라 그의 첫 번째 대화 상대자의 부재에도 작동할 수 있어야 한다. 객관성의 성취를 환영하는 것은 이러한 현존하는 주체의 부재이지만, 이것은 동시에 저자의 죽음에 대한 신호이다. 실제로 이것은 "주체 없는 초월적 영역"의 가능성을 창조한다(IHOG, 88).

그러나 그 결과는 다시 한번 객관성/진리의 가능조건으로서의 불가피한 육화의 논리(그러므로 논리의 육화)이다. "문자 기호로 육화되는 가능성이나 필요성은 이념적 객관성과 비교할 때 더 이상 단순하게 외적이고 실제적이지 않다. 그것은 객관성의 내적 완성의 필수불가결한 조건이다"(IHOG, 89). 만일 객관성이 "육화와 관련되지 않는다면, 객관성은 완전하게 이뤄지지 않을 것이다"(IHOG, 89). 여기에서, 데리다는 이 **육화**의 본질에 대한 중요한 언급을 한다: 그것은 "기호의 체계[의미화]나 외피 이상의 것"(IHOG, 89)이다. 데리다는 이것을 강조하면서 철학의 욕망이 육화, 화신과의 연결을 요구하는 (그리고 거기에서 벗어날 수 없는) 방식을 주목함으로써 순수하고 신체화되지 않는 객관성에 대한 철학적 욕망의 해체를 수행한다. 그러나 이것은 철학의 종말을 의미하지 않는다. 오히려 그것은 철학적 욕망을 생산적인 방식으로 재형성하기 위한 가능성을 개방한다.

데리다는 우리가 '선육화적' 객관성의 문제라고 부를 수 있는 것을 제기할 때, 이 생산적이고 해체적인 긴장을 탐구한다:

"이 공식은 이념적인 객관성이 구체화되기 **전에** 그리고 그것과 **독립적으로**, 또는 오히려 그것의 **구체화될 수 있는 능력**에 앞서 그 능력과 독립적으로 그 자체로 완전하게 구성되어 있다는 인상을 주지 않는가?"(IHOG, 90) 데리다는 이것이 비의존성의 관계라는 후설의 제안에 의문을 제기하면서, 여기서 후설과 후설을, 객관성과 언어, 특히 객관성과 (글)쓰기 사이의 상호 의존적인 관계를 주장하는 후설과 이 후설과의 비의존적인 관계를 주장하는 후설을 다투게 만들고자 한다. 예를 들어, "후설은 진리가 그것이 말해지**고** 쓰여질 수 없는 한, 완전히 객관적이지 않다고, 즉 이념적이지 않으며, 모두에게 이해 가능하지 않고, 무한하게 영속 가능하지 않다"(IHOG, 90). 어떤 특정한 언어적 화신으로부터 진리의 '자유'는 정확하게 진리가 **언어에서의** 객관성을 성취함으로써 가능해진다. 다시(IHOG, 77을 참조하라), 이것은 역설의 문제이다. "역설적으로 쓰여짐의 가능성은 이념성의 궁극적인 자유를 가능하게 한다"(IHOG, 90). 의미는 구체화됨으로써 시공간적이지 않게 된다. 이것은 후설에 대한 쓰기의 약리학적 특성을 나타낸다: "(글)쓰기는 모든 언어의 애매성을 정의하고 완성한다"(IHOG, 92). 이것은 다시 진리와 쓰기의 의존적이면서 독립적인 **관계**에 대한 물음을 발생시킨다. "진리는 말하기와 (글)쓰기의 순수한 가능성에 **의존**하지만, 말해진 것이나 쓰여진 것에 대해서는, 이것들이 세계 안에 존재하는 한에서 **독립적**이다. 그러므로 만일 진리가 그것의 언어에서 그리고 그 언어를 통해 특정한 변화 가능성으로 고통을 받는다면, 진리의 몰락은 언어 내부로의 퇴락이기보다는 언어를 향한 하강이 될 것이다"(IHOG, 92). 그래서 데리다의 후설 읽기는 해체가 일어나는, 후설의 기획에 생기를 불어넣는 철학적 욕망을 (그리고 서양 철학에서 오래된 계보를 가진 욕망을)—특별하게 진리와 객관성을 성취하기 위해 구체화와 물질성을 말소하려는 욕망을—철저하게 고찰하는 하나의 사례이다. 데리다의 《기하학의 기원》 읽기는 그 텍스트에 '대해' 어떠한 것도 '하지' 않는다. 하지만 그것은 이미 텍스트 안에서 작동하고 있는 것, 즉, 정확하게 그것이 탈출하고 싶어하는 것을 가능조건으로 요구하는 역설적인 긴장에 대한 증언이다. 데리다는 철학의 타자(구체화, 물질성, 언어)가 항상 이미 그 자신을 철학 안에 끼워 넣는 방식을 증명한다. 그래서 후설 현상학의 뛰어난 요소들에 대한 데리다의 매우 기술적이고, 대체로 지루한 분석조차도 타자성과, 철학의 타자에 관한 관심으로 볼 수 있다.

3) 우리 자신에 대해 말하기: 후설에 대한 비판

우리는 《논리 연구》(1900/1901)에서의 후설의 기호론에 대한 상세한 비판을 담고 있는 데리다의 《목소리와 현상》에서, 이 타자성이 다른 방식으로 그 자신을 나타내고 강요하는 것을 볼 수 있다. 만일 타자가 《기하학의 기원》에 대한 〈서론〉에서의 구체화 그리고 언어와 연결되어 있다면, 《목소리와 현상》에서 타자는 그 자신을 **부재**라는 용어로 드러낸다. 그러나 나는 이 맥락에서의 해석학적 열쇠가 **부재**를 **초월**transcendence의 동의어로 이해하는 것이라고 논증할 것이다. 그래서 처음 읽었을 때는 거의 아무런 의미도 없이 부재를 받아들이는 것처럼 보일 수 있는 것이 주체의 구성에서 타자와의 관계와 공동체의 자리에 대한 윤리적 관심으로 드러날 것이다.

(1) 후설의 기호론

가장 오래된, 풍부한 언어에 대한 철학적 반성의 전통은 우리가 이제는 느슨하게 '기호학'—**기호**semeia와 관련한 언어에 대한 설명—이라 말하는 전통이다. 기호학의 개념은 페르디낭 드 소쉬르나 찰스 샌더스 퍼스와 같은 20세기의 인물들[20]과 가장 자주 연관되는 반면, 이 반성의 전통은 아우구스티누스를 통해 스토아학파로 거슬러 올라가는 긴 계보를 가지고 있다.[21] 언어에 대한 그러한 분석의 가장 강력하고 영향력 있는 재설명 중 하나는 후설이 제공한 것으로, 특히 그의 초기 저작인 《논리 연구》에서 제시된다.[22] 《목소리와 현상》에서 데리다의 비판의 무대를 마련하기 위해, 우리는 다시 한번 후설에 대한 설명에서부터 시작하고자 한다.

《논리 연구》의 첫 번째 연구 〈표현과 의미〉에서, 후설은 여러 가지의 구별을 시도함으로써 표현과 목소리의 다른 형식들을 보여주고자 한다. 후설에게 가장 중요한 범주는 기호의 범주이므로, 첫 번째 연구에서 우리가 얻는 것은 실제로 언어에 대한 그의 설명이 아니라, 더 구체적으로 (그러나 더 폭넓게) 언어

를 하위 부분으로 가지고 있는 그의 기호론이다. '**기호Zeigen**'
의 넓은 범주 내에서, 후설은 어떤 것을 **표현하는** 기호—'**표
현Ausdruck**'과 어떤 것도 표현하거나 '의미'하지 않는 기호—그
가 '**지시Anzeigen**'를 먼저 근본적으로 구별한다. 표현은 이 표현
이 어떤 것을 '뜻'하거나 **'의미'하는Bedeuten** 한에서 '의미를 가
지는' 반면에, 지시는 단지 '지시적'이며 무언가를 가리키는 역
할만을 한다(LI, 269). 그러나 우리는 '표현'과 '지시'의 이 구별을
과장하거나 오해해서는 안 된다. 예를 들어, 이 두 가지는 서로
배타적이 아니다: 후설은 기호가 지시적일 뿐만 아니라 '의미를
나타내는'(즉, 표현적인) 기능을 '충족시키는 경우'도 가능하다고
언급한다. 게다가 표현이 실제로 특정한 종류의 지시인 것은 아
니다.[23] 실제로, 후설의 가장 놀라운 (그리고 가장 논쟁적인) 주장
은 지시의 어떤 측면도 포함하지 않는 표현 방식이 있을 수 있다
는 것이다. 즉,—후설이 "고독한 정신의 삶"이라고 말하는—지
시 없이 의미가 존재하는 영역이 있다.

　지시는 가리키는 것, 즉 다른 어떤 것을 '나타내는' 것이다.
이런 의미에서, 후설은 "낙인은 노예에 대한 기호, 국기는 국가
에 대한 기호"(LI, 270)라고 말한다—지시는 우리가 기호가 부착
된 어떤 것을 인지하는 데 도움을 준다. 경우에 따라 이 부착은
우연적이며, 심지어 임의적이다(국기와 낙인처럼 말이다); 하지
만 지시 대상들에 대한 기호의 다른 부착은 더 '자연스럽다'; 이
런 의미에서 우리는 "화성의 운하는 화성에 거주하는 지성적 존
재자가 현존함에 대한 기호"라거나 "화석이 된 뼈는 태고시대

동물이 현존함에 대한 기호"라고 말할 수 있다(LI, 270). 간단히 말해, 연기는 **지시**Anzeige가 있다는 의미에서 불의 기호이다. 지시적인 기호와 그것의 지시 대상의 관계는 **동기유발적**이다: **주어진 것**(지시적 기호)은 주어지지 않은 것을 고려하도록 나에게 동기를 부여하지만, 지시 대상이 부재할 때에만 지시된다. 그리스의 단상에 있는 미국의 국기는 지구 반대편에 있는 민족국가 등을 고려하는 데에 동기를 부여한다. 따라서 지시의 본성과 관련하여 본질적인 것은 지시 대상의 **부재**이다. 지시는 특정한 결여를 기반으로 작동한다.

지시적인 기호는 "**유의미한** 기호"(LI, 275)인 표현과 구별될 수 있다. 그래서 후설은 의미의 특정한 사례를 위해 '표현'이라는 용어를 남겨두고자 하며, 우리가 보통의 언어로 지시라고 칭하는 것을 대폭 제한한다. 예를 들어, 우리는 종종 "얼굴 표정"에 대해 이야기하지만, 후설의 언어 사용에서 이것은 적절한 "**표현**Ausdruck"이 아니다. 왜냐하면 후설에 의하면, 그러한 신체적 기호는 "의사소통의 의도 없이 본의 아니게 목소리를 수반하기" 때문이다(LI, 275).[24] 후설은 계속해서 "그러한 표명에서는 어떤 사람이 다른 사람에게 아무것도 전달하지 않으며, 그러한 표명의 발언은 고독한 상태에서의 어떤 사람, 그 자신에 대해서든 다른 사람에 대해서든 특정한 '생각'을 명확하게 수립할 의도가 없다. 요컨대 그러한 '표현'은 본래 **전혀 의미가 없다**"(LI, 275, 강조는 원문 그대로)고 말한다. 다시 말해, 그것들은 결코 적절한 '표현'이 아니라는 것이다. 왜냐하면 그것들은 의사소통적이지 않기 때문이다. 그래서 물음은 다음과 같다: 이런 신체적 몸짓은 여전히 **언어**의 형태인가? 비-의사소통적이고 비-표현적인 **언어**의 사례가 가능한가? 있을 수 있는가? 그것은 어떤 경우인가? 이에 대해서는 아래에서 다시 다룰 것이다.

후설이 표현을 고려할 때, 그는 목소리에 초점을 맞춘다. 왜냐하면 우리는 목소리에서 의도를 발견하기 때문이다: 기호를 통해 화자는 청자에게 어떤 것을 전달하고자 한다. 기호와 지시 대상 사이의 연결은 지시와 관련할 때보다 표현과 관련할 때 더 단단히 연결된다. 후설이 말하는 것처럼, 목소리에서 주어진 기호("표현")는 "그것들을 표명하는 사람의 의식 속에서 그 안에 명시적으로 나타난 경험들과 현상학적으로 일치한다"(LI, 275). 지시 대상이 지시 기호에 포함되지 않는 방식으로 표현 기호에 내재하는 의미에서는 거의 그렇다. 실제로 후설은 계속해서 표현을 "의미가 담긴 말소리" 또는 의미로 설명한다(LI, 281, 강조는 저자). 그래서 후설은 표현의 장소로서 말에 특권을 부여하는 것이다.

그러나 우리는 여기서 (데리다의 후설 비판의 주축이 되는) 흥미로운 반전을 발견한다. 목소리는 후설에게 표현의 최상의 전형이지만, 모든 목소리가 그에게 의사소통적인 것은 아니다. 사실, 목소리가 **의사소통적인** 한에서, (즉, 목소리가 표현들의 상호주관적인 교환과 관련하는 한에서) 목소리는 필연적으로 지시와 관련을 갖는다. "**의사소통적인** 목소리에서의 모든 표현은 지시로서 기능한다"(LI, 277). 이것은 화자와 청자 사이의 상호주관적인 관계에서 일종의 본질적 **부재**가 있기 때문이다. 목소리에서 표현은 "청자에게 화자의 '생각'에 대한 기호로서 기능한다. (…) 청자의 의사소통적인 의도에 포함된 다른 내적 경험들의 기호와 마찬가지로 말이다"(LI, 277). 내가 내뱉는 말-기호는 청자에게 주어지는 것이므로 청자에게 **현전하는** 것이지만, 그것들은 그 청자에게는 결코 현전할 수 없는 것, 즉, 나의 내면의 생각과 의식을 **지시하는** 역할을 한다. 그럼에도 불구하고 이러한 발화가 의사소통이나 의미를 표현하기 위해 내가 의도적으로 행하는 것이라면 그것들은 표현으로 간주된다. 의사소통적인 목소리에는 표현과 지시가 뒤섞여 있다.

하지만 다른 종류의 목소리도 존재할 수 있는가? 만일 상호주관적인 의사소통이 항상 지시를 수반한다면, 항상 이미 지시에 "구속"되어 있는 표현과는 다른 종류의 것이 있을 수 있을까? 일종의 '순수한 표현'이라는 것이 있을 수 있는가? 후설에게는 그렇다. 그리고 우리는 이점을 "고독한 정신의 삶"에서, 의식의 내적 독백에서 알게 된다(LI, 278~279). 정확히 말하자면, (어떠한 무의식적인 것도 인정하지 않는 인물이라는 점을 우리가 기억해야만 하는) 후설에게, 우리는 우리의 내적인 정신의 삶 속에서 '우리 자신에게 말하지' 않는다.[25] 우리는 우리의 내적 경험들에 대한 (지시로서의) 기호를 사용할 필요가 없다. 왜냐하면 그는 내적인 정신적 삶을 어떠한 부재나 결핍을 인정하지 않는 일종의 직접적인 자기-현전에 의해 특징지어지는 것으로 이해하기 때문이다. 후설에게 의식은 비밀스러운 부분이 없다. 나는 나의 생각과 지향의 주인이다. 그래서 지시가 **부재**하는 것을 가리키기 위해 **주어지는** 일종의 기호라면, 그러한 기호는 내적인 의식에는 불필요한 것이다. 핵심은 후설이 의식의 이 내적 독백을 순수한 표현의 장소로 여긴다는 점이다(LI, 278~279).

(2) 부재의 소리: 말하기와 초월성

만일 해체가 타자의 부름에 대한 응답이라면, 우리는 후설의 기호학 어디에서 타자성의 부름을 듣는가? 우선, 다시 한번 우리는 후설이 만든 ('표현'과 '지시' 사이의) 중심적인 구별이 그 자신의 결론들 중 일부에 의해 불안정해지는 것을 볼 수 있다. 실제로 《목소리와 현상》의 핵심 주제는 표현과 지시 사이의 본질적인 '뒤얽힘Verflechtung'이 존재한다는 것이다.[26] 하지만 여기서 더 중요한 것은 우리가 인간의 상호주관성에 대해 어떻게 생각하는가에 대한 물음이다. 기호에 대한 후설의 설명과 관련한 문제는 단순히 이론의 내부적인 불안정성이 아니다. 오히려 문제는 가장 고전적인 단독성과 사적인 영역에 대한 개념들로 후퇴하는 자기성과 정체성에 대한 초상이다. 다른 말로 하자면, 후설의 기호학에 대한 데리다의 비판은 근본적으로 **윤리적이다.** 후설의 기호학을 비판적으로 검토함으로써, 그는 무엇보다도 그것이 담고 있는 인간으로 존재한다는 것being-human의 **본질적인 관계성**까지 검토하고자 하며, 우리로 하여금 "환원 불가능한 비현전을 어떤 구성적인 가치를 갖는 것으로 인식"하도록 만들고자 한다(SP, 6). 스스로-현전하는 자아의 배타성은 —데리다가 역설적으로 기원적 대리보충이라고 묘사하는—"기원에서" 방해를 받는다. 이 경우에, 현상학적 자아는 어떤 비현전에, 부재에, 아마도 심지어 어떤 **초월성**에—혹은 다른 말로 하자면, 타자에 사로잡힌다. 더 나아가 근본적으로, 현상학적 자아는 실제로 그러한 비현전에 의해 **구성된다**. 특히, 데리다는 다른 자아의 간접현전appresentation에 대한 물음을 이 방해의 핵심 계기로 강조한다(SP, 7). 그는 이러한 물음의 지평에서 "기호"를 분석한다(SP, 6~7).

우리가 만일 《목소리와 현상》을 주체를 주체로 구성하는 타자와의 근원적 관계에 대한 일종의 레비나스적인 고찰로 읽는다면, 우리는 아마 그것을 가장 잘 읽는 것이라 말할 수 있을 것이다. 만일 데리다가—우리가 다음[3]의 (2)의 ②]에 해명할—"의식의 기호적 조건부"라고 부를 수 있는 것을 언급한다면, 그것은 우리가 항상 이미 타자들에 의해 구성되고 따라서 타자**에 대해** 책임을 져야하는 방식을 가리키는 것일 뿐이다.

① '음성 중심주의'와 '현전의 형이상학'

후설의 기호론은 데리다가 "현전의 형이상학"이라고 멋들어지게 부르는 것을 상징한다(OG, 49; SP, 26). 그러나 그것이 의미하는 것은 무엇인가? 하나의 유비를 그러니까 하나의 사례연구를 고려해보자. 우리는 먼저 서구 전통의 '존재론'에 대한 에마뉘엘 레비나스의 비판에서 하나의 유비를 발견할 수 있다. 레비나스에게 철학은—존재론과 인식론 두 가지에서 모두—'동일자'에, 다른 모든 것을 (자기와) 동화시키는, 인식하는 주체의 영역에 특권을 부여하는 것이었다. 예를 들어, 어떤 것 또는 누군가가 알려지기 위해서는, 현상은 인식하는 주체에 굴복해야 하며, 그 주체의 조건들에 따라야 한다. 그 결과, 알려진 것—'다른' 것—은 그것의 타자성을 상실하고 동일자의 영역 안에 '나타나기' 위해 스스로 다름을 제거해야 한다. 다른 말로 하면, 철학적 전통은 동일자의 영역 안에 현존하도록 만들어질 수 있는 것에, 철학적 이론 범주들에 적합한 것에 특권을 부여하는 경향이 있었다. 이런 범주들에 적합하지 않은 것, **나타나기**에 실패하거나 그것을 거부하는 것은 정확하게 **부재하는** 것—**현존**하도록 만들 수 없거나 그러지 않는 것—이다. 하지만 그래서 **부재하는** 것은 **다른** 것, 이성적 앎의 범주들, 현상학적 나타남 등과는 다른 것이다.[27] 현전과 현존하도록 만들 수 있는 것에 특권을 부여함으로써, 존재론적 전통은 또한 동일자에 특권을 부여했으며 그렇게 함으로써 다른 것, 부재하는 것, '나타날' 수 없는 것을 소외시켰다. 그래서 '현전의 형이상학'은 서구 철학을 특징지으며, 서구의 사회적이고 정치적으로 낯선 것에 대한 혐오를 뒷받침하는, 존재론적으로 낯선 것에 대한 혐오를 명명하기 위한 일종의 약칭이다.

이제 데리다를 따라 이 현전의 형이상학의 사례인 후설의 기호론을 고려해보자. 그의 설명에서, 후설은 '지시'를 **부재**와 연결시킨다: 지시는 '사물'(지시 대상)을 만나지 못하거나 그것이 부재할 때, 우리가 가지는 일종의 암시이다. 그러나 정확하게 이 지시와 부재 간의 불가분한 연결 때문에, 후설은 지시적인 기호가 어떤 것도 **의미하지** 않는다고 주장한다: 지시적인 기호는 **의미**를 결여한다. 그래서 의미는 오직 현전과만 연결될 수 있으며, 그것이 우리가 '표현'에서 얻는 것이다. 후설은 표현이 때때로 (종종?) 지시와 '뒤얽힌다[Verflechtung]'는 점을 인정하지만, 그는 그러한 뒤얽힘이 본질적이라는 점을 생각하지 못한다. 우리가 앞서 본 것처럼, 오히려, 그는 지시라는 오염이 정화된 어떤 표현의 영역을 우리가 얻어낼 수 있다고 믿는다. 다른 말로 하자면, 후설은 지시의 부재에 의해 부패하지 않은, **순수한** 자기-현전의 영역을 "내적인 정신적 삶"의 독백에서 발견한다. 하지만 우리가 어떻게 레비나스에 의해 '동일자'의 영역으로 묘사된 장소에 오게 되었는지 주목해보라. 현전을 확보하고 부재에 방해받지 않기 위해, 후설은 정확하게 타자들을 차단함으로써 부재와 접촉하지 않는, 아주 사적인 내면성의 영역으로 후퇴한다(우리는 이 마지막 요점을 이후 ②에서 다룰 것이다).

《목소리와 현상》에서, 데리다는 후설의 지시와 표현의 구별에 물음을 제기함으로써—또는 더 구체적으로는 이 두 가지가 얽히지 않을 수 있다un-Verflechtung는 후설의 주장에 의문을 제기함으로써 현전의 형이상학에 도전한다. 데리다는 "후설의 전체 기획은 지시적인 기호와 표현을 연결하는 저 뒤얽힘이 절대적으로 환원 불가능할까봐, 그것이 원칙적으로 불가분하고 지시가 표현의 운동에 대해 본질적으로 내적인 것일까봐 두려워한다"고 주장한다(SP, 27). 데리다의 기획은 이 뒤얽힘의 환원 불가능성을 증명하는 것이다.

나는 《목소리와 현상》에서 데리다의 비판에 대한 두어 개의 '층위들'을 제안하고자 한다. 데리다의 설명과 비판의 첫 번째 층은 표현과 **말** 사이의 본질적인 연결, 더 구체적으로는, (후설에게 의미가 항상 표현과 연결되어 있다는 점을 상기해보자면) 특권을 가진 '의미'의 자리로서의 말과 관련한 후설의 주장에 초점을 맞추고 있다. 데리다가 주시하는 것처럼, 후설에게 표현은 항상 의미가 거주하는 곳이며 의미에 의해 움직이는 것이다. 왜냐하면 의미는 절대 구술적 담론Rede 바깥에서 발생하지 않기 때문이다(SP, 34). "'의미하는' 것, 즉, 의미가 말하고자 하는 **것**Bedeutung은 말하고**자 하는** 것을 그가 말하는 한에서, 말하고 있는 그에 의해 결정된다"(SP, 34). 그래서 후설은 모든 말이 표현으로 간주된다고 결론을 내린다―그리고 이것은 그러한 말이 실제로 발화되었는지와 상관없이 그렇다(LI, 275). 그래서 "의미의 물질적 육화"("말의 신체")의 모든 양상들은 "만일 담론 바깥이 아니라면, 적어도 표현 그 자체의 본성과 다르며, 말을 할 수 있도록 만들어주는 순수한 의도와 전혀 다르다"(SP, 34). 짧게 말하자면, 언어의 물질적 양상은 지시로 격하되며, "**비자발적인** 연합의 성격을 가진 것으로 존속한다"(SP, 36)―어떤 것도 '의미하지' 않는 신체적인 몸짓에 대한 후설의 설명처럼 말이다. 즉, 말의 육체에서 지향성의 신체적인 현시 또한 화자의 '통제'를 벗어난다. 내가 말했을 때, 나의 말은 그 자체의 고유한 생명을 가지게 되며 나는 더 이상 그 의미를 통제할 수 없다.

그래서 후설이 배제하는 것은 "신체 및 세계 내에 기입된 것 전체, 한 마디로 그 자체로 가시적인 것과 공간적인 것 전체"(SP, 35), 표정과 몸짓이다. 앞서 《기하학의 기원》에 대한 우리의 논의를 떠올려보자면, 우리는 여기서 특정한 플라톤주의의 메아리를 듣는 것 같다. 실제로 데리다는 문제가 되는 것은 영혼과 신체의 대립이라고 말한다. "신체와 영혼의 대립은 단지 이 의미론의 중심에 있을 뿐만 아니라 이 의미론에 의해 확증되며, 철학에서 항상 그랬듯이, 언어에 대한 해석에 따라 달라진다"(SP, 35). 가시성과 공간성은 자기-현전의 죽음을 표상한다. 몸짓과 표정과 같은 신체적인 지시들은 의미가 결여되어 있다: "비표현적인 기호는 그것들로, 웅얼거렸던 것을 떠듬거리는 정도로 말할 수 있을 정도에서만 의미가 있다"(SP, 36); 지시는 지향을, 또는 데리다가 '말하고 싶은 것vouloir-dire'이라 부르는 것이 결여되어 있다. (그러나 우리가 이하에서 볼 것처럼, 이렇게 배제되는 것은 몸짓과 같은 이런 주변적인 기호들만이 아니라 말 그 자체도 본질적으로 신체적인 어떤 것으로, 물질적인 매체이기 때문에, 동일한 운명에 처할 수 밖에 없다.)

그래서 순수한 의미에 대한 물음으로 후설은 "고독한 정신의 삶"의 내적 성소로 도피한다. 후설은 '순수한 표현'에 도달하고자—이후에 그의 《데카르트적 성찰》에서 "고유성의 영역"으로 환원되는 것과 유사한 운동으로—타자Fremde인 모든 것에 괄호를 쳐야 하며, "고독한 정신의 삶"에 도달해야 한다(SP, 41). 하지만 이것은 의문을 불러일으킨다: 만일 표현이 단지 "고독한 정신의 삶"에서 발생한다면, 내가 내 자신과 말할 때, 나는 어떤 것과 의사소통하는 것을 의미하는가? 후설은 부정적으로 대답한다(LI, 279); 다른 말로 하자면, 나는 고독한 정신의 삶에서 **기호**를 사용하지 않는다. 그 자체로 "결국 지시에 대한 필요는 단순하게 기호에 대한 필요를 의미한다"(SP, 42). 그래서 지시를 괄호 치는 것은 기호를 괄호 치는 것이다. "왜냐하면 지시적 기호와 표현적 기호 사이의 최초의 구별에도 불구하고 오직 지시만이 후설에게는 진정한 기호이기 때문이다"(SP, 42). 그래서 '표현'은 어떤 의미에서는 기호를 사용하지 않는다. 그럼에도 불구하고 표현은 여전히 말과 **목소리와** 연결되어 있다. 그 결과가 바로 데리다가 '음성 중심주의'라고 부르는 것, 현전 또는 동일성으로서의 존재 규정, 〔(글)쓰기와는 대조적인〕 현전의 장소로서의 말의, 그러므로 직접성의 특권화이다(SP, 74~75). **목소리**는 매개적이지 않은, "현전을 손상시키지 않는, 대상을 목표로 하는 작용들의 자기-현전을 손상시키지 않는" '매개'로 취해진다(SP, 75~76).²⁸ 여기서 우리는 후설의 플라톤주의—어떤 환영에 불과한 것으로서의 신체—와 다시 만난다. 우리는 목소리에서 표현이 "자기 신체의 세계적 불투명성을 순수한 투명성으로 변형시키는 것"을 확인한다(SP, 77). 데리다의 기획은 "목소리의 현상학적 가치에, 다른 모든 기표적 실체에 대한 목소리의 초월적 가치에 의문을 제기하는 것이다. 우리는 이러한 초월성이 가상에지나지 않는다고 생각하며 이를 보이고자 할 것이다"(SP, 77). 데리다는 목소리를 직접성의 자리에 있는 것으로 특권화시키는 것에 물음을 던지고, 목소리의 "가상적 초월성"이 단지 그저 가상에 지나지 않음을 증명하고자 한다(SP, 77).

목소리는 어떻게 이 특권적 지위를 성취하는가? 어떻게 말하기는 '직접적 현전'의 지위를 부여받는 반면에, (글)쓰기는 '2차성'과 매개에 처해지는가? 데리다는 두 가지의 연결점에 대해 말한다. 첫 번째, 그것은 "기표의 현상학적 '신체'가 그것이 생산되는 바로 그 순간에 사라지는 것처럼 보이고 그 신체가 이미 이념성의 요소에 속하는 것처럼 보인다는 사실"(SP, 77)에서 비롯된 것으로 보인다. 다른 말로 하면, 소리sound는 좀 더 천상적이어서 형상과 '순수한' 지식에 대한 철학적 꿈에 더 가까운 것처럼 보인다. 소리의 물질성은, 말하자면, 쓰기의 물질성만큼 확고하지 않기 때문에, 그 자체로 천상적이어서 비물질적이라는 가상에 적합하며, 들을 수 있는 말은 더 이상 감각 가능한 것(즉, 감각에 영향을 주는 것)으로 생각되지 않도록 그 자신의 '감각적인 신체의 말소'를 시사한다. 그러나 이것은 소리와 목소리의, 혀와 귀의 근본적인 감각성을 무시하는 것이다. 두 번째, 소리는 구술적 담론을 특징짓는 (잘못) 지각된 **현전** 때문에 이념성과 연관된다. 말하는 주체는 저자가 아닌 방식으로 나에게 **현존**한다고 사유된다. 나는 데리다의 책을 데리다로부터 떨어져서 읽을 수 있지만, '생생하게' 그에게서 말을 듣는 것이 더 나을 것이다. 그래서 말은 현전을 보장하는 근접성의 질서에 의존하는 것처럼 보인다(SP, 77). 그러나 데리다는 그러한 순진한 관념에 의문을 제기하고 **후설의 근거**에 물음을 던진다. 왜냐하면, 후설은 그 누구보다 타자(다른 자아)가 본질적으로 나의 의식에 부재하고 그래서 현존하는 것이 아니라 단지 '간접 현존하는' 방식을 후설이 그 누구보다 강조하기 때문이다.[29] 그래서 음성 중심주의에 대한 기초는 사실 소리의 비물질성과 소위 구술 담론의 직접성과 관련하는 가상이다. 우리가 1장 4) 이하에서 검토할 《그라마톨로지》에서, 데리다는 음성 중심주의에 대한 좀 더 한결같은 비판에 착수하지만, 비판의 요소들은 《목소리의 현상》에서 이미 다루어진 것이다.

② 말, 사유 그리고 공동체: 의식의 기호학적 조건화

데리다 비판의 두 번째 층위는 우리를 그의 기획의 좀 더 윤리적이고 레비나스적인 면모로 돌아오게 한다. 만일 그가 첫 번째로 후설의 '음성 중심주의'를 비판한다면, 그의 두 번째 비판의 요지는 상호주관성, 공동체 그리고 윤리에 대한 사유를 위해 이것의 함의들을 겨냥한다 ―이런 주제들이 초기 작업에서 간접적으로 다루어진다는 점이 인정되어야 함에도 불구하고 말이다. 특히, 데리다는 후설이 일종의 윤리적 유아론을 현상학의 심장에 깊이 새겨 넣었고, (불행하게도) (부재하고, 초월적인) 타자와의 관계로부터 후퇴했다고 주장할 것이다.

《논리 연구》에서 후설의 운동을 떠올려보라. 후설은 의사소통과 연결된 모든 말하기가 지시에 의해, 그러니까 부재에 의해 오염되어 있다고 인정하면서, 의사소통과 연결된 모든 것에, 그래서 공동체와―상호주체적인 관계와―연결된 모든 것에 괄호를 친다(즉, 배제시킨다). 지시와 표현을 구별하지 않고 이 둘을 분리하지 않는다면, "모든 표현은 그 자체로도 지시적인 과정에 붙잡힐 것이다"(SP, 21). 표현적 기호는 이와 같이 표시의 하위 범주가 된다. 그래서 "결국 우리는 말하고 있는 말이, 우리가 여전히 그것에 부여했던 가치와 기원성이 무엇이든 간에, 몸짓의 한 형식이라고 말할 수밖에 없을 것이다. 따라서 그 본질적인 핵심에 있어서, (…) 그 말은 기호 작용의 일반적 체계에 속하며, 이것을 넘어서지 못한다. 그래서 기호작용의 일반적 체계는 지시의 체계와 동일한 시공간을 점유한다"(SP, 21). 그러나 **이것이 바로 후설이 반대하는 것이다.** 그러므로 말하는 언어의 '순수성'과 특권을 유지하고, 말에서의 특권을 가진 현전을 보존하고자 한 사람이 후설이라는 점을 주목해야 한다. 데리다는 바로 여기에서 부재의 오염과 감염을 지적하고자 한다. 표현과 말의 이 특권을 보존하기 위해, 후설은 "표현이 지시와 한 종specics이 아님"(SP, 21)을 증명해야 한다. 이것을 증명하기 위해, 후설은 표현이 지시와 구분되는 경우, "표현이 더 이상 그 지시와 연루되는 관계에 붙잡히지 않는, 뒤얽히지 않는 현상학적 상황"(SP, 22)을 발견해야 한다. 모든 의사소통적인 표현("대화")이 (앞서 언급한 이유로) 항상 이미 "지시"에 의해 오염되는 한, 후설은 "순수한" 표현을 **독백**에, "의사소통 없는 언어에", "고독한 정신적 삶"에서 발견되는 것과 같은 "혼잣말로서의 말"에 위치시켜야 한다. "어떤 기이한 역설로, 의미는 어떤 특정한 **외부**와의 관계가 중지되는 그 순간에 자신의 **외-현성**ex-pressiveness의 집중된 순수성을 분리킬 것이다"(SP, 22). 그래서 그것은 모든 외면성에, 그러니까 모든 의사소통/대화에 괄호를 치는 일종의 내면성으로서의 환원에 의해 증명된다.

그러나 이것은 중지될 수 있는가? 이 '고유성의 영역'이라는 사적인 영역은 다른, 어떤 타자에 의해서도 방해받지 않는가? 후설은 어떤 의미에서는 그저 이 위협만을 파악한다. '순수 의미'(그러니까 순수 자기-현전)의 영역에 대한 그의 탐구에서, 그는 어쩔 수 없이 지시의 부재와 관련된 표현의 모든 양상의 역할을 중지시킨다(괄호 친다). 이것은 무엇을 수반하는가? 그것은 **의사소통**에 속하는 모든 것에 괄호를 칠 것을 요구한다. 왜냐하면, 말은 의사소통적이고 그것은 다른 것과 연관되기 때문이다—그것이 다른 것과 연관되는 한에서, 그것은 본질적인 **부재**에 직면한다(SP, 37). 여기서 우리는 마침내 앞서 우리가 제시했던 레비나스적인 노선을 추적할 수 있다. 만일 후설의 현상학 안에 부재에 대한 반감이 있다면, 그것은 결국 타자성에 대한 반감이 된다. 그리고 우리는 이것이 순수하고 어떠한 영향도 받지 않는 자기-현전을 확보하기 위해 모든 의사소통적인 (그러므로 상호주체적인) 표현을 후설이 배제한 것에서 강력하게 표현된다고 본다. 다른 말로 하자면, 순수성을 성취하기 위해서는 '오염 제거'가 필요하다. 그렇게 하기 위해, 후설은 "표현"에, "[다른 것에 대한] 정신적 경험들의 **의사소통** 또는 **표명**에 속하는 모든 것에 괄호를 친다"(SP, 37). 이것은 사적인 영역으로의 환원과 모든 상호 의사소통의 배제를 요구한다. 즉,—여기서는 모든 다름, 모든 타자성을 대표하는—모든 '비현전'의 제거가 요구되는 것이다(SP, 37). "지시와 표현의 차이가 기능적이거나 지향적이지 실체적이지 않다는 점"(SP, 37; 20과 비교해보라)을 기억하면서, 이제 후설은 실체적인 말의 요소들을 지시에서 제외할 수 있다; 특히 **"모든 말은, 그것이 의사소통에 관여하고, 생생한 경험을 표명하는 한, 지시로서 기능한다"**(SP, 37~38). 그래서 상호주체적인 담론의 모든 형식들은 제외된다. 비록 후설이 표현은 근원적으로 의사소통의 기능에 도움을 주기 위한 것임을 인정함에도 불구하고, 표현이 이런 식으로 기능하는 것은 **순수**하지 않다: "의사소통이 중단될 때에만, 순수한 표현이 나타날 수 있다"(SP, 38). 그러므로 모든 "'바깥으로 나감sorties'은 사실상 지시에서 "이 자기-현전의 삶을 추방시키며, 실제로 "기호에서 작동하고 있는 죽음의 과정"을 지시한다(SP, 40). "타자가 나타나자마자,—죽음과의 관계에 대한 또 다른 이름인—지시적인 언어는 더 이상 삭제될 수 없다"(SP, 40).

어째서 의사소통은 '순수한' 표현을 정제하기 위한 시도로 괄호 쳐져야 하는가? 표현을 '오염시키는' 의사소통이란 무엇인가? 의사소통에서는 무슨 일이 일어나는가? 후설에게, 의사소통은 순수한 현전의 **상실**에 해당한다. "(들을 수 있고 볼 수 있는 등의) 감각적 현상들은 다른 주체에 의해 동시적으로 그의 의도가 이해될 수 있는 어떤 한 주체의 감각을 제공하는 행위들을 통해 살아 있게 된다. 그런데 숨을 불어넣는 일은 순수하고 완전할 수 없다. 왜냐하면 그것은 신체의 불투명성을 가로질러야 하며, 어느 정도는 그 불투명성에서 그 자신을 잃어버리기 때문이다"(SP, 38; LI, 277). 의사소통의 상호주관성은 완전한-현전의 상실을 구성하는 매개를 요구한다. 그래서 후설의 음성 중심주의와 순수한 자기-현전의 특권은 타자(부재, 타자성)를 어떤 **위협**으로서, 어떤 상실의 계기로서 보게 된다. 결국 우리는 사르트르로부터 멀리 떨어져 있지 않다. 오염은 타자인 것처럼 보인다.

그러나 데리다는 이 비판을 한 걸음 더 밀고 나간다. 순수한 자기-현전은 상호주체성 앞에서 물러서는 것만이 아니다. (그러므로 레비나스는 책임으로부터 물러서는 것을 덧붙인다) 더 근본적으로, 순수한 자기-현전이라는 바로 그 개념은 유지될 수 없다.[30] 그리고 이 점을 설명하면서, 우리는 다시 해체의 중간태적 본질과 마주한다. 왜냐하면 데리다는 후설과 함께 후설에 도전하며, 그의 철학적 기획을 그의 고유한 주장들의 몇 부분에 반대하여 읽기 때문이다. 후설은 내면적인 정신적 삶에서의 독백의 고독으로 물러서지만, 그는 이 영역에 대해서 자신의 분리를 약화시키는 다음의 두 가지 요소를 인정한다: 말과 시간. 첫째, 후설은 일종의 말하기에 대해 중심적인 역할을 자아의 정체성에 부여한다. 그가 "고유하게 말하는 것", 그것은 "자기 자신에게 말하는 것"이 아니라고 말함에도 불구하고, 그는 "우리가 특정한 의미에서는 독백으로도 말한다"는 점을 인정한다(LI, 279). 그는 이것을 (의사소통적 종류의) '실제적인 말'과 (독백이라는) '상상된 말'을 구별함으로써 설명한다. 그러나 그 구별은 성립되지 않는다고 데리다는 결론을 내린다. 왜냐하면, "우리가 말은 재현의 질서에 본질적으로 속한다고 말하자마자, '실제적인' 말과 말의 재현의 차이는, 말이 순수하게 '실제적'이건 그것이 '의사소통'에 관여하건 간에, 의심스러워진다"(SP, 50~51). 다른 말로 하자면, 후설이 고독한 정신적 삶에 말을 포함시키는 한에서, 그는 필연적으로 타자에 대한 문을 개방하게 되는 것이다. 왜냐하면 언어의 방식으로서의 말은 문화적이고 '공적인' 현상이기 때문이다. 만일 자아의 혼자만의 의식이 일종의 말에 기초하여 작동한다면, 언어는 의식의 조건이 된다. 그래서 후설의 선-언어적이고, '순수한' 의식의 개념과 대조적으로, 데리다는 우리가 **의식을 기호학적으로 조건 짓기**라고 부를 수 있는 것을 지적한다: 사유는 언어 없이 지속하지 않으며 (넓게는 이해되지 않으며), 언어가 공동의 산물인 한, 자아는 사유하기 위해 타자에 의존한다. 그가 다른 곳에서 말하는 것처럼, "타자는 내 안에, 내 앞에 존재한다: 자아는 (⋯) 그것의 고유한 조건으로서 타자성을 함축한다. 윤리적으로 타자를 위한 여지를 만드는 '나'는 존재하지 않지만, 자아 안에 타자성에 의해 구성된 '나', 그 자체로 자기-해체의, 탈구의 상태로 존재하는 '나'는 존재한다"(Taste, 84). 그래서 고독한 정신의 삶으로 물러서는 것조차 타자에 대해 문을 닫는 것일 수 없다.[31]

타자에 의한 자기-현전의 방해는 시간적 계기를 가진다. (키르케고르의 흔적을 떠올리게 만드는) 순간Augenblick이라는 표제 아래 데리다가 분석하는 것이 그것이다. 《목소리와 현상》의 5장에서, 데리다는—후설의 근거에서—지각은 현존하지 **않는**

것, 시간적으로 말하자면, 곧, 과거와 미래에 의존한다는 점을 증명한다. 그래서 자기는 차이, 부재, 타자성에 의해 구성된다. 실제로, 기억과 기대(파지retention와 예지protention)는 현재 지각의 가능성의 조건들이다(SP, 64). "우리가 근원적인 인상과 근원적인 파지에 대해 공통적인 근원성의 지대에서 지금과 비지금의, 지각과 비지각의 이 연속성을 인정하자마자, 우리는 **순간**의 자기-동일성 안에 타자를 받아들이는 것이다. … 이 타자성은 실제로 현전과 예지의, 그래서 **표상**[재현] 일반**을 위한 조건**이다"(SP, 65, 강조는 추가). 따라서 이것은 "자기-관계에서 기호는 쓸모없다는 논증을 근본적으로 손상시킨다"(SP, 66). 이 해체적인 읽기의 결과는 대안적인 설명을 제공하는 것이다. 후설을 해체하는 목적은 타자를 위한 공간을, 즉, 자기-의식을 위한 조건으로서의 타자성을, 내재성을 위한 조건으로서의 초월성을, 타자에로의 근원적 진입에 의해 구성되는 동일자의 영역을 만들어내기 위해서다.

4) 말을 쓰기: 언어, 폭력 그리고 타자로서의 타자에 대하여

나는 현상학의 핵심적이고 전문적인 측면들에 대한 데리다의 초기 저작들이 타자를 위한 여지를 만드는 해체와 같은 중심적인 소명에 의해 동기부여되는 방식을 보여주고자 했다. 데리다는 타자성의 변호자로 현상학과 같은 철학적 체계가 다른 것을 소외시키는 방식에, 그리고 더 중요하게는, 이 철학적 체계가 사회적이고 정치적인 실천으로 변환되는 방식에 주의를 기울인다. 만일 [데리다의 시선이] 언어, 특히 (글)쓰기에 그 초점이 맞춰졌다면, 이것은 (글)쓰기에 대한 평가가 플라톤에서 후설에 이르는 철학적 체계의 영혼을 들여다보는 창이 될 수 있는 놀라운 방식을 그가 알아보았기 때문이다.

　데리다는 1967년의 또 다른 저작인 《그라마톨로지》에서 [후설의 전체 저작 및 기록 보관소인] 후설 아카이브의 심원한 세계와는 멀리 떨어진 담론들에서 유사한 배제의 역학이 어떻게 작동하는지 보여준다. 특히 데리다는 두 명의 전형, 전형적인 프랑스 계몽주의자인 장-자크 루소와 그 당시 구조주의의 선도적인 목소리를 냈던 클로드 레비-스트로스와 대결하여, 어떻게 유사한 '현전의 형이상학'이 그들의 '체계'를 오염시키는지를 보여주고자 했다. 그리고 다시 한번 말하자면, (글)쓰기에 대한 물음은 훨씬 더 넓은 주제와 범주들로 들어가는 미시-우주적인 입구로 기능한다. 후설과 마찬가지로, 루소와 레비-스트로스에게서 쓰기에 대한 평가는 훨씬 더 깊은 형이상학적 (그리고 윤리적) 헌신의 징후이다. 《그라마톨로지》는 형이상학적 헌신의 이 강박을 "로고스중심주의"라고 명명함으로써, 그리고 그것을 직접적으로 "자민족중심주의"라는 사회적 프로그램과 연결시킴으로써, "플라톤에서 헤겔에 이르기까지", 뿐만 아니라 심지어 "소크라테스 이전 철학자들에서 하이데거에 이르기까지", "진리의 역사"가 항상 "쓰기의 평가절하와 그것을 '충만한' 말 바깥으로 내쫓는 것과 연결되어 있었다는 점을 드러낸다(OG, 3). 현전의 매개로서 목소리(음성)에 특권을 부여하는 (그래서 표음문자에 특권을 부여하는) 이 **로고스**중심주의는 말과 표음문자의 힘을 특정한 (서구) 문화들과 연결시키는 **자민족**중심주의를 낳는다. 그래서 데리다는 로고스중심주의가 "가장 근원적이고 강력한 민족주의에 다름 아니라"고 주장한다(OG, 3). 따라서 로고스중심주의를 뒷받침하는 현전의 형이상학을 해체하는 것은 **자민족**중심주의의 폭력과 식민주의를 실제로 목표로 삼는 것이다. 만일 데리다가 언어학과 철학의 담론들을 통해 일한다면, 그의 궁극적인 목표는 윤리적인 것—모든 범위의 사회적이며 정치적 관례의 전체 범위이다.

우리가 후설의 작업에서 보았던, 그리고 루소와 레비-스트로스의 작업에서 볼, 로고스중심주의의 핵심적인 주제는 순수한 현전의 장소로서의 그리고 **매개 없이** 사유의 전달을 달성하는, 그래서 문화의 우연성에 의해 더럽혀지지 않는 일종의 비매개로서 **목소리(음성)**에 특권을 부여하는 것이다. "충만한 말" 또는 "시원적 말"은 "해석으로부터 보호된다"(OG, 8). 왜냐하면 "**음성**의 본질이 로고스로서의 '사유' 속에서 '의미'와 관련되어 있는 것에 직접적으로 근접해 있기" 때문이다(OG, 11). 현전과 직접성과의 목소리와의 공모는 오랜 계보를 가지고 있으며, 플라톤의 《파이드로스》[4장 1)의 (1) 참조]와 아리스토텔레스의 <해석에 관하여>에서 명확한 표현을 발견한다. 데리다는 아리스토텔레스에게는 만일 말해진 말이 "정신적 경험의 상징들"로 취해진다면, 그것은 "그 **최초의 상징들**을 산출하는 목소리가 정신과 본질적이고 직접적인 근접 관계를 가지기" 때문이라고 논평한다(OG, 11). 말은 비-매개적으로, "투명성"의 방식으로, 어떠한 반영이나 굴절 없이 실재를 비추는 일종의 실제의 거울이다(OG, 11). 그리고 이 패러다임은 페르디낭 드 소쉬르의 구조주의 언어학에 의해, 큰 문제없이, 채택되었다(OG, 29~30).

대조적으로, (글)쓰기는 말하기의 이 본래의 순수성에 일어날 수 있는 방해와 폭력으로 취해진다. 로고스중심주의적 전통은 "(글)쓰기를 (…) 매개의 매개로서 그리고 의미의 외재성으로의 타락으로 평가절하한다"(OG, 13). (글)쓰기는, 비록 그것이 '필요하다'고 간주되더라도, 그 단어를 기호와 의미의 위험한 미로에 집어넣는 어떤 부패―'위험한 대리보충'―로 여겨진다. 요컨대, 자기 현전과 말의 통일에 위협으로 다가오는 매개(해석과 의미의 놀이, 해석들의 갈등)의 등장은 (글)쓰기와 더불어 찾아온다. 그래서 (글)쓰기의 '위험'은 플라톤에서 소쉬르에 이르기까지 해악, 오염, 부패로 비난받는다. "플라톤은 이미 《파이드로스》에서 (글)쓰기의 해악은 바깥으로부터 온다(275a)고 말한다. (글)쓰기에 의한 오염, 그것의 사실 또는 위험은 제네바 출신의 언어학자에 의해 도덕주의자 또는 설교자의 어조로 비난받았다. 그 어조는 중요하다"(OG, 34). (글)쓰기는 '죄', 곧, 영혼(말)과 신체[(글)쓰기]의 '자연적' 관계의 전도에 다름 아닌 것으로 여겨진다. 로고스중심주의의 사회적이고 정치적 결과인―**자민족**중심주의에 대한 관심의 서두로 돌아가기 위해 우리는 이러한 (글)쓰기의 평가절하와 폄하가 정치와 상관없는 입장을 가정할 뿐만 아니라 동시에 이를 생성한다는 것을 인식해야 한다. 예를 들어, 소쉬르는 "(글)쓰기를 정치 제도의 숙명적 폭력과 항상 연결시켰던 전통을 충실히 지킨다"(OG, 36). 실제로 우리는 (글)쓰기를 폭력과 오염으로 보는 이 관점이 타자를 항상 자기의 사적인 자유와 사유지를 침범하는 것으로 여기는 상호주관성의 개념을 가지고 있다는 점을 곧 볼 것이다. 간단히 말해, 그것은 타자와의 모든 관계를 항상 이미 폭력으로 여기는 상호주관성에 대한 철저하게 반-공동체적인 설명을 산출한다. 더욱이, 이러한 구별의 자민족중심주의는 이 출발점을 통해 문화를 평가할 때 두드러진다. 우리는 루소와 레비-스트로스에 대한 데리다의 비판적인 해명에서 분석되는 타자성에 대한 혐오를 살펴볼 것이다. 데리다는 그들을 역순으로 끌어들여, 구조주의를 **통해** 루소로 돌아간다.

(1) 레비-스트로스: 자민족중심주의로서의 구조주의

데리다는 당시 가장 영향력 있는 구조주의 이론가 중 한 명인 클로드 레비-스트로스에게서 로고스중심주의가 작동하고 있음을 발견하고, 레비-스트로스의 연구, 〈글쓰기의 교훈〉에서 '고유명사'에 대한 그의 설명에 주의를 기울임으로써 구조주의와 일련의 아주 오래된 형이상학적 가정들과의 공모를 보여준다. 레비-스트로스는 거기서 그가 남비콰라 부족과 함께 지내는 동안 목격한 상황에 대해 이야기한다. 그곳에서의 그의 작업은 '특정한 언어 문제들'에 의해 복잡해졌다. 예를 들어, 그 부족은 고

유명사를 사용하는 것이 허용되지 않았다. 한번은 그가 한 무리의 아이들과 놀고 있었을 때, 작은 여자아이 하나가 다른 아이들에게 맞았다. 맞은 아이는 인류학자에게 다가왔고 그녀는 그의 귀에 '위대한 비밀'에 대해 속삭이기 시작했지만, 레비-스트로스는 그녀가 말하고 있던 것을 이해할 수 없었다. 결국 때린 아이는 무슨 일이 일어나고 있었는지를 알아보았고, 대응하여 그에게 또 다른 비밀을 말하고자 했다. 그는 "잠시 후, 나는 그 사건의 진상을 밝힐 수 있었다"고 이야기한다. "맞은 아이는 나에게 자신의 적의 이름을 말하고자 노력하고 있었고, 때린 아이가 무슨 일이 일어나고 있는지를 발견했을 때, 그 때린 아이는 보복으로 나에게 다른 여자아이의 이름을 말하고자 결정했던 것이다"(OG, 110~111에서 인용).

레비-스트로스가 이로부터 (유비로) 끌어내는 '교훈'은 (글)쓰기의 도입으로 인한 자연의 부패이다. 고유명사를 언어의 공적인 영역으로 도입하는 것은 절대적인 (뿐만 아니라 원시적인) 표현 형식의 순수성을 더럽히고 오염시킨다. (글)쓰기의 '도입'이 말하기의 순수성을 오염시키는 것처럼 말이다. 레비-스트로스가 그 장면을 해석하는 것처럼, 이름을 말하는 폭력은 이방인, 바깥으로부터 온 사람, 외부성에 의해 발생한다. 부족의 순수성은 이방인의 현전에 의해 오염된다. 데리다는 "이 [(글)쓰기의] 무능력은 이내 윤리적-정치적인 체제에서 서구의 강제 침입에 의해 상실되는 순결함과 비-폭력으로 사유된다"는 점에 주목한다(OG, 110).[32] 이방인이 야기하는 이 이름을 말하는 폭력은 (글)

쓰기의 폭력과 유사하며, 그 자체 언어에 대해 이질적이며, 말하기의 순수성 외부에 존재한다. 그러나 레비-스트로스는 정확하게 이 폭력을 외재성으로 묘사함으로써 그것을 **우연적인** 것으로 이해한다. 그래서 또한 (글)쓰기의 폭력은—그것의 '공적인' 표시 체계와 매개의 삽입과 더불어—우연적이고 우발적인 것으로 사유된다.

만일 (글)쓰기가 매개와 해석의 필연성과 연결되어 있으며 이것이 어떤 폭력으로 고려된다면, 데리다의 주장은 이 폭력이 **근원적**이라는 것이다. "절대적으로 고유한 이름 말하기의 죽음, 그리고 하나의 언어에서 타자를 순수한 타자로 받아들이는 것은 (…) 고유한 것을 위해 예비된 순수한 표현 양식의 죽음이다. 현재적이고 파생적인 의미에서 폭력의 가능성, 곧, <글쓰기의 교훈>에서 사용된 의미에 앞서는 것이 있는데, 그것은 폭력의 가능성의 공간이며, 원-(글)쓰기의 폭력, 차이의, 분류의, 명명 체계의 폭력이다"(OG, 110). 말하기조차 "언어-사회적인 어떤 체계"를 환기시킨다는 점을 고려해본다면, 타자와의 공동체 안에 존재한다는 것은 이미 폭력의 구조 안에 얽혀 있다는 것이다. 그래서 이름 부르기의 폭력은 언어에게서 일어나는 어떤 외재성으로서의 (글)쓰기의 우연적 형태가 아니다. 오히려 그것은 언어의 바로 그 본성에 새겨져 있다. (그리고 의식 그 자체가 '기호론적으로 조건화'되는 한, 그것은 의식의 바로 그 핵심에 새겨져 있다.)

명명한다는 것, 때때로 표명하는 것이 금지될 이름들을 부여하는 것, 그러한 것이 차이 속에 새기고 분류하고, 호격의 절대적인 것을 정지시키는 것에 존재하는 언어의 시원적 폭력이다. 체계 내에서 고유한 것을 생각하는 것은 그것을 거기에 새기는 것이며, 그러한 것이 원-글쓰기의, 원-폭력의 표시이며, 고유한 것의, 절대적 근접성의, 자기-현전의 상실이며, 사실, 결코 일어난 적이 없었던 것의, 결코 주어진 적은 없지만 꿈꾸었던 것의 그리고 항상 이미 쪼개지고 반복되며, 자신의 사라짐을 제외하고는 그 자신을 나타낼 수 없었던 자기-현전의 상실이다.(OG, 112)

따라서 데리다는 로고스중심주의(에 의해 뒷받침되고)를 뒷받침하는 자민족중심주의의 정치학에 물음을 제기하고자 하고, 항상 어떤 위협이 될 상호주체적인 관계들에 '차후에'만 삽입되는 자율적 개인이라는 고전적인 자유주의적 개념들에 의문을 제기하고자 하지만, 여기서 데리다가 그리는 상호주체성의 그림은 **본질적**이고 근원적인 상호주체성의 하나이며, 이런 관계들을 항상 이미 폭력으로 이해하는 것—그래서 아마도 자율이라는 자유주의적 개념의 일부 흔적을 유지하는 것이다.[33]

(2) 루소: 필연적 대리보충으로서의 타자

데리다는 프랑스 자유주의의 성인 중 한 사람인, 장-자크 루소에게서 로고스중심주의가 작동하는 것을 밝힘으로써, 그것이 서구 전통에 얼마나 깊이 뿌리 내리고 있는지를 보여준다. 우리는 이미 레비-스트로스가 순수하고 순결한 '자연'과 어떤 폭력적 '문화'의 방해에 대한 루소의 고전적 구별을—(글)쓰기와 어떤 자연적 말의 순수성에 문화를 차후에 부과하는 일과 연결시키는 일을—재현하는 방식을 보았다. 데리다는 다음과 같이 말한다: "그래서 우리는 루소로 되돌아오게 된다. 따라서 (글)쓰기에 관한 이 철학의 뿌리 깊은 기초가 되는 이념은 차이 없이 그 자체에 직접적으로 현전하는 공동체, 다시 말해 모든 구성원이 목소리가 닿는 거리에 있는 말하기의 공동체에 대한 이미지이다"(OG, 136). 그러나 루소의 또 다른 측면은 그러한 방해와 폭력이 그럼에도 불구하고 **필연적**이라는 점 또한 강조함으로써 그 문제를 심화시킨다:역설적으로, 글쓰기는 필연적일 뿐만 아니라 어떠한 대리보충으로서 여겨질 것이다(OG, 144). 그러나 루소는 대리보충을 어떤 **추가**addiction로 생각하는 경향이 있지만, 그의 텍스트는 대리보충이 **대체**replacement라는 의미를 피할 수 없다. 대리보충은 자연 안에 결핍되어 있는 것을 보충하는 어떤 '필요악'으로 나타난다(OG, 146~147). 그러나 그 결과, 우리는 대리 보충이 근원적이라고 결론을 내려야 한다. "자연 속에 **결핍**이 있다. 그리고 (…) **바로 그 사실로 인해** 무언가가 자연에 **더해진다.**" 그래서 "대리 보충은 자연의 자리에 그 자신을 두기 위해 **자연적으로 나타난다**"(OG, 149). 이것은 (글)쓰기의 경우에 무엇을 의미하는가? 매개, 부재 그리고 기표들의 놀이를 도입하는—소위 (글)쓰기의 대리 보충성은 근원적이며 언어 **그 자체**의 기원에 새겨져 있다는 것이다. 이것은 "루소가 (글)쓰기를 위험한 수단, 위협적인 보조물으로, 곤경의 상황에 대한 비판적 응답으로 간주하기" 때문이다. "자연이, 자신과의 인접성으로서, 금지되거나 방해를 받을 때, 말이 현전을 보호하는 것에 실패할 때, (글)쓰기는 필연적이 된다"(OG, 144). 〔데리다가 '원-(글)쓰기'라고 부르는〕일종의 (글)쓰기는 기원에 새겨져 있으며, 이것은 매개가 계속 이어진다고 말하는 또 다른 방식이다. 그러나 우리가 앞서 확인한 부재와 타자성 간의, 기표들의 네트워크의 매개와 그것들이 한 부분인 상호주체적인 공동체들 간의 상관관계를 생각해보는 것은 중요하다. 그래서 매개가 계속 이어진다는 점을 강조하는 것은 자기는 항상 이미 공동체적이고, 우리가 책임이 있다고 요청받는 타자들과의 관계에 처해 있다고 말하는 또 다른 방식이다.

(3) 원-(글)쓰기와 '차이': 왜 '텍스트 바깥은 없는가'?

"《파이드로스》에서 《일반언어학 강의》에 이르기까지"(OG, 103)—서구 철학적 전통의 음성 중심주의는 직접성과 자기-현전의 장소로서 목소리에 특권을 부여하며, 그래서 (글)쓰기를 이 현전에 대한 폭력으로 폄하하고, 매개와 기표들의 놀이를 도입한다. 그러나 플라톤, 후설, 루소, 레비-스트로스에 대한 데리다의 분석은 이 매개와 놀이가 (글)쓰기뿐만 아니라 **언어 일반**에 영향을 미치는 방식을 증명했다. 그래서 그는 음성 중심주의/로고스중심주의를 그 자체로 되돌리고자 했다. "(글)쓰기에만 속하는 것이 가능한 것처럼 보였던 2차성은 일반적으로 모든 기의들 일반에 영향을 미치고, 그것도 언제나 이미, 다시 말해 **그 게임에 들어가는** 순간부터 영향을 미친다. 언어를 구성하는 기의의 지시 놀이를, 다시 붙잡히더라도, 빠져나가는 단일한 기의는 없다"(OG, 7). 그래서 로고스중심적/음성중심적 전통이 (글)쓰기를 매개로 도입되는 오염으로 취급했던 것은 **근원적 조건**이다. 모든 언어는 (글)쓰기에 국한된 것으로 사유되었던 기의의 매개와 해석적인 놀이로 특징지어진다. 데리다는 매개의 이 조건의 근원성을 지시하기 위해 **원-(글)쓰기**의 개념을 말하기를 포함하는 언어 그 자체의 가능성의 조건으로서 소개한다(OG, 56). 이것은, '데리다' 신화처럼, 말이 있기 전에 (글)쓰기가 있었다거나 문자 문화가 구술 문화에 선행한다는 어리석은 생각이 아니다. **원-**(글)쓰기라는 용어에서, '(글)쓰기'는 이제 언어 **그 자체**에 대해 근원적인 것으로 보이는 이 매개의 조건을 나타낸다.[34] 그래서 우리는 루소가 (글)쓰기에 대해 묘사한 방식으로 말하자면, 언어의 모든 것은 일종의 '(글)쓰기'라고 말해야 할 것이다. 데리다는 "언어는 그저 일종의 (글)쓰기가 아니라 글쓰기**의** 한 종이다"라고 논평한다(OG, 52). 원-(글)쓰기는 데리다가 다른 곳에서 '**차이**differance라고 부르는 것과 동의어이다(SP, 129~160 참조). 원-(글)쓰기는 언어의 [그래서 '통속적인 의미에서' (글)쓰기의] 가능성의 조건으로서 "모든 언어 체계의 조건으로서 언어 체계계의 한 부분을 그 자체로 형성하고, 언어의 영역 안에서 하나의 대상으로 자리매김 될 수 없다"(OG, 60). 그래서 데리다는 또한 **차이**differance'를 "그것은 어떤 말도 개념도 아니라, 오히려 말과 개념들의 가능성의 (유사)조건"(SP, 130)이라고 규정한다. 프랑스어 différer는 이중적인 의미를 지닌다. a. 그 것은 differing의 의미로 구분함, 구별함 또는 동일하지 않게 만 듦을 뜻하고 b. defferring의 의미로 "지연의 간섭", "현재 부정 되는 것을 '차후로' 미루는" 어떤 시간적 "간격", 현재 불가능한 가능성"을 뜻한다(SP, 129). 그래서 différer라는 말은 한편으로 는 **비동일성**nonidentity을 가리키고, 다른 한편으로는, **"동일한 것의 질서"**를 가리킨다. 그러나 이 의미들은 공통의 뿌리를 공 유한다. 이 공통의 뿌리, **"이 동일적**이지 않은 **같음"**이 **차이**라고 "불린다."³⁵ 이 ('a'를 삽입한) 신조어는 시간적 그리고 '공간적' 간 격의 이 이중적 운동을 지칭하기 위한 것이다. '차이'는 "시간화 의 환원 불가능성을 가리킨다"(SP, 130). 그리고 이 간격—시간 에서의 차이와 기호들 사이의 공간을 만드는 차이—은 의미를 가능하게 만드는 것이다.

> 차이differance는 '현존하는' 것으로 일컬어지고, 현전의 무대
> 에 나타나는 각각의 요소가 그 자신과는 다른 어떤 것과 관련
> 이 있지만 이후의 어떤 요소의 표시를 유지하고 어떤 미래 요
> 소와의 관계를 표시로 이미 그 자신을 텅 비도록 하는 경우에
> 만, 의미의 운동을 가능하게 하는 것이다.(SP, 142)

그래서 데리다는 간격 또는 '차이'를 타자성의 용어로 설명 한다. 그리고 (글)쓰기에 대한 설명은 후설에 대한 비판에서 '다

른'것에 대한 설명과 유사하다. 로고스중심주의 전통이 "(글)쓰기의 절대적인 외재성"을 말하기의 "바깥"으로—실제로는 "바깥이라는 병"(OG, 313)으로—주장했던 반면,《그라마톨로지》에서 데리다의 설명은 내재성과 외재성의 이 구별에 물음을 제기한다. 그러나 좀 더 근본적으로 그는 이 외재성이 외재성의 가능 조건이라는 방식을 보여주고자 한다. "실제로 루소가 외재적이라고 믿었던 것의 내재성을 보여주는 물음은 충분하지 않다. 오히려 내재성을 **구성하는 것으로서의** 외재성의 힘에 대해 생각해 보자"(OG, 313, 강조는 추가). 그래서 우리는 "(글)쓰기의 절대적인 타자성은 그럼에도 불구하고 생생한 말하기에, 바깥으로부터, 그것의 내부로부터, 영향을 미칠 수 있다"(OG, 314)고 제안할 수 있다. 마치 우리가 의식적인 자아를 **구성하는**(시간과 공간에서의[36]) 다른 것의 타자성을 보았던 것처럼 말이다.

매개, 간격, '차이differance'의 시원성에 관한 이 주장은 '텍스트 바깥에는 아무것도 없다'는, '텍스트 바깥은 없다[il n'y a pas de hors-texte]'고 번역하는 것이 더 나은, 데리다의 자주 오해받는 주장의 지평이다. 텍스트 바깥은 책의 처음과 끝에 있는 완충물로서의 빈 페이지이며, 텍스트 없는 장들이다. 텍스트 바깥이 없다는 데리다의 주장은—우리가 우리의 세계-내-존재를 향해하는 해석적인 방식인 우리의 '경험'의 양상이—기표들의 놀이[37] 또는 **차이**differance의 조건화에서 벗어나는 우리의 '경험'의 양상이 없다는 것을 의미한다. 텍스트 바깥이 없다고 말하는 것은 텍스트성 바깥은 없다고—기호들의 매개에 의지하지 않는 세계에의 참여나 그런 세계에 거주자는 없다고 말하는 것이다. 그래서 다른 곳에서 데리다는 그 주장을 "콘텍스트 바깥은 없다"(Linc, 136)고, "콘텍스트 외에는 아무것도 없다"(Taste, 19)는 주장으로 재구성한다. '차이différance'의 차이냄과 지연에 종속되지 않는 세계**나 우리 자신**에 대한 '통로'는 없다. 세계와 심지어 의식은 이와 같이 결코 단순하거나 충분하게 '현존하지' 않는다. 물론 (어떤 잘못된 결론처럼) 그것들이 단순히 **부재한다**거나 상실되었다고 말하는 것은 아니다. 데리다는 텍스트 바깥의 어떤 세계의 실재성을 부정하려는 것도 아니고, 자기 또는 자기-의식을 파괴하려는 것도 아니다―그는 단지 그것의 조건과 한계를 지적하려는 것이다. **원-(글)쓰기** 또는 '**차이**différance'는 시원적 조건 중 하나를 명명하며, "이것은 (자기-동일적이거나 심지어 자기-동일성을 의식하는, 자기-의식적인) 주체가 언어에 새겨져 있고, 그가 언어의 '기능'이라는 것을 함축한다. 그는 차이들의 체계로 취해지는 언어적 규칙들의 체계에 (…) 또는 적어도 차이différance의 일반적 법칙에 자신의 말을 맞춤으로써 **말하는 주체가 된다**"(SP, 145~146). 주체의 자기-의식은 어떤 바깥과의, 언어를 제공하는 다른 이들과의 공동체의 관계에 의해 구성된다. 주체는 타자에 의해 구성된다.[38]

데리다는 **자민족**중심주의와 관련한 지향 동기를 떠올리면서 여기서 실제로 문제가 되는 것은 **윤리**거나 더 나아가 윤리학의 조건―상호주체적 관계들의 본성이라고 논증한다. 데리다는 다음과 같이 말한다: "타자의 현전 없이, 따라서 부재, 은폐, 우회, 차이, (글)쓰기 없이 윤리는 없다. 원-(글)쓰기는 비도덕성의 근원인 만큼 도덕성의 근원이다. 그것은 윤리의 비윤리적 시작, 폭력적인 시작이다"(OG, 140). 어떻게 그럴 수 있는가? 원-(글)쓰기가 사람임을—타자들에 대한 의무가 있음을 그리고 타자들을 책임짐을 구성하는 근본적이고 시원적인 **관계성**, 심지어 **공동체성**을 명명하는 또 다른 방식이기 때문이다.

우리는 데리다의 '존재론'이라고 부를 수 있는 것의, 또는 '일반적인 그라마톨로지'라고 부르기를 선호할 수 있는 것의 형태를 이해하기 시작했다(OG, 43). 현전의 형이상학의 자리에는 흔적(또는 부재 중 현전)의 유사-존재론이 있다. 순수한 의식의 내면성에 그 자신에게 충분하게 현존하는 고립된, 자기-의식적인 주체 대신, 데리다는 외재성—의미화의 공동적 조직망에서 타자의 타자성—과의 관계에 의해 구성되는 주체의 개요를 제시한다. 우리는 이 장에서 언어, 말하기, (글)쓰기 그리고 텍스트성에 대한 초기 분석에 특별한 관심을 가지고 해체를 위한 지평으로서 데리다의 작업의 중요한 현상학적 시작을 묘사하고자 했다. 우리는 현상학의 타자들[다른 사람들뿐만 아니라 (글)쓰기]이 철학의 담론을 방해하는 방식을 보면서 시종일관 타자를 주시해왔다. 데리다는 타자성에 대한 이런 방해의 기록자이자 목격자라고 말할 수 있다. 이와 관련하여 다음 장에서는 데리다의 '인식론'으로 묘사될 수 있는 것—문학과 해석에 대한 그의 설명이 가지는 함의를 고려해보겠다.

2장

다른 문학, 문학으로서의 타자

: 비판적 문학 이론

> 왜냐하면 나는 당신에게 다소 직설적이고 간단하게,
> 심지어 내가 말해야 하는 나의 철학적 관심 앞에 오는,
> 나의 가장 지속적인 관심이, 이렇게 말해도 된다면,
> 문학을 향해 있었고, 문학이라 불리는 그 (글)쓰기를 향해 있었다는 점을
> 다시 한번 말해야 하기 때문이다.
> ─〈정립의 시간: 구두점〉, 37쪽.

데리다가 (장 이폴리트 아래에서) 자신의 첫 번째 논문의 주제를
정했을 때, 제목은 '문학적 대상의 이념성'이었다.[1] 데리다는 "오
늘날의 경우보다 후설의 사유가 좀 더 두드러진 사례의 맥락에
서 새로운 문학 이론을 정교하게 만들어야 하는 필요성에 따라
다소 폭력적으로, 초월적 현상학의 기술들을 구부리는" 기획에
관심을 가졌다.[2] 그래서 1장에서 데리다의 현상학적 시작에 대
한 우리의 분석은 그가 기술한 것처럼 문학에 대한 고찰을 예견
하고 그 무대를 마련한다. 후설에 대한 초기 작업은─학문과 기
하학에 대한 물음들조차(Taste, 44)─'속박된 이념성'으로서의
문학적 대상에 대한 물음으로의 길을 열어놓았다. 그래서 글쓰
기에 대한 물음은 문학에 대한 물음으로 통한다. "문학이란 무엇

인가? 무엇보다도 '글을 쓴다는 것'은 무엇인가? (글)쓰기라는 사실은 어떻게 '무엇인가'라는 바로 그 물음을, 심지어 '그것이 의미하는 것은 무엇인가'라는 물음을 방해할 수 있는가? 다시 말해—여기서 나에게 중요한 것은 **다른 방식으로 말하기**인데,—그것은 언제 그리고 어떻게 문학이 되며 그것이 문학이 될 때 무엇이 일어나는가?"[3] 문학에 대한 물음은 (글)쓰기에 대한 물음을 기반으로 하며 사건에 대한 물음을 예견한다. 그러나 문학에 대한 물음 또는 문학에 대한 도발은 해체를 사로잡았던 타자성에 대한 또 다른 예, 곧 철학의 타자로서의 문학이기도 하다.

1) 철학의 타자: 예를 들어, 문학

(1) 여지 만들기: 문학 그리고 철학의 미래

데리다의 표현에 의하면, 해체는 다른 것의 여지를 만드는 것을 추구하며, 배제되었던 것(들)을 위한 자리를 마련하기 위해 그 스스로를 제도의 틈과 균열에 집어(써)넣고자 한다. 그래서 해체는 철학**에 대한** 해체를 의미하는데, 그것은 단순히 **파괴**destruction가 아니며 (그것은 철학의 '종말'을 알리지 않는다) 단순히 **반**-철학적인 것도 아니다. 오히려 해체는 철학을 그것의 타자, 즉 비-철학적인 것에, 더 좋게 표현해보자면, 철학적-**이지-않은** 것에 개방함으로써 철학의 미래를 여는 데 관심을 가진다. 외부성 또는 타자성에의 이 체험은 해체의 방법(과 그렇지 않은 것)에서 결정적이다. "나는 더욱 더 체계적으로 철학에 물음을 제기할 수 있는 어떤 자리 아닌 것, 또는 철학적이지 않은 자리를 찾고자 했다. (…) 나의 중심이 되는 물음은 이것이다: 어떤 자리 또는 자리-아닌 곳으로부터 철학 그 자체는 그 스스로에게 그 자신과는 다른 것으로 나타날 수 있는가? 그래서 철학은 그 자신을 고유한 방식으로 심문하고 반성할 수 있는가?"⁴ 우리는 이 전략을 데리다의 전체 저술에 걸쳐서 확인할 수 있다.

• 1968년 5월 파리 학생운동의 그늘 아래 제시된 프랑스 철학에 대한 보고서인—〈인간의 종말〉이라는 에세이에서, 데리다는 프랑스 철학의 과거와 현재를 고려할 뿐만 아니라 미래 또한 고려한다. 데리다는 어떤 "전율"로 표현되는 새로운 궤도를 위한 기회들을 살펴보면서, "근본적인 전율은 오직 **바깥**에서만 도래할 수 있다. (…) 이 전율은 타자와의 서구 전체의 관계, 곧, 그것이 '언어적' 관계이든 민족적, 경제적, 정치적, 군사적, 관계 등이든 간에, 그 폭력적 관계에서 등장한다"(MP, 134~135). 그는 바깥으로부터의 이 근본적 전율을 가져오는 방식들 중 하나가 "지형을 바꾸는 것" 곧, 새로운 자리의 유리한 위치에서 오래된 땅을 살피는 것이라고 결론짓는다(MP, 135).
• 비-철학적 타자의 생산적 가능성은 아마도 데리다의 가장 훌륭한 저작, 레비나스의 작업에 대한 그의 첫 번째 폭넓은 참여인, 〈폭력과 형이상학〉의 가장 중요한 부분이다. 데리다는 방법론적 입문으로 역할을 하는 그 에세이의 서두에서 "비철학"을— 철학이 내쫓고자 했지만 동시에 철학을 개시하고 철학에 양분

을 제공하는—철학의 "죽음이자 원천"으로 고려한다(WD, 79). 서양철학은 그리스적 기원의 흔적을 가지고 있기 때문에, 철학은 '1차적으로 그리스적'이기 때문에, "이 매개 바깥에서 철학하거나 철학적으로 말하는 것은 불가능할 것이다"(WD, 81). 그러나 우리는 **다른 방식으로** 철학을 이해할 수 있는가? 데리다는 이것이 정확하게 레비나스가 제안한 것이라는 점을 – 그리고 그가 철학을 그것의 타자 곧, 히브리적인 것과 만나게 함으로써 또 다른 철학의 가능성을 기술한다는 점을 보여줄 것이다. 히브리인들은 예언적인 것을 "우리에게 그리스인들의 로고스로부터 벗어나라는 요구"로 생각했다(WD, 82). 그래서 데리다는 《전체성과 무한》을 철학을 그것의 타자와, 그리스적인 것을 유대적인 것과 만나게 하는 연습으로 읽는다. 다시 말하지만, 이것은 건설적인 기획이다. 이것은 그리스적인 것을 버리는 기획이 아니다. "이 완전히-다른 것의 방해만큼 그리스의 로고스—철학—에게 그렇게 깊이 간청하는 것은 없다. 로고스를 필명성, 그것의 타자만큼이나 그것에 기원에 대해 다시 일깨울 수 있는 것은 없다"(WD, 152).

그래서 비-철학적인 타자는 철학이 그 자신을 재고하게 하는 촉매이거나 철학이 자기를 검토하는 것을 가능하게 만드는 거울이다. 이러한 기획의 목적은 철학을 멈추는 것이 아니라 철학을 새로운 실천에 개방하는 것—철학을 위한 새로운 미래를 만들어내는 것이다.[5] 데리다는 <(고)막Tympan>에서 명백하게 문학을 특권을 가진 철학의 타자로 고려한다. 철학은 그 시초에서부터 "자신의 타자를 사유한다"고 주장해 왔지만, 그것은 그저 타자를 전유하고 타자의 타자성을 무가치하게 만드는 종류의 **사유**일 뿐이다: "**자신의 타자**를 사유한다고 주장하는 것: (…) 타자를 그 자체로 사유함으로써, 타자를 인식함으로써, 우리는 타자를 놓쳐버린다. 우리는 그것을 우리 자신을 위해 다시 전유하고, 처리한다"(MP, xi). 그래서 철학은 비철학적인 것을 반–철학적인 것으로 해석하고 "지식"과 관련하여 참여의 규칙들을 설정함으로써 비–철학적인 것과의 관계를 유지하려고 노력해 왔다(MP, xii). 다시 말해, 철학은 항상 승리하며 이성적인 것은 자신이 비이성적인 것으로 해석하는 것을 이기는 방식으로 판이 짜여 있다. 데리다의 물음은 "엄밀하게 말하자면, 비철학적인 장소, 우리가 계속해서 **철학을** 다룰 수 있는 외재성 또는 타자성의 장소를 우리가 규정할 수 있는가?"하는 것이다(MP, xii). 다르게 말하면, 철학이 그 범위를 구성하고 있어서 그것이 항상 이미 어떤 외재성도 **그 자신의 고유한 용어로** 흡수할 수 있는 경우는 아닌가를 묻고 있는 것이다. 그래서 철학을 '비판'하기 위해, 우리는 더 정교해야 하며, 더 우회적이어야 한다.[6] 정면돌파는 너무 쉽게 체계에 의해 흡수된다. 대신에, 데리다는 (키르케고르에게는 미안하지만) 일종의 간접적인 담론을 제안한다: "[철학이] 철학과 관련이 없는 어떤 것과 관련지어질 때, 우리는 우리 자신을 즉시 철학적 로고스에 의해 암호화해 철학의 깃발 아래 서도록 만드는 것은 아닐까? 틀림없이, 동시에 혹은 **간접적으로** 증명되는 비–관계적 양식을 따르는 이 관계를 기록하는 것을 **제**

외하고는, (…) 어떠한 철학적 주장도 결코 그것을 일치시키거나 번역할 준비가 되어 있지 않을 것이다"(MP, xiv). 그것은 철학의 흡수 범주를 '초과하는' **방식으로** 철학을 그것의 타자와 만나게 하는 방식일 것이다(MP, xiv, xxii). "정면적이고 대칭적인 항의, **반anti**-이라는 모든 형식의 혹은, 전복과 반대주의를 새기려는 모든 시도의 반대론 (…) 완전히 다른 형태의 매복, 로코스와 텍스트의 기동작전을 피하려는 노력"(MP, xv). 이런 의미에서 데리다는 철학의 '여백'에 관심을 가진다: 단순히 안도 밖도 아닌, 철학의 텍스트와 여백의 관계는 우회적이고 복잡하다. 그래서 《철학의 여백》에 합쳐 모은 연구들은 "여백에 대해 물음은 던진다. 그것들은 경계를 갉아 먹으면서 텍스트와 텍스트의 통제된 여백을 분리하는 선을 희미하게 만든다"(MP, xxiii). 그 연구들은 "철학적 텍스트 너머에 한번도 어지럽혀지지 않은 텅 빈 백지 같은 여백이 아니라 또 다른 텍스트 곧, 어떤 현재의 중심 기준점도 없는 서로 다른 힘들의 엮임이 있다는 점을 상기시킴으로써"(MP, xxiii) 철학을 심문한다. 그러나 철학의 텍스트(들)를 그것들의 여백에 개방함으로써 다음과 같은 생산적인 요점, 곧 철학의 새로운 미래를 여는 것은 기억되어야 한다. 왜냐하면 "여백은 더 이상 부수적인 순결성이 아니라, 고갈되지 않는 보고"이기 때문이다(MP, xxiii).그것은 철학의 또 다른 것에 대한 비스듬한 노출일 것이다―다른 철학을 알리는 것, 다른 방식으로 철학'함'의 가능성을 알리는 것은 철학의 타자에―철학의 바깥에의, 철학의 여백에―철학을 노출시키는 우회적인 길일 것이다.

그렇다면 어째서 문학인가? 만일 철학이 철학의 비철학적인 타자와 만남으로써 어떤 새로운 미래에 열려 있다면—어째서 문학은 데리다의 기획에서 특권을 가지는가? 이 물음들에 답하기 위해서, 우리는 먼저 왜 철학이 전통적으로 이성적인 도시의 벽 바깥으로 추방당하는 문학에 그렇게 관심이 많은지 이해할 필요가 있다. 어째서 철학은 문학과 시에 그렇게 알레르기 반응을 보이는가? 왜 문학은 그러한 위협적인 자세를 취하는가? 그리고 어째서 문학은 그렇게 무서운 오염으로 보이는가? 이것은 우리를 로고스중심주의와 직접성(그리고 일의성)에 대한 철학의 욕망으로 되돌아가게 한다. 문학은 정확하게 내쫓는 데 있어 철학이 가장 관심을 가져왔던 것이기 때문에, 데리다에게는 타자성에 대한 첫 번째 전형적인 분야로 (이후에 전형은 종교일 것인데) 이해될 수 있다. 철학 자신의 설명에 따르면, 문학은 철학의 타자이다. 그래서 데리다는 철학의 역사에서 고전적인 대립, 즉, 철학과 시의, 논리학과 수사학의 대립을 소환한다. 플라톤이 제안한 좋은 **폴리스**를 세우는 데 있어 우리가 가장 먼저 해야 할 일은 시인들의 추방이었다(《국가》, 6 · 7권).[7] 수사학의 유혹과 위장은 논리학의 좋은 감각으로 맞서야 한다(《파이드로스》). 데리다는 수사학과 시의 이러한 평가절하가 형이상학적 전통의 밑바탕이 되는 로고스중심주의의 또 하나의 산물이라고 주장한다. 우리가 수사학과 시의 축약어로 받아들일 수 있는—문학은 일의성이라는—안정적이고 단일한 의미들의 이상이며 말과 사물의 일대일 대응의 이상인—철학적 이상을 '넘쳐흐르는' 언어의 양태들 중 하나다. 그러나 문학은 비유와 모호성, 언어에 내재된 의미의 유희, 탈맥락화와 재맥락화의 거의 무한한 가능성으로 살아간다. 만약 일의성의 수호자인 철학자들이 언어의 사용을 단속하는 임무를 맡았다면, 그것은 시와 문학의 종말을 초래할 것이다. 하지만 정확하게 이 때문에, 문학과 철학의 대립을 벌이는 것은 철학이 자기-비판에 참여하고 일의성이라는 오래된 이상을 심문하는 가능성을 열어줄 수 있다. 우리가 아래에서 볼 것처럼, 철학을 문학에 노출시키는 효과 중 하나는, 철학이 문학의 거울을 들여다볼 때, 철학은 그 자신의 무엇인가를 보게 된다는 것이다. 데리다는 "그것들을 뒤섞지 않고 하나를 다른 하나로 환원하지 않고, 아마도 우리가 말하는 '철학적'이라고 부르는 것에는 자연언어에 대한 고수, 철학의 문학적 부분이 아니라 대신에 철학이 문학과 공유하는 어떤 것인 그리스어, 독일어, 라틴어와 특정한 철학적 진술의 심오한 분리불가능성이 **항상 존재한다**고 말할 수 있을지도 모른다"(Taste, 11)고 주의를 준다. 동일한 방식으로, 문학에는 '번역 가능한' 어떤 것이,—적어도 일의적인 것과의 친연성을 갖는 것이—있으며, 그래서 철학에 공통된 어떤 것에 참여한다. 그러므로 우리는 "만일 우리가 좀 더 자세히 들여다본다면, 헤겔의 문학이 아닌 플라톤의 문학을, 단테의 철학이 아닌 셰익스피어의 철학을 발견할 것"(Taste, 12)이라는 점에 놀라서는 안 된다.

해체라는 "엄청난 연구 프로그램"의 일부가 질서정연한 학계의 학문적 범주들에 의문을 제기할 것이지만(Taste, 12), 데리다가 단순히 수사학과 논리학의 관계의 역전을 옹호하지 **않는 다**는 점은 주목되어야 한다. 만일 그가 철학을 문학**에** 노출시키는 것에, 심지어 철학**의** 문학적 계기를 노출시키는 것에 관심이 있다면, 로티가 실수로 제안했던 것처럼—이것은 철학을 문학**으로 환원**하는 것을 의미하는 것이 전혀 아니다.[8] 데리다는 "나는 문학과 철학을 혼동하지 않도록, 철학을 문학으로 환원시키지 않도록 노력했다"고 반복해서 말한다.[9] 더 중요한 것은, 데리다는—로티와 같이—사적인 영역으로의 후퇴로서 또는 사적인 아이러니의 연습으로서 문학으로의 이동을 옹호한 적이 없다는 것이다. 데리다는 다음과 같이 논평한다: "로티와 같은 사람은—문학이 사적인 문제, 사적인 언어이며 사적인 언어로 대피하는 것도 괜찮다는 이해에 대해—우리가 문학에 우리 자신을 내맡겨야 한다는 점을 아주 행복해한다. 나는 해체가 철학을 사유화하는 것, 철학을 문학으로 대피하도록 하는 것과는 아무 상관이 없다는 점을 강조하려고 노력했다"(Taste, 10). 문학에 대한 해체의 관심은 일의 중요한 문제들이 (일의적 언어로 수행되는) 공적인 영역에서 일어나는 동안, 철학자들을 구석에서 놀게 하는 방식이 아니다. 오히려:

> [로티에 의해 제안된 것처럼] 명백하게 좀 더 문학적이고 《조종Glas》이나 《우편엽서La carte postale》와 같은 자연적 언어현상과 좀 더 관련이 있는 텍스트는 사적인 것으로의 후퇴의 증거가 아니라 공적/사적 구분의 수행적 문제화이다. (…) 텍스

트의 바로 그 구조인 《우편엽서La carte postale》는 공적인 것과 사적인 것의 구별이 정확하게 결정 가능하지 않은 곳이다. 그리고 이 결정 불가능성은 철학에 대해 철학적 문제들을 제기하고 정치에 대해 정치적인 문제, 정치적인 것 그 자체에 의해 의미되는 것과 같은 문제를 제기한다.[10]

우리가 보았던 것처럼, 해체의 1차적인 소명들 중 하나는 정확하게 그러한 존재론과 인식론의 **정치학** 때문에, 이 직접성의 신화에 대한 폐지—순수한 현전에 대한 설명의 비신화화이다. 이 관점에서, 문학은 관념론적 철학의 신화들을 불안정하게 만들고, 또 다른 정치적 질서, 도래하는 민주주의를 일별하기 하기 위한 장소로서 기능하는 전형적인 **타자**이다.

(2) 문학의 비밀스러운 정치학

아마도 가장 흥미로운 것은 문학의 정치적 본성에 관한 데리다의 주장일 것이다. 그러나 우리는 이미 어째서 이것이 그러한 경우인지를 보았다: 데리다가 후설과 루소, 레비-스트로스에 대한 그의 읽기에서 보여주고자 했던 것처럼, 직접성과 순수성에 대한 철학적 열망은 사회적으로 동종적인 공간, 즉 '동일자의 공간'를 유지하고자 하는 정치적 관심을 생산한다(그리고 그것에 의해 생산된다). 이와 같이 공동체는 배제와 소외의 엄밀한 경계들로 둘러싸여 있다. 이것은 바벨탑 서사(《창세기》, 11장)에 대한 데리다의 읽기에서 잘 나타나 있는데, 여기서 그는 하나의 언

어를 강요하려는 셈족의 욕망이 다원주의라는 이름으로 야훼가
훼방을 놓는 제국주의적 강령이라고 제안한다.

셈족은 '그들 자신의 명성을 날리고'자 하면서 동시에 보편적인
언어와 독특한 계보를 발견하기 위해 세상을 이성적으로 만들
기 원한다. 이 이성은 (그들이 이렇게 자신들의 관용어를 보편화할 것
이기 때문에) 식민지 폭력과 인간 공동체의 평화로운 투명성을
동시에 의미할 수 있다. 반대로 신은 자신의 이름을 강요하고 자
신의 이름에 반대할 때, 그는 합리적인 투명성을 찢어버리지만
또한 식민지 폭력이나 언어 제국주의를 저지하기도 한다.[11]

직접성이라는 언어적 이상과,—어떤 면에서는, 근본적으로
언어가 없기를 바라는—하나의 (일의적) 언어에 물음을 제기함
으로써, 해체는 바벨의 야훼의 편을 들었다. 만일 데리다가 철학
에 '혼란'을 도입한 것처럼 보였다면, 그것은 실제로 다수성과
차이에 대한 긍정인 예언적 혼란이며 **다른 방식으로 말할 수 있
는,** '다른 언어로' 말할 수 있는 공동체 내에서의 타자들을 위한
공간을 개방한다.[12] 우리가 제안할 수 있는 것은 문학은 언어의
일의적 이상을 파괴함으로써 헤게모니를 장악한 공동체를 불안
정하게 만드는 일종의 방언이다.

그렇다면 문학은 타자성과 다름의 장소이다—그러나 정확
하게 그것이 **개별성**의 구현이기 때문이다. 만일 '해체의 윤리'가
타자에 대한 의무 윤리라면, 이것은 타자가 단순하게 '개별자'(다

수 중 하나)가 아니라, 유일무이한 **개별성**이기 때문이다. 이것은 데리다가 키르케고르로부터 가장 깊이 흡수한 주제이다. 이미 〈폭력과 형이상학〉에서 데리다는 (레비나스가 아니라) '주체적 실존'에 대한 어떤 증인으로 키르케고르에게 호소했다: 데리다는 레비나스에게 "타자가 체계를 받아들이지 않는 것은 주체적 실존 때문"이라고 응답한다. "철학자 키르케고르는 쇠렌 키르케고르를 위해 간청할 뿐만 아니라, 일반적으로 주체적 실존 일반을 위해 간청한다"(WD, 110). 존중을 요구하는 것은 정확하게 타자의 '주체적 실존'-타자가 다른-자아라는 사실이다. 그래서 데리다는 훨씬 뒤에, 《죽음의 선물》에서 키르케고르로 돌아가, 정확하게 모든 타자는 **개별적**이고 **비밀적**이기 때문에, '모든 타자는 전적 타자[tout autre est tout autre]'라는 의미를 상세하게 설명한다.[13] 그러나 데리다는 또한 이 개별성과 키르케고르를 문학에 대한 그의 관심과 연결시킨다. 데리다는 ("내가 가장 충실했던 사람") 키르케고르에 대해 말하면서, "나에게" 문학은 "그것과 언어와의 관련에서 체험과 실존의 이 개별성을 대표한다. 내가 항상 문학에 관심을 갖는 것은 본질적으로 자전적이기 때문 (…) 자서전의 '장르'를 크게 넘어서는(넘쳐흐르는) 자전성 때문"이라고 말한다(Taste, 41). 따라서 "기억들은 (…) 나의 흥미를 끄는 모든 것의 일반적인 형식이다"(Taste, 41).[14] 데리다는 문학이 항상 주체성의 비밀과 연결된 이 자전성의 순간을 가지고 있다고 제안하는 것처럼 보인다. 실제로 "자전적인 것은 비밀의 장소이다"(Taste, 57). 그리고 이것은 다시 정치적인 것으로 되돌아간다: 데리다는 증

언한다. "내가 비밀에 대한 취향을 가지고 있다"면,

> 그것은 명백하게 소속하지-않기와 관계가 있다. 나는 정치적
> 공간, 예를 들어 비밀을 위한 여지가 없는 공적인 공간 앞에서
> 공포나 테러의 충동을 느낀다. 나에게 모든 것이 공적인 광장
> 에서 행진되고 내부적인 토론의 장은 없어야 한다는 요구는 민
> 주주의의 전체주의화를 보여주는 확연한 신호이다. 나는 이
> 것을 정치적 윤리의 관점으로 바꿔 말할 수 있다: 비밀에 대한
> 권리가 유지되지 않으면 우리는 전체주의 상태에 있는 것이
> 다.(Taste, 59)

그래서—데리다가 모두 문학과 관련시키는—개별성과 비밀
의 연결은 두 가지 길을 갈라놓는 정치적 칼날을 가진다: 한편으
로, 데리다는 배제되고 소외되었던, 비밀스러운 개별성들을 위
한 사회-정치적 공간을 개방하는 데 관심을 가진다. 다른 한편으
로, 그는 들어가기 위해서는 모든 비밀을 포기할 것을 요구하는
공적인 공간을 경계한다. 왜냐하면 그렇게 하는 것은—우리의
타자성을 포기하는—우리의 개별성을 내주는 것이기 때문이다.
'사적 자유의 문화'는 타자에게 그녀의 비밀을 집에, 사적으로 유
지할 것을 요구함으로써 공적 영역의 동종성을 유지한다.[15]

그런데 개별성의 비밀은 어떻게 정확하게 **문학**과 연관되는
가? 데리다는 단계적으로 연결고리를 그려낸다: 사적인 영역으
로의 후퇴가 아닌 문학은 그것의 (최근의) 발명품 때문에 논쟁의

여지없이 **공적인** 제도를 가진다. 더 구체적으로 말하자면, 그것은 본래적으로 **민주적인** 제도이다. 왜냐하면 "문학을 그렇게 정의하는 것"은 "무엇이든 공적으로 말해질 수 있는, 원칙에 입각한 인가"이기 때문이다.[16] 문학은 통치 체제의 정책과 철학적 일의성의 치안 활동으로부터 언어를 해방시킨다. 그래서 정치적인 것과 철학적인 것 모두와 관련하여 혁명적인 입장을 취한다: 한편으로 문학은 공적인 영역에서 무엇이든 말할 수 있기 때문에, "그것은 인권과, 표현의 자유 등과 분리될 수 없다." 다른 한편으로 문학은 또한 "우리로 하여금 철학적 맥락에서 종종 억압된 물음들을 제기할 수 있도록 만든다."[17] 그래서 데리다가 이와 관련하여 비밀에 대해 말하고 싶다면, 그것은 "무엇이든 말할 권리가 비밀을 유지하는 것이라고 말하기 때문이다."[18] 문학은 일종의 공적으로 은밀한 것—무엇이든 말할 권리와 따라서 비밀을 유지할 권리, 어떤 것도 말하지 **않을** 권리이다. 그러나 그것이 말하는 것조차도 비밀스러운 주체성의 개별성을 증언한다. 문학은 타자가 나타나기 위한 공적인 공간을 비울 뿐만 아니라 타자의 비밀을 지켜주는, 타자의 타자성과 만나는 언어이다. 여기서 비밀은 "우리가 우리의 머릿속에 간직하고 말하지 않기로 선택하는 표상의 비밀이 아니라, 오히려 개별성의 체험과 함께 존재하는 비밀이다."[19] 문학은 비밀을 말하(지 않)는 하나의 방식이다.

2) 변두리에서 온 우편엽서: 은유성을 위한 은유

(2) 은유의 환원 불가능성: 또는 왜 플라톤은 자신의 수레에서 절대 내리지 않는가?

철학은 오랫동안 이 타자성과 문학의 넘쳐흐름을 제거하고 논리적인 개념들의 순수성을 정제하기 위해 수사학의 오염을 배제하는 데에 관심을 가져왔다. 특히 철학은 '자연언어' 또는 '문학적인 의미들'이라는 도구들을 선호하면서, 차이에 의해 연료를 공급받는 **은유**의 교통을 거부해왔다. 그러나 데리다는 순수한 자기-현전에 대한 욕망 또는 순수한 말하기의 직접성과 같은 철학의 담론에서 은유의 근원적 중단을 목격한다. 데리다는 아나톨 프랑스Anatole France의 《에피쿠로스의 정원》에서 묘사된 장면을 끌어내어, 철학의 첫 번째 운동 중 하나가—은유에 대한 부채의 제거를—**망각하는** 것이라고 제안함으로써 은유에 대한 그의 가장 강렬한 고찰을 보여준다. 폴리필로스라는 인물은 '형이상학의 언어'에 대한 몽상에 빠져 있다. 그는 형이상학자들이 다음과 같다고 제시한다:

칼과 가위 대신에 메달과 동전을 넣어 숫돌로 그 가장자리를, 그 가치와 앞면을 없애야 하는 칼 가는 사람,[20] 그들이 그들의 왕관-조각들, 에드워드 왕이나 윌리엄 황제 또는 공화국도 보이지 않을 때까지 손을 써버렸을 때, 이렇게 말한다. "이 조각들은 영국이나 독일, 프랑스어로 된 어떤 것도 가지고 있지 않

다. 우리는 이 조각들을 모든 시간과 공간의 제약들로부터 해방시켰습니다."(MP, 210에서 인용)

근원적 의미는 철학에 의해 작동하게 되고, 그로 인해 '은유가 된다'고 하지만, 그 은유성은 거의 즉시 잊혀진다. "은유는 더 이상 주목받지 못하고, 그것은 적절한 의미로 받아들여진다." 예를 들어, **우시아**('존재')와 같은 가장 고유한 철학적 개념은 재산과 부와 관련된 좀 더 소박한 용어로 시작되었다. 그러나 그것은 이제 우리가 그것의 물질적 기원을 잊어버리기 쉬울 정도로 철학의 소유물이 되었다. 그래서 어떻게 보면, **우시아**의 은유는 그것의 고유성에 대한 고리가 끊어지고 그 단어가 잘려나가, **마치 그저 철학적 개념이었던 것처럼** 확장된다. 실제로 "철학은 휩쓸려가는 이 은유화의 과정일 것이다"(MP, 211). 그러한 개념은 데리다가 결국 인용하는 유명한 다음의 니체의 이미지를 반영한다: "그렇다면 진리란 무엇인가? 은유와 환유, 의인화의 이동 가능한 부대이다. 간단히 말해서, 시적이고 수사학적으로 강화되고 변형되며 장식되어 오랜 사용 후에 고정되고 관습적이며 구속력이 있는 것처럼, 국가처럼 보이는 인간관계의 총합이다. 진리는 우리가 그것이 가상**이라는** 것을 망각한 가상이며, 감각들에 영향을 미치기에는 무력해진, 닳아서 못쓰게 된 은유들이다."[21]

그러한 망각을 가능케 하기 위해, 그리고 그러한 삭제 전통의 결과로—"문지르는 노동을 줄이기 위해"—형이상학자들은 "자연언어에서 가장 닳아버린 단어를 선택하는 것을 선호한다:

'그들은 이미 조금은 지워진 단어들을 마저 다듬기 위해 그러한 단어들을 선택하고자 최선을 다한다'"(MP, 211). 문질러진 것은 무엇인가? 그것은 정확하게 다중적인 의미들의 유희, 많은 참조 사항을 발생시키는 풍부하고 생산적인 밀도—**완전한 의미**sensus plenoir다. 이것은 일의성의 편안함과 친숙함에 대한 철학의 욕망에서 비롯된다. 실제로 철학에 따르면, "일의성은 언어의 본질, 그보다는 언어의 **텔로스**다. 이와 같은 철학은 아리스토텔레스적인 이상을 단념한 적이 없다. 이 이상이 철학이다"(MP, 247). 반면에 은유는 "시작부터 복수형이다"(MP, 268). 은유를 제거하려고 노력하면서 철학이 정말로 관심을 갖는 것은 의미의 유포와 확산을 멈추는 것이다. 이러한 관심은 "은유화의 운동"을 "은유의 기원, 그래서 말소는 고유한 감각적 의미에서 인물들의 우회를 통한 고유한 정신적 의미로의 전환을 산출한다"(MP, 226). 그러나 은유화의 이 운동은 "이상화의 운동에 지나지 않다"(MP, 226): 이것은 단어를 육화하지-않는 수단이며, 단어를 맥락에서 완전히 제거하는 꿈을 갖고 단어 **하나의**, 고유한 의미를 확보하는 이상의 추상적인 에테르로 단어를 탈-문맥화하는 것이다.

해체가 반대하는 것은 바로 이러한 철학적 욕망과 운동이다. 은유에 대한 데리다의 관심은 철학을 그것의 타자와 만나게 만드는 또 다른 수단이다. 그래서 그것은 단지 은유의 문제, "배타적으로 교육학적 장신구의 역할만을 수행하는 것이 아니다."(MP, 221) 데리다의 기획은 마치 바로 그 어떤 **아이디어**의 관념이 "(플라톤도 이방인이 아닌) 그것의 고유한 전체 역사를 가지고 있지 않았고, 마치 전체 은유, 또는 더 일반적으로 전체 자극 체계가 이 역사 안에 몇몇의 흔적을 남기지 않았던 것처럼"(MP, 223; MP, 254를 참조) 은유를 단순하게 명제의 도구로—아이디어를 표현하기 위한 방식으로—만드는 그저 그러한 환원주의에 저항한다. 왜냐하면 그러한 표현 또는 수단의 개념은 "이런 인물들을 통해 겨냥하는 감각이 그것이 **나르는** 것과 엄밀하게 독립적인 본질"(MP, 229)이라는 고전적인 철학적 주장을 상정하기 때문이다. 데리다는 은유가 환원 불가능한 방식을 지적함으로써 철학적 '아이디어들'을 그것들의 은유적 수단으로부터 분리할 수 있는 이러한 가능성에 의문을 제기한다. 은유를 조금 사용하면(!), 우리는 이러한 철학적 아이디어가 그 아이디어의 차량의 자리에 용접되어 있고 그래서 항상 이미 차량의 각인을 가지고 있다고 말할 수 있다. 철학적 개념성이 희박해진 공기에서조차 우리는 은유의 지상적인 것에서 탈출하지 못한다. 은유는 끝까지 지속된다.

예를 들어, 은유**에 대한** 철학적 담론은 결코 은유의 바깥에 나올 수 없다. 그것의 범주들은 이미 은유를 가정할 것이다(MP, 228~229). 아리스토텔레스가 담론에서 모호성을 평가하기 위해 기준을 제시할 때, 그는 우리에게 사람이 은유적으로 말하고 있는지 확인하라고 조언한다. 그러나 명확성과 모호성의 기준에 대한 바로 그 호소는 은유의 환원 불가능성을 확증한다: "어떻게 하나의 지식이나 언어가 적절하게 [즉, 그 '고유한' 의미에서] 명확하거나 모호해질 수 있는가? (…) 은유의 정의에서 작동해 온 모든 개념은 항상 그 자체로 '은유적인' 기원과 효력을 가진다"(MP, 252). '명확성'과 '모호성'에 대한 철학적 이상들은 빛과 어둠, 봄과 맹목, 실명의 경험들에서 은유적인 기원을 가지며, 지금은 철학적인 개념들로 번역된다. 그래서 플라톤적인 '이데아' 또한 시선, 봄, 그리고 사람의 머리에 있는 눈이라는 구체화된 기원에 의해 계속 특징지어진다(MP, 254). 심지어 '정확한' 과학들은—혹은 아마 비유와 은유의 '흐릿함'을 막는, 우리가 '명백한' 과학이라 부르는 것은—은유적인 언어의 유희에 의해 철저하게 특징지어지고 "개념에 대해 은유를 받아들이고" 싶은 유혹에 넘어간다(MP, 261). 데리다는 세포 이론을 예로 들어 언급한다: '세포'의 명명법이 이 현상을 명명하기 위해 언급될 때, 그 용어는 사회성, 협조 및 협회의 모든 종류의 개념을 그것에 따라 가져왔다(그리고 그것을 이용했다)(MP, 261).[22] 은유에 대한 전체 철학적 설명이 '고유하'거나 '문자적인' 어떤 의미의 개념을 상정하는 한에서, 철학은 정확하게 '은유의 심연'을 벗어날 수 없다.[23] 심지어 그것의 가장 엄밀한 기준과 이상들(명료성, 이데아 등)조차 "빌린 주거지"이다(MP, 253). 그러므로 철학이 억압하고자 하는 것은 철학의 중심부로 되돌아간다.[24]

해체는 철학을 문학이라는 타자에 노출시킴으로써 니체에 의해 먼저 제안되고 데리다가 "은유성의 일반화"라고 부르는 것을 지적하는 목표를 가진다(MP, 262). 이것은 은유가 끝까지 지속된다는 주장으로 번역될 수 있다: 우리는 하나의, 일의적이고 안정적이며 '문학적인' 의미에 도달하기 위해 은유성의 유희와 미끄러짐을 결코 **벗어나지** 못한다. 따라서 은유가 끝까지 지속된다는 주장은 텍스트 바깥은 없다는 주장과 같은 뜻을 가진다. 일반화된 은유성은 **원-(글)쓰기**의 또 다른 이름이다. 우리는 이 두 주제가 《그라마톨로지》의 첫 장에서 함께 모이는 것을 본다. 플라톤의 《파이드로스》에서 루소에 이르기까지, (글)쓰기는 **은유로서 '문학적인' 의미**에서의 (글)쓰기에 반대되며, '좋은' (글)쓰기에 속하는 것으로 생각되는 것이 그것이 비난하는 '문학적인' (글)쓰기에 의지하는 은유를 의미한다는 점을 인식하지 못한다. 예를 들어, 《파이드로스》에서 플라톤은 "영혼 속의 진리의 (글)쓰기"("좋은" (글)쓰기)를 종이 위의 문자적이고 감각적인 표시들의 나쁜 (글)쓰기와 대립시킨다(《파이드로스》, 278a). 나쁜 (글)쓰기는 그 자신에 대한 영혼의 인식의 직접성을 오염시키는 '은유적 매개'를 도입한다. 그러나 이 영혼의 '진실'이 (글)쓰기**로** 묘사될 때 무엇이 일어나는가? 또는 중세 시대에서, 타락하고 매개된 책의 글쓰기가 '자연의 책과 신의 글'과 대조될 때, 글쓰기의 근원적 은유에 대한 이 호소를 우리는 어떻게 이해해야 하는가? 데리다는 "물론 이 은유는 수수께끼로 남아 있으며 첫 번째 은유로서 글쓰기의 '문학적' 의미를 언급한다"는 점에 주목한다. "이 '문학적' 의미는 이 담론을 고수하는 자들에 의해 아직 사유되지 않는다"(OG, 15). 해체는 은유의 이 사유되지 않은 은유의 근원적인 역할을 일반화된 은유성으로—끝까지 지속되어서 영혼의 직접적인 (글)쓰기와 종이 위의 매개된 (글)쓰기 사이의 고전적인 대립을 무효로 만드는 은유성으로 사유하고자 한다. 우리는 심지어 영혼의 (글)쓰기조차도 기표들의 유희와 텍스트성의 매개에 종속된다고 말할지도 모른다. 따라서 은유성의 일반화는 우리가 앞서 말한 의식의 기호적 조건화라고 부르는 것을 표현하는 또 다른 방법이다.

(2) 우편엽서: 은유를 수행하기

1970년대 데리다의 작업의 많은 부분이 (우리가 역설적이게도 다음과 같이 부르는) 철학적 문학이라는 좀 더 안정적인, 전통적인 철학적 장르에서 벗어났다는 점은 널리 인정되어왔다. '전문적인' 철학 장르는 일의성의 이상과 결혼 상태로 남아 있었고, 데리다의 초기 저작들이 이것의 '여백을 갉아먹었지만', 《목소리와 현상》과 《기하학의 기원》과 같은 저작들은 여전히 이 장르의 제약 안에서 작동하는 것을 볼 수 있었다. 그것들은 일의성의 이상에 대해 이의를 제기했지만, 전략적으로, 내부로부터 문제를 삼았다. 1972년의 3부작(《철학의 여백》,《산종Dissemination》, 그리고 《입장들Positions》)은 더 직접적으로, 〈(고)막〉에서의 세로 단 형식들이나 《조종》의 비-전통적인 구조와 유사한, 더 창조적이고 명랑한 전략으로 그 장르의 제약에 도전했다.[25] 분석철학 경찰의 관점에서 보면, 이것은 종말의 시작이었다. 데리다의 저작에 있는 이 궤적은 10년 후 《조종》과 《우편엽서》의 출간과 더불어 본격적으로 시작되었다. 그리고 '자전성'에 대한 데리다의 관심은 그의 〈할례 고백〉에서 자전적인 것이 되었는데, 이 저술은 고백의 방식으로 쓰여—우리가 하나씩 해독할 수 없는—몇 가지 비밀을 말하(지 않)는 것을 추구하며, 성 아우구스티누스의 《고백록》에 대한 이단적인 (심지어 '죄 많은'[26]) 헌사로 평가받는다.[27] 이 저작들 각각은 문학과 철학에 대한 데리다의 논점, 곧 '백색 신화'의 논제들이 실현될 수 있는 실험실 같은 것의 창조를 **수행**하고자 한다. 데리다가 은유성이 끝까지 지속된다는 점을—철학으로 환원할 수 없는 문학적인 순간이 있다는 점을 (그리고 그 반대도[Taste, 11])—논증했다면, 《조종》이나 《우편엽서》에 실린 〈발송〉과 같은 글은 단지 바깥에서 그것을 논평하거나 관찰하는 것이 아니라 이 유희에 거주하고자 한다.

예를 들어, 처음 볼 때에는 당황스럽고 어지러운, 전형적이고 전문적인 철학의 일의적 장르에 저항하는 저작인 《조종》을 예로 들어보자. (심지어 실물 책의 너무 큰 물질성은 다른 철학 텍스트와 함께 책장 선반에 쉽게 놓이는 것에 저항한다) 이 '책'은 〈(고)막〉과 유사하게 세로 단의 도식을 취하고 있고, 그것을 크게 늘린다: 왼쪽에는 전통적이지는 않지만 헤겔에 대한 (별로 중요하지 않은 초기의 텍스트에 대한 관심을 포함하여) 폭넓은 해설이 있고, 오른쪽에는 프랑스 문학가 장 주네Jean Genet와의 연대가 있다. 그리고 세로 단을 끝내는 것은 편지와 저널 및 다른 '사적인' 장르의 단편들이다. 이 책은 논문이나 명제의 모음으로의 환원은 말할 것도 없고, 어떤 단순한 철학적 번역에도 저항한다. 그것은 또한 철학적 '문학'의 표준 특성을 형성하는 각주와 참고문헌이라는 전통적인 장치가 없다.[28] 우리는 이 저작이 이런 세로 단을 교차하고 이런 장르와 분야를 가로지르며 어떤 만남을 요구하는 '사건'이라고 말할 수 있다. 물론 《조종》이 어떤 것도 주장하지 않는다거나 단지 문학이라는 복장으로 치장한 경박한 철학에 불과하다고 말하는 것이 아니다. 그러한 평가는 데리다가 이의를 제기하고자 하는 고전적인 대립과 여전히 결부되어 있다. 데리다는 "철학의 해체는 문학이 그러한 것처럼 진리를 포기하지 않는다"(Taste, 10)라고 강조한다. 《조종》에는 헤겔과 주네에 대한 '독해'가 있고, 이런 세로 단 사이 공간에서 수행되고 있는 철학과 문학에 대한 '독해'가 있다. 이와 같이 적어도 《조종》이 제공하는 것은 〈(고)막〉에서 묘사된 기획들의 실체적인 그림, 곧, 철학**과 문학을 위한**, 철학과 문학의, 그것의 타자와의 만남이다. 데리다는 이후에 《조종》을 언급하면서 다음과 같이 말한다:

> 《조종》은 철학도 시도 아니다. 그것은 사실 둘 다 온전한 것으로 나타날 수 없는 서로에 의한 상호 오염이다. 그러나 이 오염의 개념은 적합하지 않다. 왜냐하면 그것은 단순히 철학과 시 모두를 불순하게 만드는 문제가 아니기 때문이다. 우리는 철학과 문학을 넘어서 부가적인 또는 대안적인 차원에 도달하고자 노력하고 있다. (…) 결과적으로, 나는 《조종》에서, 가능한 한 엄밀하게, 둘 중 하나로 정의할 수 없는, 철학과 문학적 요소 모두를 가로지르는 글쓰기를 만들고자 한다. 따라서 《조종》에서 우리는 유사-문학적인 구절들과 나란히 놓인 고전적인 철학적 분석을 발견하는데, 이것들은 각각 서로에게 이의를 제기하고 왜곡시키며 서로 안에 있는 불순함과 모순에 노출시킨다. 그리고 어느 순간에, 철학과 문학의 궤적들은 서로 교차하고

다른 어떤 것, 어떤 다른 장소를 탄생시킨다.[29]

데리다는 그러한 오염과 노출의 산물이 고루한 철학적 담론 전통의 면에서 보자면, '괴물 같은' 어떤 것, 곧 '전통이나 규범적 선례가 없는 괴물 같은 돌연변이'임을 인정한다. 《조종》은 《라티오Ratio》나 《철학과 현상학 연구Philosophy and Phenomenological Research》에서 논평을 받는 그런 종류의 책이 아니다.

《조종》이 철학과 문학에 관련하여 해체의 유사-논지들을 문학적으로 수행한다면, 《우편엽서》는 은유와 매개의 환원 불가능성에 관한 데리다의 주장에 대한 수행과 은유 모두를 제공한다. 〈발송〉은 익명의 연인에게 보내는 메모, 우편엽서 혹은 연애 편지의 모음집이다. 하지만 여기서 우리는 모두가 볼 수 있도록 출판된 사적인 서신을 가지고 있다. 우리가 앞서 본 것처럼, 데리다는 이 장르와 더불어 공적/사적 구분을 문제화한다―그러나 그렇게 함으로써 데리다는 다음과 같이 언어에 대해 근본적인 어떤 것을 지적한다: 언어가 존재하는 순간, 공공성이, 언어로 표현되는 친밀한 표현들조차 필연적으로 타자에 의해 읽혀질 수 있는 공적인 공간에 삽입되는 방식이 존재한다. 왜냐하면 그러한 읽힐 가능성(또는 '반복 가능성')은 언어의 본질적인 특징이기 때문이다. (비트겐슈타인과 더불어, 데리다는 '사적 언어'의 가능성을 부정한다) 이런 의미에서, 모든 편지는 우편엽서와 같다: 그것은 개인적인 정보를 보고하지 못하고 봉투의 (밀)봉이 없어서, 그저 누구나, 매우 다른 맥락에서, 읽을 수 있고, 따라서 거의 끝이 없는 수의 해석과 추측들을 만들어낼 수 있다. 우편엽서를 특징짓는 이 보편적인 읽힐 가능성은 언어 그 자체의 필수적인 특징이며, 따라서 언어(그것이 말이든 글이든 몸짓이든)는 항상 이미 기표들의 놀이를 도입하고 해석을 요청하는 매개의 공적인 공간이다. 은유와 마찬가지로, 우편엽서는 발신자**와** 목표로 삼은 수신자(들) 모두와의 미약하고 거의 분리된 관계를 가진다─그것은 많은 사람의 손을 거쳐 세계로, (계속해서) 수신의 새로운 맥락으로 보내지므로, 발신자/발화자/저자의 '통제'를 완전히 넘어서 다른 의미들을 생성할 수 있다.

따라서 **우편 제도**는 일반화된 은유성에 대한 은유이다. 철학과 문학 모두의 소재인 언어는 떼어쓰기, 놀이, 해석의 매개이며 우편제도와 마찬가지로 오류가 발생할 수 있다:

> 만약 우편(과학기술, 입장, '형이상학')이 '첫 번째' 발송에서 고지된다면, 어떤 형이상학이나 등등, 심지어 어떤 발송은 더 이상 없을 것이며, 목적지가 없는 발송들이 존재할 것이다. 왜냐하면 다른 시대들, 중간지들, 결정들을 조정하는 것, 한 마디로, 존재의 수신자와 더불어 존재의 전체 역사는 아마도 가장 기이한 우편의 매력일 것이다. 우편이나 발송조차 없다. (⋯) 한 마디로, 존재하는 순간, '차이différance'가 존재한다. (⋯) 그리고 우편적인 행동, 전달, 지연, 예상, 목적지, 통신, 네트워크, 가능성이 있다. 따라서 운명적인 분실의 필연성 등이 있다.(PC, 66)[30]

우리가 보내는 모든 것은 발송되고, 우편 시스템의 매개에 삽입되므로 전달(및 지연), 발송(및 분실)의 시스템에 넘겨진(그래서 위탁된)다. 왜냐하면 그것은 언어의 공적이고 우편-엽서-같이 표면에 새겨져 있으며, 타자에 의해 읽힐 수 있기 때문이다—따라서 다른 맥락에서 다르게 읽히거나, 다른 권위적인 맥락을 가정하고 암시들을 놓치거나 다른 방식으로 은유를 읽을 수 있기 때문이다. 물론 거기에는 매개 없는 직접적인 연결에 대한 욕망이 남아 있다. 발신자는 다음과 같이 고백한다: "나 자신에게, 곧장, 직접적으로, **전령** 없이, 오직 당신에게만 보내고 싶지만, 나는 도착하지 못한다. 그것은 가장 심각하다. 내 사랑, 목적지의 비극. 모든 것은 다시 한번 우편엽서가 되고, 타자에게, 비록 그가 그 우편엽서에 대해 아무것도 이해하지 못하더라도 읽힐 수 있다"(PC, 23). 우리가 '암호로' 썼다 하더라도, 또 다른 이의 사적인 비밀이 개방되는 것을 위해 메시지를 암호화한다 하더라도, 그러한 암호는 반드시 언어의 반복 가능성을 요구하므로 타자에 의해 깨지고 해독될 수 있다(PC, 11). 따라서 "이미 모든 기호, 모든 표시 또는 특성 안에는 거리두기, 우편, 당신이나 나보다는 다른 사람에게 읽힐 수 있도록 해야 하는 것이 존재한다. 모든 것은 사전에 엉망진창이었고, 테이블 위의 카드가 된다. 그것이 도착하기 위한 조건은 결국 도착하지 않음으로써 시작된다는 것이다"(PC, 29). 언어의 본질적 특징인 반복 가능성은 언어가 항상 자신을 넘쳐흐른다는 것을 의미하는 깊은 은유를 수반한다. 심지어 철학적 '개념'도. 근본적으로, 우편엽서다.

3) 타자와의 관계: 해석, 맥락 그리고 공동체

(1) 관계 그리고 해석의 윤리

《우편엽서》에서 데리다가 주목하는 본질적인 우편적인 매개는 해체와 관련한 꽤나 과장된 의심을 불러일으키며 **기준**에 대해 물음을 제기한다. 은유가 끝까지 지속된다면, 기표들의 놀이를 멈출 수 있는 것은—그것이 '문자적' 의미이든, '고유한' 의미이든—아무것도 없는 것처럼 보일 것이다. 매개와 반복 가능성에 대한 이 우편적인 설명에서 모든 것은 (심지어 철학적 개념조차) 누구에게나 아무렇게 읽힐 수 있다: 무엇이 그것들을 멈출 것인가? 만일 우리가 문자적 의미나 저자의 의도라는 안정적인 범위와 법칙으로 해석을 단속할 수 없다면, 우리에게 남은 것은 언어적이고 해석적인 혼란인 것처럼 보일 것이다. 그러므로 해체는 다소 극단적이지만 미숙한 주장, 즉, '무엇이든 상관없다'는 주장으로 받아들여졌다. (그리고 이런 상황[31]에 기여한 현대 언어학회 영문학 조교수들의 '독해'에는 부족함이 없었다.)

　그러나 독해의 기준이 없고 심지어 잘 읽는 것에 대한 기준도 없다는 식으로 은유의 일반화로부터 결론을 내리는 것은 순전히 실수이다—그렇다, 데리다에 대한 **나쁜** 독해이다. 그러므로 우리는 '텍스트 바깥은 없다'는, 독자가 의무로서 지켜야 하는 제한들이 없다는 주장으로부터 결론을 내려서는 안 된다. 실제로, '**텍스트 바깥은 없다**il n'y a pas de hors-texte'고 언급하는 바로 그 페이지에서, 데리다는 우리가 고전적인 해명의 제약들을

'존중'해야 한다고 강조한다. "이 이중적 독해의 순간은 반드시 비판적 독해에서 자신의 자리를 가져야 한다. 비판적 독해의 요건을 인정하고 존중하는 것은 쉽지 않고 전통적인 비판의 모든 수단을 요구한다. 이러한 인정과 존중이 없다면, 비판적 생산은 **아무 방향으로나** 발전하는 위험과 자신이 **거의 모든 것을 말할** 수 있도록 스스로에게 권한을 부여해야 하는 위험을 무릅써야 한다"(OG, 158, 강조 추가). 하지만 데리다는 그 위험을 방지하고 그것에 저항하기 위해 위험의 가능성과 유혹에 주목한다. 비록 '해체적인' 읽기가 비판적이고 생산적인 읽기를 추구할지라도, 이것은 첫 번째 '충실한' 읽기를 존중하는 것임에 틀림없다.

그렇다면 해체는 텍스트가 그저 아무 말이나 하도록 만드는 면허증이 아니며, 만약 그것이 기표들의 유희에 관심이 있다면, 이것은 어리석음이나 경박함에 동의하는 것이 아니다. 무엇보다도 주목해야 할 것은 '텍스트 바깥은 없다'는 주장과 은유는 끝까지 지속된다는 주장은 **참조 사항reference**에 대한 부정을 수반하지 **않는다**는 점이다. 실제로 참조 사항을 부정하는 것은 언어를 그것의 동일자의 영역 안으로 폐쇄함으로써 타자성을 차단하는 것이다. 데리다는 이 문제에 대해 분명한 입장을 가지고 있고 다음과 같은 점을 지적한다:

해체를 기준에 대한 의심이라고 말하는 것은 전적으로 잘못된 것이다. 해체는 항상 언어의 '타자'와 깊은 관련이 있다. 나는 내 저작을 언어 너머에는 아무것도 없다는 선언으로 보는 비평가들에 대해 놀라움을 금치 않을 수 없다. 실제로 해체는 정확하게 그 반대를 말하고 있다. 로고스중심주의에 대한 비판은 무엇보다도 '타자'와 '언어의 타자'에 대한 탐구이다.[32]

해체는 지나치게 단순화한 전통적인 기준 개념, 내부적인 것과 외부적인 것의 손쉬운 일치에, 텍스트의 실제 반영 개념에 물음을 제기한다. 기준은 항상 기표들의 네트워크에 이미 포함되어 있지 않은 단순하고 순수한 '바깥'에 결코 도달하지 못한다. 하지만 그것이 기준이 없다는 것을 의미하는 것은 아니다. 단지 그러한 기준은 항상 약간 미끄럽고—매개되며 결정 불가능한 것일 뿐이다. 이것은 심지어 문학에서도 사실이다. 비록 문학이 무엇이든 말할 수 있는 권리이지만, 이 권리는 또한 책임과 의무를 동반한다. 만일 '기준성'이 해석에 있어서 중요한 '방호벽'이라면, 기준성은 언어 그 자체와 동일한 외연을 가진다: "기준성referentiality은 단순히 일상적이고 진지한 언어의 일부는 아니다. 소설에서의 기준도 있다. 비록 그것이 **다른 종류의** 기준성이긴 하지만 말이다."[33]

(2) 해석을 위한 안전장치로서의 맥락과 공동체

만일 언어의 타자(기준)가 해석에 한계를 부과한다면, 우리는 **맥락**의 기능에서 해석에 대한 두 번째 제한(또는 의무)을 확인할 수 있다. 해체가 그저 무슨 말이든 할 수 있는 면허증이 아니며 기준에서 언어의 타자에 대한 존중을 요구한다면, 그것은 또한 맥락과 맥락의 조건들을 구성하는 공동체에 대한 존중을 요구한다. 데리다가 (설Searle에 대한 응답으로) 거듭 강조했듯이, 자주 잘못 이해된 '텍스트 바깥은 없다'는 구절은 '맥락 바깥에는 아무것도 없다' 외에 어떤 것도 의미하지 않는다(Linc, 136). 실제로 우리는 데리다의 초기 에세이 <서명 사건 맥락>에서 해체가 맥락의 한계와 가능성을 심문하는 데 깊은 관심을 가지고 있고 "맥락의 문제"(MP, 310)가 해체의 중심적인 소명을 이해하는 또 다른 방법일 수 있음을 이미 확인할 수 있었다.

이제 기준에 대한 요청에 따라 여기에는 단순하고 순진한 맥락의 의미는 있을 수 없다. 데리다의 요점은 모든 발화 또는 (말했든 썼든 간에) '말하는 행위'의 우편엽서와-같은 반복 가능성 때문에, 그것들이 **탈**-맥락화되고 **다시**-맥락화되는 필연적인 가능성이 항상 존재한다는 것을 강조하는 것이다. (실제로 그것들은 결코 맥락 없이 존재할 수 없다.) 게다가 맥락은 절대 고정되거나 안정될 수 없다: 맥락은 (맥락의 **현재**가 항상 변화한다는 의미에서 그리고 유한한 존재자로서 우리가 주어진 맥락을 '지배'할 수 없다는 의미에서) 맥락에 대한 우리의 결정을 넘쳐흐른다. 맥락은 결코 '완료'되거나 '포화'되지 않는다―우리는 오스틴이 '전체 맥락'이라고 부르는 것을 결코 가질 수 없다(MP, 322). 그러나 데리다는 이와 동시에 의사소통을 가능하게 만드는 것이 맥락의 결정이라는 점을 강조할 것이다. (그렇다, 데리다는 의사소통**은** 가능하다고 생각한다.) 데리다는 말한다: "이것은 불가피하다. 우리는 (…) 맥락을 규정하지 않고서는 어떤 것도, 어떤 말도 할 수 없다"(Linc, 136). 맥락이 항상 이미 **불충분하게**-규정된다고 해서 그것이 맥락이 규정되지-**않는다**는 것을 의미하는 것은 아니다.

그래서 데리다는 전체적인 맥락의 불가능성을 강조함에도 불구하고 맥락 **그 자체**의 결정을 비난하지 않는다. 사실 데리다는 '해석의 경찰' 그 자체에 반대하지도 않는다. 오히려 그는 주어진 공동체의 결정이 발화의 맥락을 결정할 수 있는 방식을 끈기 있게 서술함으로써 좋은 해석과 나쁜 해석의, 참된 해석과 거짓된 해석의 기준을 만들어낸다(Linc, 146). 데리다는 다음과 같이 말한다: "그렇지 않으면, 우리는 무엇이든 말할 수 있다. 그리고 나는 타자들에게, 어떤 것이든, 말하거나, 말할 수 있다고 권하는 것을 수용한 적이 결코 없으며, 비규정성 그 자체를 주장한 적이 없다"(Linc, 144~145). 그렇다면 데리다가 반대하는 것은 공동체 **그 자체**의 결정이 아니라, 오히려 그러한 결정이 발생한 적이 없다는—이런 공동체나 규칙들이 "자연적"이거나 "자명하다"는—순진한 가정에 반대하는 것이다(Linc, 146). 그래서 예를 들어, 학술 공동체는 특정한 **목적telos**, 특정한 절차, 특정한 합의에 의해 정의된다. "나는 어떤 공동체 (예를 들어, 학술 공동체) 안에서 이러한 최소한의 합의에 대한 사전 추구 없이는 어떤 연구도 가능하지 않다고 믿는다"(Linc, 146, 강조 추가). 그러므로 우리는 공동체의 결정에 따라 해석을 "통제"하기 위한 특정한 규칙을 마련한다. 설Searle이 위반한 것이 이런 '규칙'이다(Linc, 146).

데리다가 일종의 해석적 경찰과 관련하여 긍정적인 방식으로 말하는 것도 이와 같은 맥락에서 나온 것이다. 그래프Gerald

Graff가 그에게 던진 물음은 "정치적인" 것과 "억압적인" 것을 동일시하는 것처럼 보이며, 규칙들의 모든 결정은 본래적으로 억압적이며 일종의 경찰-국가의 기능을 수행해야 한다고 제안하는 것이다(Linc, 131). 그러나 데리다는 이 등식을 거부한다. "나는 치안을, 직접적이고 필연적으로, 당신이 하는 것처럼, 명확한 정치와, 특히, 억압적인 정치와 연관시키기 전에 주저할 것이다"(Linc, 132). 경찰에 의해 시행되는 제한과 규칙 그 자체는 본래적으로 억압적이지 않다. 그가 일상적으로 말하는 것처럼, "빨간불은 억압적이지 않다"(Linc, 132; 138, 139 참조). 확실히 이러한 제한은 **중립적**이지 않다—그것은 정치적 몸짓(Linc, 132, 135~136)이다—하지만 그러한 비-중립성을 억압과 혼동해서는 안 된다. 실제로 데리다는 모든 맥락의 결정이 억압적이지 않다고 명백하게 언급한다. "나는 경찰 그 자체와 선험, 혹은 '발화의 맥락을 고정시키려는 바로 그 기획'이 '정치적으로' 용의자라고 말한 적이 없다. **경찰 없는 사회는 없다**"(Linc, 135). 그래서 공동체는 맥락을 고정시키고 맥락은—그것이 다시-텍스트화하는 놀이를 중단하도록 선택할 수 있다는 점에서—"의미"를 규정한다.

이 맥락의 설명을 통해 우리는 저자의 의도에 대한 물음을 고려할 수 있다: 그렇다면 공동의 맥락에 의한 의미의 결정과 저자의 의도에 대한 통찰을 연결시키는 것은 무엇인가? 데리다의 반복 가능성에 대한 설명은 저자의 의도를 배제하는가? 단순하게 대답하자면 아니다. 오히려 데리다는 두 가지 점을 강조할 것이다. 첫째, 저자의 의도(들)는 주어진 발화에 대한 가능한 의미들의 배열 중 하나이다. 이것은 반복 가능성과 언어의 가능성의 필연적 조건인 탈맥락화의 구조적 가능성으로부터 나온다. 따라서 《아가서》의 저자가 "너의 머리카락은 염소 떼와 같다"(6:5)는 말을 쓸 때, 저자의 **의도된** 의미는 이 그래프의 가능한 많은 의미들 중 하나이다(그리고 청교도의 해석이 저자의 의도에 포함되었는지 여부는 논의할 문제이다). 그러나 둘째, **공동의 결정의 합의 내에** 저자의 의도된 의미로서 한 가지(또는 몇 가지) 의미의 결정이 존재할 수 있다. 저자의 의도는 텍스트의 행들에서 단순하게 읽혀질 수 있는, '명쾌한' 또는 **손안의**Zuhanden 어떤 것이 아니다. 저자의 의도를 알아차리는 것은 공동체가 어떤 맥락을 '포화시키는' 한, 데리다의 용어로 **공동적** 식별로 밝혀질 수 있을 뿐이다. 다시 말해, 저자의 의도는 배타적으로 발화의 공간을 차지하거나 자명하게 주어진 텍스트 내에 내재된 어떤 것이 아니다. 그러나 그것**은** 텍스트나 발화를 통해 의사소통될 수 있고 특정한 공동체의 결정 **내에서** 식별되는 어떤 것이다. 그렇다면 '저자의 의도'는 맥락과 텍스트성의 조건화를 벗어나는 어떤 마법적인 해석학적 성배가 아니며, 순전한 신화도 아니다.

문학의 해석을 포함하는—해체의 해석에 대한 설명은 언어의 타자에 대한 깊은 존중에 의해 좌우되며, 이는 우리가 제안한 기준, 맥락 및 공동체와 같은 해석의 '제한'에 대한 윤리적 존중으로 해석된다. 타자성에 대한 이 윤리적 추동력은 해석의 문제들 너머, 우리가 3장에서 살펴볼 정치, 윤리 및 종교에 대한 데리다의 보다 집중적인 고찰을 통해 탐구된다.

3장

타자를 환영하기

: 윤리학, 환대, 종교

> 그것이 에토스, 즉, 거주지, 우리의 집,
> 우리가 사는 친숙한 장소와 관련이 있는 한에서,
> 그것이 거기 있음의 한 방식, 곧 우리가 우리 자신과 그리고 타자들과
> 우리 자신으로서 또는 이방인으로서 관계하는 방식인 한에서,
> 윤리는 환대입니다.
> ─⟨세계시민주의와 용서에 대하여⟩, 16~17.

'데리다' 신화를 믿었던 사람들과─어디서나 영국 교수들의 마음속에 비정치적 미학주의를 불러일으킨 허무주의적인 짐승인─괴물-데리다의 악행들을 비난했던(혹은, 경우에 따라서는 찬양했던) 사람들에게, 1989년 '정의'라는 주제로 열린 카르도조 법학대학원 컨퍼런스에 데리다가 참석한 것은 못 해도 어리둥절한 일이었고, 어떤 사람들에게는, 너무나 충격적인 일이었다. 그가 대담하게 "해체는 정의다"(FL, 15)라고 발표했을 때, 이는 데리다의 작업에 결정적인 **전환**을 알리는 사건으로 일컬어졌다. 그래서 (로티Rorty, 크리츨리Critchley, 라파포트Rapaport와 같은 아주 중요한 해석자들을 포함하여) 많은 이들이 이것을 데리다의 작업에 있어서 '전환', 데리다가 사적인 아이러니의 미학에

의 몰두에서 벗어나 마침내 '공적인' 정치적 물음들을 다루는 일종의 회개적인 '전회Kehre'로 해석했다. 하지만 우리가 앞서 1장과 2장에서 살펴보았던 것처럼, 해체는 처음부터 정치적이었다. 그래서 1990년대에 데리다의 작업이 정치적이 **되었다**는 것은 사실이 아니다. 오히려 데리다의 분석의 주제들이 정치적인 것을(배제와 소외화의 구조들을 만들어내는 이원론, 자민족중심주의로서의 로고스중심주의를) 뒷받침하는 더 깊은 형이상학적 가정들에서, 우리가 좀 더 통례적으로 '정치적인 것(법, 정의, 윤리, 종교 전쟁 등)'으로 간주하는 제도들과 장소들로 전환되었다고 말하는 것이 더 나을 것이다. 데리다의 해체적 시선은 우리에게 주어진 제도들을 형성하는 이론적 체계들에서 제도들 그 자체를 고려(하고 방해)하는 것으로 바뀌었다.

같은 시기에 우리는 종교적 주제와 텍스트가 데리다의 작업의 중심 무대에 등장하기 시작한다는 것을 발견한다. 그러나 우리는 이러한 전개를 또다시 지나치게 해석해서는 안된다. 데리다에게는 [바울의 회심 사건처럼] 다마스쿠스의 길의 체험도, [아우구스티누스처럼] 정원의 개종[사건]도 없다. 데리다는 어떤 종류의 철학적 부흥 운동에서도 '종교를 얻지' 못했다. 그러나 정의에 관한 데리다의 연구와 종교에 대한 그의 관심 사이에는 밀접한 연관성이 있다. 이 관계는 데리다의 사고를 형성했던 인물들 중 가장 중요한 두 명, 에마뉘엘 레비나스Emmanuel Levinas와 쇠렌 키르케고르Sören Kierkegaard와의 협력 관계를 나타낸다. 그가 1989년의 같은 강의에서 언급한 것처럼, 레비나스에게 타자와의 관계는 정의에 대한 물음이며(FL, 22), 레비나스는 이 관계를 종교라고 명명한다. 이 관계에서 울려 퍼지는 요청, 타자가 우리에게 요청하는 **것**이 환대—타자를 위한 여지를 만들고 타자를 전적인 타자로 받아들이는 것이다. 데리다가 (《죽음의 선물》에서) **모든 타자는 전적 타자**라는 공리를 설명할 수 있도록 도와주는 것은 키르케고르일 것이다. 그래서 데리다의 후기 저작들에서 정의, 윤리, 종교 및 환대라는 주제들의 출현은 해체의 본질에서 새로운 어떤 것을 나타내는 것이 아니라 타자성을 지지하는 해체의 근원적 소명과 사도직의 강화를 나타낸다. 이 장에서 우리는 지난 10년 동안의 그의 주요 저작들에서 이런 주제들을 기술할 것이다. 법의 문제로 시작해서 데리다의 작업에서의 이 레비나스의 요소를 좀 더 명백하게 고찰하고 끝으로 데리다가 '도래하는 민주주의'라고 부르는 해체적 정치의 형태를 고찰할 것이다. 이것은 우리에게 실제 '현장에서', 말하자면, 이민 정책, 국제법 및 반인류적 범죄에 대한 구체적인 물음들을 다루는 작업에서 해체를 살펴볼 수 있는 기회를 또한 제공할 것이다.

1) 정의로서의 해체: 법적인 유령론

법과 정의의 문제와 관련할 경우, 해체는 권력자들에게 그들의 유한성을 상기시키는 것만을 추구하는 [소크라테스적] 등에이다. 실제로 데리다는 정확하게 통치자들과 제도들 그리고 대리인들이 법의 유한성을 망각할 때—우리에게 주어진 제도들이 정의의 요청에 응답하는 데에 항상 이미 실패한다는 점을 망각할 때—우리는 가장 처참한 **부**정의에 직면하게 된다고 확신하고 있다. 권력자들이 '무한한 정의 작전Operation Infinite Justice'이라는 의기양양한 기치 아래 이루어지는 정책들을 제정하기 시작할 때, 데리다는 그저 이런 '세계 지도자들'의 어깨를 두드리며 그러한 주장들의 구조적 불가능성을 지적하고 그들에게 (그리고 우리에게) 정의**의 이름으로** 법의 **한계**를 상기시키고자 한다. 단순하게 법의 유한성을 지적하는 유사-예언적 기능의—이 조언은 정의**이다**: 이것이 데리다가, 예언적 허세 없이도, "해체는 정의다"(FL, 15)라고 선언할 수 있는 이유이다. 왜냐하면 법과 주어진 사회-정치적인 제도들(국가, 국제법, 대학 등)의 한계를 지적하는 것은 우리가 어떻게든 (결코) 도달하지 못하는 어떤 다른 것을 보는 눈을 가지는 것이기 때문이다. 다시 말해, 주어진 제도들의 한계에 대한 이러한 고통스러운 지시는 이러한 제도들이 (아직) 아닌 것, 이 제도들이 되지 못한 것, 그러나 이 제도들이 되어야 하고 책임을 져야 하는 것에 의존한다. 데리다는 해체할 수 **없는** 것(즉, 정의, [FL, 14])의 이름으로 (예를 들어, 법의) 해체 작업에 착수한다. 그래서 그는 해체가 그 자신을 둘의 차이에 끼워 넣는다고 강조한다: "해체는 정의의 해체 불가능성과 **법**의 해체 가능성을 구분하는 그 간격에서 발생한다"(FL, 15).《마르크스의 유령들》의 언어로, 우리는 정의가 법과 그 제도들을 **괴롭히고**, 밤에 우리를 잠에 들지 못하게 방해하고 깨어 있도록 만들기 위해 장차 돌아온다고, 그리고 정의는 법은 정의**를 위해**

어떤 응답을 해야 하며, 법은 자신의 **부정의**에 대해 정의**에** 응답한다는 점을 상기시킨다고 말할 수 있다.

데리다는 법과 정의 사이에서—또는 좀 더 형식적으로는, 주어진 제도와 '도래하는' 제도 사이에서—이 미끄러짐에 거주함으로써 단순히 우리 제도들의 주어진 배치를 비하하려는 것은 아니며, 그러한 제도들을 파괴하려는 것도 아니다. 오히려 그는 '제도들을 정의롭게 만드는 것'을 목표로 하며, **[그래서]** 우리는 다음과 같이 말할지도 모른다: 정의는 (현재의 정치적인 언어 코드에서와 같이) 그러한 제도들에 복수하거나 '그것들을 끝까지 추적'하고자 하는 것을 의도하는 것이 아니라 제도들에게 더 나은 어떤 것을, 좀 더 정의로운 배치를 요청한다. 햄릿과 스크루지를 괴롭히는 유령들과 같이—우리의 현재 실천과 제도들을 괴롭히는 정의의 유령들은 **초대장**으로 우리에게 출몰한다: 그들은 사물들을 다른 방식으로 보라고 그래서 어떤 변형을 가져오는 일에 참여하라고 우리를 초대한다. 마르크스와 엥겔스가 주장했던 공산주의의 '유령'이—유럽에게 다른 배치를 요청하고 **다른** 유럽이 되라고— 유럽을 괴롭혔던 것처럼, 해체도 정의의 출현의 목격자이다(《다른 곳The Other Heading》 참조). 이것은 해체의 '고유한' 괴이함에 더 가깝다. 즉, (미국의 대통령이 침착하게 미국의 '선함'에 호소할 수 있고, 그래서 '악인들'의 멸절을 정당화할 때처럼) 주어진 법의 배치들이나 주어진 제도들을 **정의로운 것으로** 간주하는 사람들에게 해체의 소명은 유령 같은 어떤 위협이다. 그리고 정확하게 권력자들이 자신의 정책들의 '공정'을 확보하는 데 관심이 있기 때문에, 그러한 자기-확신에 대한 모든 해체적 위협은 '상대주의'나 '허무주의'(또는 '반-미주의')로 해석된다.

우리는 데리다의 작업의 중심이 되는 특정한 **종말론**이 있다고 말할 수 있다. 비록 그것이 **유사**-종말론이긴 하지만 말이다.[1] 주어진 법과 제도에 문제를 일으키고 불안정하게 만드는 것은—우리가 볼 것처럼, 특정한 메시아적 기다림으로 특징지어지는—도래하는 미래를 위해 착수된다. 그래서 데리다는 '고전 철학의 절대적 형식에서 **종말**eschaton 또는 **목적**telos이라는 개념'을 심문하면서도, 이와 같은 태도가 "내가 모든 형태의 메시아적 또는 예언적 종말론을 버린다는 점을 의미하는 것은 아니다, 비록 이 종말론을 철학적 용어로 정의하는 것은 불가능하지만, 나는 모든 진정한 물음이 특정한 유형의 종말론에 의해 불러일으켜진다고 생각한다"고 강조한다.[2] 이 종말론은 부정의에 대한 예언적 비판에 동의하는데, 이는 대부분의 경우에 제도와 제도를 통제하는 힘이 미래를 **망각한**, 이 종말론적 아직-아님을 망각하고 주어진 배치들을 정의의 도래(일종의 실현된 종말론)으로 간주한 결과이다. 해체는 정의**이다**. 왜냐하면 해체는 미래를, 정의가 아직 도래하지 않았다는 점을 기억하기 때문이며, **우리가** 아직 '도달하지' 못했다는 점을 상기시키기 때문이다. 그러므로 우리가 창조한 제도와 법은 '도래하는' 제도적 질서의 비전에, 모든 종류의 방식을 사용해도, 부합하는데 실패한다.

이를 더 자세히 탐구하기 전에, 데리다의 관심을 설명하고 해체가 이 측면에서 어떻게 작동하는지를 보여주는 몇 가지 구체적인 예나 '사례'를 고려하는 것이 도움이 될 것이다.

(1) 국경 개방: 망명과 이민 그리고 도피의 도시들

데리다에게 정의란 환대**이다**: 타자를 환영하는 것. 그래서 그는, 전형적인 환영의 장소라고 불리지만 (1960년대 이후 그가 물음을 제기했던 일종의 형이상학적 가정들에 의해 뒷받침되는) 현재 제도의 배치에서 폐쇄의 체제가 되고, 타자를 차단함으로써 환대를 끝내버리는 그러한 제도들에 가장 큰 관심을 가진다. 그래서 그는 이민과 국제법의 문제들에 특별한 관심을 보였다. 그리고 프랑스(그리고 유럽의 다른 곳, 특히 독일과 네덜란드)에서 (특히 무슬림) 이민자들의 위협에 맞서 (장-마리 르펜의 최근 캠페인의 주요 주제인) '프랑스 정체성'을 보호하고자 외국인 혐오와 국경을 폐쇄하는 것을 새로이 정당화했던 경향들로 인해 그 관심이 고조되었다. 이런 맥락에서, 1996년, 데리다는 모국에 의해 반체제 운동가로 간주되어 침묵을 강요당한 작가들의 지지자가 되는 것을 추구하는 단체―국제작가회의International Parliament of Writers에서 중요한 연설을 했다. IPW 선언문은 "도피성city of refuge"(《민수기》, 35:9-32)이라는 성경적 개념에 근거한―'망명의 도시들Cities of Asylum'이라는 네트워크를 만드는 것에 초점을 맞추고 있는데, 여기는 작가들이 억압적인 정권을 탈출하여 자신들에게 목소리를 내어주는 민주적인 공간으로 자신들을 맞이해줄 수 있는 곳이다.

　데리다는 이 제안을 환대 그 자체의 바로 그 본성과 조건들에 대해 사유하기 위한 계기로 삼았다. 환대는 데리다에게 윤리**이기** 때문에, 환대 **그 자체**를 사유하는 데 있어서 문제가 되는 것은 국제법이나 이민뿐만 아니라 상호주관적 관계의 본성이기도 하다. 우리는 환대에 대한 고려에서 우리가 데리다의 철학적 인간학과 같은 어떤 것을 얻는다고 말할 수 있다. 데리다는 이것을 **도시**('도피의 도시')라는 측면에서 사유함으로써 인간의 본성을 논하기 위한 고대의 전략을 택하고 있었다. 플라톤이 정의의 문제, 궁극적으로는 정의로운 사람의 본성에 대해 논의하고자 했을 때, 그는 먼저 다음과 같은 사고 기획에 참여했다: 소크라테스는 다음과 같이 말했다, "먼저 우리는 도시들에서 있어서 정의가 어떤 것인지를 탐구할 것이다. 그런 다음에 좀 더 작은 것에 있어서 좀 더 큰 것과의 유사성을 검토해보면서, 계속해서 개인에 있어서 정의를 검토해볼 것이다"(《국가》, 368e-369a). 그때 도시는 인간 개인의 큰-전형으로 간주되었다. 어떤 면에서는 데리다가 유사한 전략을 취하는데, '세계시민주의'는 미시적 차원에서 사람들 관계의 '대규모' 버전으로 기능하는 국가와 국가의 시민들 사이의 관계에 대해 물음을 제기한다. 그 결과는 **환대**의 핵심 가치를 중심으로 하는 새로운 '세계 정책'이다.

데리다는 '도피의 도시를 위한 선언문'이 **환대**의 본성, 즉 '망명의 권리'와 그에 상응하는 '환대의 의무'를 다시-사유해 볼 수 있는 계기가 된다고 제안한다. 이것은 특별한 맥락, 세계적 폭력과 박해의 현실에 의해 발생하며, 종종 **국가**의 이름으로, 국가가 막기에는 무력한 상황에서 행해진다(OCF, 5~6). 이에 더해 유럽 및 다른 지역들에는 망명 제도의 침식이 존재한다. 여기서는 소위 경제적 이민과 정치적 이민의 '구분'이 문제가 되는데, 민족-국가들은 오직 '이민에 따른 경제적 이익을 조금도 기대할 수 없는 이들에게만' **정치적** 망명을 허가할 것이다. 그러나 그것은 어떤 종류의 환영인가? "어떻게 순수하게 정치적인 도피자들이 어떤 형태로든 경제적 이익을 취하지 않으면서 진정으로 새로운 정착지로 환영받았다고 주장할 수 있는가?"(OCF, 12) 만일 우리가 작가들의 특별한 경우들(IPW의 관점)을 취한다면, 만일 한 작가가 정확하게 그 또는 그녀가 침묵을 강요받았었기 때문에 망명을 추구하고 있다면, 이러한 침묵함은 '순수하게' 정치적인 것이 아니라 분명히 경제적인 영향을 수반한다: 정치적인 검열은 우리의 직업과 생계를 위태롭게 하기도 했다. 만일 '도피의 도시들'이 작가들을 **환영한다**면, 이는 분명히 경제적인 이익도 수반할 것이다. 왜냐하면 작가들은 마침내 자신들의 기술을 자유로이 실천할 수 있게 되기 때문이다.

이런 맥락에 비추어 볼 때, 데리다(와 IPW)는 구체적인 제안, 곧 도피의 **도시들**, 그러니까 '세계 정부'조차 실현할 수 없는 환대를 수행하는 도시들의 네트워크를 지지한다(OCF, 8~9). 이 도시들은 데리다가 "환대의 윤리"(OCF, 16)라고 부르는 것을 구현할 수 있다. 비록 그러한 개념이 정확하게 **윤리가 환대**(OCF, 17)이기 때문에 동어 반복이라 말할 수 있긴 하지만 말이다. (타자를 환영하는) 환대는 어떤 종류의 윤리적인 일을 하는 것이 아니고 '단순히 다른 것들 중에서 하나의 윤리도 아니다.' 그것은 윤리들의 가능조건이다. "그것이 **에토스,** 즉, 거주지, 우리의 집, 익숙한 주거지와 관련되는 한, 그것이 거기 있음의 방식, 곧 우리가 우리 자신과 타자와, 우리 자신으로서의 타자나 이방인으로서의 타자와 관계하는 방식인 한에서, **윤리는 환대이다**"(OCF, 16~17). 윤리가 환대이고, 환대가 타자를 환영하는 것이라면, 우리가 앞서 증명한 것(즉, 해체가 타자를 위한 여지를 만드는 방식이다)을 고려할 때, 우리는 해체가 윤리**임**을 (데리다의 말로 하자면, 해체가 정의임을) 제안할 수 있다.

그러나, 환대의 주어진 구조와 제도를 괴롭히는 것, 즉 우리의 집, 우리의 **에토스**를 괴롭히는 것은 정확하게 환대의 요청의 근본성이다. 왜냐하면 데리다는 환대가 관계성의 핵심에 있으며, 환대의 정언적 명령, 곧 그가 '환대의 그 위대한 법칙'(OCF, 18)이라고 부르는 것은 **무**조건적인 환영을 요구한다고 말하며, "국경은 누구나에게, 모든 사람에게, 올 수 있는 모든 사람에게, 그들이 누구이며 어디에서 왔는지 묻거나 확인할 필요 없이 개방되어야 한다"(OCF, 18)고 요청하기 때문이다. 그러나 타자를 환영하는 것이 집에 대한 확실한 주권domus, dominus을 의미하는 것 같은 '우리 자신과 함께 집에 있음'을 전제하는 한에서, 환대는 조건적이고 제한적이며, 그러므로 폭력적일 수밖에 없는 것처럼 보일 것이다(OCF, 17). 유한성의 필연적 조건들 아래에서 이루어지는 환대의 특정한 행위와 제도는 필연적으로 조건적이며, 따라서 '환대의 그 위대한 법칙'에 부합하지 못할 것이다. 그러나 데리다에게 무조건적인 이상과 현실의 조건들 사이의 이 (본질적인) 대립은 만족이나 절망 어느 쪽으로도 끝나지 않는다. 오히려 그는 이 괴리에서 좀 더 환대 가능한 법을 만들라는 요청과 도전을 발견한다. 그는 다음과 같이 결론을 내린다: "그것은 법을 변형하고 개선하는 방법을 알고 있는지", 그리고 "선험적으로 다른 모두에게, 새로 온 모든 사람에게, **그들이 누구든지 간에,** 제공되는 환대의 무조건적인 법과 환대의 그 무조건적인 법이 경건한 체하고 무책임한 욕망을 꾸는 위험에 처하는 것을 방지하는 환대의 권리의 그 조건적인 법들 사이에서" 어떻게 이것이 가능한지"에 대한 물음이다"(OCF, 22~23). 환대의 법칙이 환대의 조건적인 법들에 문제를 일으킬 필요가 있다면, 이 위대한 법칙은 한낱 유령 같은 영적인 것으로 사라지는 것을 피하기 위해 특정한 법들의 구체성을 필요로 한다는 것 또한 사실이다. ([해리포터의] 볼트모트처럼, 환대는 구체화된 숙주를 필요로 한다. 그 숙주의 유한성이 특정한 한계를 가지더라도 말이다.)

(2) 우리 자신을 (해로움에) 개방하기: 조건 없는 용서

이러한 환영의 '사례들'(이민, 망명 등)은 내가 데리다의 철학적 인간학이라고 부르는 것의 모습을, 즉 타자와 관련된 이러한 사례들을 생성하고 이것들에 의해 생성되는 상호주관성에 대한 설명을 좀 더 구체적으로 제공한다. 분명히, 그것은 고립주의적인 모습은 아니다. 오히려 그것은 근원적이고 본질적인 관계성에 입각한 설명이다. 그러나 관계성의 방식은 결정적으로 **비대칭적**이고 **비-상호적**이다. 나는 근원적으로 타자에 대해 의무를 가진, 즉 내가 선택하지 않았던 의무를 가진 나 자신을 발견한다. 타자가 절대적이고 무한하며 무조건적인 한, 내가 타자와 관계를 맺는 방식은 절대적이고, 무한하며, 무조건적인 **환영**, 데리다의 용어를 사용하자면, 우리가 **순수한** 환영이라고도 부를 수 있는 것 중 하나이다. 이 환영의 조건을 설정하는 것은 주권자인 '내'가 참여의 규칙을 정하고, '내'가 관계의 조건들을 지배하는, 일종의 자기중심주의를 다시 주장하려는 것이다. 따라서 데리다의 설명에 기초하자면, 우리는 '괜찮다면, 들어오셔도 좋다'고 당연하게 말할 수 없다.

이제 이것이 **용서**와 무슨 상관이 있는가? 용서한다는 것은, 어떤 의미에서는, 죄를 환영하는 것, 타자로부터의 폭력을 받아들이는 것이다. 그 결과, 그것은 일종의 환대와 상관관계에 있는 것, 또는 환대와 유사한 것이므로, '순수한' 용서는 절대적 환영만큼이나 **무조건적인** 것이어야 한다. 이것이 데리다가 순수한 용서를 "결정된 종국을 위한 용서의 언어"와 대립시키는 이유이다(OCF, 31). 정치적 화해나 정상화[3]를 위한 용서는 항상 이해관계와 관련한다. 만일 예를 들어 '남아프리카의 진실과 화해 위원회Truth and Reconciliation Commission in South Africa'가 화해를 이루기 **위해** 용서의 공간을 창조하고자 했다면, 데리다에 의하면, 이것은 본래적이거나 순수한 용서가 아닐 것이다. 용서가 소망하는 또 다른 선이나 목적을 위한 수단이라면, 그것은 데리다에게 '순수한' 용서가 아니다. 순수한 용서는 그 자체로 목적이다(OCF, 31~32).[4]

그래서 데리다는 "용서는 용서할 수 없는 것만 용서한다"라는 **공리**를 선언한다(OCF, 32). 만약 우리가 용서할 수 있는 것만 용서한다면, 그것은 자신의 친구만을 사랑하는 바리새인과 같다(《마태복음》, 5). 우리는 우리의 적을 사랑하고, 용서할 수 없는 것을 용서하라고 요청받는다. 이런 맥락에서 데리다는 **경제적 논리** 또는 용서와 종종 연관되는 **교환**의 논리를 비판한다. 이 경제 모형(주고 받음의 경제―'**조건적** 논리')에 의하면, 우리는 가해자가 용서를 **구할** 때만, 가해자가 **회개할** 때만 용서한다(OCF, 34). 그러나 그러한 조건부 환영은 타자를 타자로서 제대로 환영하지 않으며, 타자의 타자성을 약화시키는 환영의 조건들을 설정한다. 타자는 정확하게 타자를 환영하는 '나'의 주권을 위협하는 저 타자성의 타자를 제거하는 유사-환영의 고리들을 통과해야 한다. 그 결과, 환영받는 것은 타자성이 아니라 동일자에 더 가깝다.

그러나 환대와 이민의 문제들과 마찬가지로, 데리다는 순수한 용서와 용서에 영향을 미치는 정치적 가능성 사이에 괴리가 있음을 인정한다. 정치는 항상 계산되고 이해관계를 갖기 때문에, 용서와 정치 사이에는 이질성이 존재하며, 앞으로도 그럴 것이다(OCF, 39~40). 우리는 '용서의 질서'를 '정의의 질서'와 혼동할 수 없다. 따라서 용서는 "공적인 또는 정치적 영역과 아무런 관련이 없다"(OCF, 43). 그러나 이러한 질서들이 계속해서 이질적인 상태로 남아 있지만, 그것들은 그럼에도 불구하고 분리 가능하지 않다(OCF, 44). 환대의 법칙이 효과적이기 위해 (조건적이기는 하지만) 환대의 행위와 제도를 필요로 하는 것처럼, 마찬가지로 절대적 용서의 "순수성"은 "효과적"이기 위해서 "일련의 조건들과 관련"해야 한다(OCF, 45). 데리다는 이것들 사이의 관계가 **참조 사항**reference의 하나이며, 용서의 구체적인 실천과 "일"은 순수한 용서라는 "생각"을 "참조"한다고 말한다(OCF, 45).[5] 데리다는 이러한 이중적–속박이 깊은 긴장을 불러일으킨다는 것을 인정하면서 "순수한" 용서에 대한 과장된 시선과 화해를 위해 노력하는 "사회의 현실" 사이에서 "'찢어진' 상태로 남아 있다"(OCF, 51). 이상적이고 경험적인 이 양 극점은 '서로에게 환원될 수 없을' 뿐만 아니라 '분리 불가능한 상태로' 남아 있다(OCF, 51). 그러나 데리다에게 이러한 괴리는 그 자체로 하나의 부름이다. "그것만이 여기에서, 지금, 시급하게, 기다림 없이, 응답과 책임을 고취시킬 수 있다"(OCF, 51).

(3) 유럽을 유럽의 타자에 개방하기

1990년—프랑스 혁명 200주년 기념, 베를린 장벽의 붕괴, 그리고 유럽연합의 형성과 관련한 논의들에 뒤이어—데리다는 다른 나라와 밀접하게 연결되어 있는 유럽의 특정한 부름 또는 소명에 대해 증언했다. 다른 나라들의 요청에 응답하는 것은 다시 유럽으로 향하고 '다른 방향'으로 그 진로를 설정해야 하지만, 정확히 유럽이, 유럽이라는 '사상'이, 책임**인** 한에서 깊이 유럽적으로 남아 있던 것이다. "만약 유럽이 이와 같다면 어떨까. 유럽이 방향의 변화, 다른 방향과의 또는 방향의 타자와의 관계가 언제나 가능한 것으로 체험되는 역사로의 이어짐이라면? 유럽이 유럽 자체가 어떤 식으로든 책임을 져야 하는 개방과 반-배제라면? 이에 대해 유럽이 구조적인 측면에서 바로 이 책임**이 있다**고 한다면? 마치 책임 개념이, 그것의 해방에 이르기까지, 유럽의 출생증명서에 대해 책임이 있는 것처럼?"[6] 데리다는 "새로운 유럽"이라는 "오래된" 유럽인들의 주장에 의해 야기되는 모든 부정의를 고려하면서, 유럽의 **정체성**은 **타자성**에 의해, "우리가 사전에 응답해야 하고 우리가 **기억**해야 하며 우리가 **우리 스스로에게 상기시켜야** 하는 **타자라는 주제**에 의해, 그리고 우리 자신과 타자에 대해 파괴적인 그런 자기중심주의가 아니라, 아마도 정체성 또는 신분증의 첫 번째 조건인 타자라는 항목에 의해 부여된다"고 말한다.[7]

그래서 뚜렷하게 유럽적인 '정체성'에 대한 새로워진 논의가 있었고, 특히 '인간의 권리'를 확보하는 프랑스의 자축도 있었지만, 데리다는 이것에서 (어떤 통일, 하나-임, 자기성ipseity을 상정하는) 실제로 타자성**에 의해** 구성되는 정체성, 타자에 대한 개방성을 구성하는 어떤 독특한 도전을, 심지어는 어떤 이중적-속박을 발견한다. 유럽은 "우리 자신을 유럽이라는 이념의, 유럽이라는 차이의 수호자로, **그러나** 정확하게 그 자신을 자신의 정체성 속에서 폐쇄하지 않고 모범적인 방식으로 스스로 자신이 아닌 것을 향해 나아가는 유럽의 수호자로 만들라"는 명령에 응답해야 한다.[8] 유럽이 제대로 유럽이 되려면, 이 유럽이라는 이념의 부름에 응답하려면, 그 자신을 타자에 개방함으로써 타자의 부름에 응답해야 한다. 유럽의 정체성은 다음과 같은 **의무**를 수반한다: "이방인들을 환영하라, 이방인들과 통합되기 위해서 뿐만 아니라 그들의 타자성을 인정하고 받아들이기 위해, 그들, 이방인을 환영하라."[9] 간단히 말해, 이 '다른 유럽'은 환대를 실천하는 유럽이며, 우리가 스페인과 프랑스뿐만 아니라 심지어 튀르키예와 같은 '다른' 나라까지도 환영할 것으로 기대해야 하는 유럽이다.

(4) 학계를 개방하기: 도래하는 대학

데리다가 자신의 시간과 열정을 많이 투자했던 기관 중 하나는 대학과 연관된 공간들이다. 하지만 여기서도 데리다는 대학이라 불리는 것과 모든 종류의 배제와 소외의 구조들을 포함하는 대학의 현재 배치 사이의 괴리를 포착한다. 실제로 전 세계적인 찬사와 (예일 대학교와 캘리포니아 대학교 어바인 캠퍼스, 뉴욕 대학교 그리고 그 밖의 대학들에서의 다수의 임명직과 더불어) 미국 대학들로부터 환영을 받고 있음에도 불구하고, 데리다와 대학 설립과의 관계는 다소 미미했다 (그는 결코 파리 소재 대학의 석좌로 임명된 적이 없으며, 대신 준-대학 기관의 지도자로서 시간을 보냈다). 이는 그가 교육을 받던 기간 '논문'이라는 대학의 요구사항을 제대로 충족시킬 수 없었을 때부터 사실이었다. 왜냐하면 그의 저작은 '논문적인' 것에 대한 대학의 상품 가격 유지 조치와 경계를 넘어서는 것을 단념시키는 대학의 학문 분야의 통제 정책에 의문을 제기했기 때문이다. 데리다는 나중에 다음과 같이 말했다.

이 모든 것이 나로 하여금 그 시기는 이제 지나갔고, 내가 쓰고 있던 것을 논문이 요구하는 크기와 형식에 부합하도록 만드는 것은, 내가 원하더라도, 실제로 더 이상 가능하지 않다고 확신하게 만들었다. 논문 발표라는 이념, 정립적 또는 대립적 논리라는 이념, 정립의, 규정Setzung 또는 배치Stellung의 이념은 해체적인 의문을 받는 체계의 본질적인 부분들 중 하나이다.[10]

그래서 데리다가 일생을 바친 기관들(사회과학고등연구원Ecole des Hautesen Sciences Sociales, 국제철학학교, 철학교육연구그룹, 캘리포니아 대학교 어바인 캠퍼스의 '인문학' 프로그램까지)은 모두 대학의 확고하고 안정적인 가정, 과학 연구의 학문적 성격, '과목' 또는 '분야'의 구성, '학문'의 기준 등에 대해 상당히 엄밀한 심문을 진행했다.[11] 데리다는 대학의 현재 형태에 대한 하나의 해체적인 시선으로 **또 다른** 대학, '도래하는' 대학, 학계의 대안적인 배치에 대한 또 다른 희망적인 시선을 가지고 있었다.

그래서 데리다는 과거와 미래, 전통과 개시 사이의 이 공간에 산다. 대학의 해체는 결코 대학 그 자체에 **맞서는** 것이 아니며, 대학을 파괴하려고 하는 것도 아니다. 다시 한번 말하자면, 괴물-데리다를 대학 **그 자체**를 위협하는 존재로 보는 사람들은 미래를 망각하고 있으며, 현재의 대학의 배치를 그 배치인 것으로—베를린, 케임브리지, 보스턴에서 전형적인 사례로 구현된, 하늘에서 떨어진 신성한 모형으로—받아들이는 실현된 종말론에 기초하여 일하고 있다. 그러나 데리다의 대학 비판은 좀 더 적절하게 말하면 종말론적이며 아직 도래하지 않은 대학의 미래를 기억한다. 해체는 현재의 학계의 배치를 그것의 미래에 개방시키고 대학의 재배치를 환영하며 도래하는 것에 대해 환대적이어야 한다는 요청이다.

2) 환대로서의 종교: 초기-해체주의자로서의 레비나스와 키르케고르

근본적으로 해체가 타자성을 증언하고 대변하는 일종의 이론이라면, 우리는 전통적인 학계의 적대감과는 반대로 데리다와 종교 사이에 특정한 연결을 기대해야 한다. 종교 또는 '종교적인 것'은 타자성과의 이중적인 연관성을 가진다: 첫째, 문학과 마찬가지로, 그것은 철학에 대해 또 다른 특권을 가진 '타자'이며, 철학적 담론의 안정적인 이성적 범주들을 방해하는 실천, 습관 및 사고의 비-철학적이고 철학과는 다른 원천이다. (이것이 철학이 플라톤 이래로 그것을 위협으로 간주한 이유이다). 이 점에서, 데리다의 종교적 텍스트 및 현상에의 참여는 초기 현상학의 두 표지, 곧 청년 하이데거의 생생한 종교적 경험의 '현사실성'에 대한 탐구와 레비나스의 그리스어 중심적 철학의 기록을 히브리어의 예언적 운율로 '파열시키는' 방법론적 경로를 따르고 있다(WD, 79~82).[12] 둘째, 종교(또는 우리가 '종교적 경험'이라고도 부를 수 있는 것)는 근본적으로 초월성과 타자성의 침입에 관한 것이며, 동시에 [우리가] 타자에 대해 책임이 있다는 부름이다. 전적 타자의 계시는 모든 타자를 전적인 타자로 고려하라고 명령하며, 그 결과 신과 이

웃 사이에 어떤 특정한 미끄러짐이 존재한다. 데리다는 레비나스에 대한 추도사에서 그가 언급한 바와 같이 종교적인 것의 이런 두 가지 변화의 요소들을 시사한다. "우리가 이 알 수 없는 것과 교류할 수 있다면, 그 교류는 정확하게 두려움이나 괴로움 속에서, 또는 당신이 정확히 비철학적이라고 거부하는 그런 황홀한 순간들 중 하나에서 가능할 것이다. 우리는 타자의 어떤 예감을 가지고 있다. 그것은 우리를 움켜쥐고, 우리를 당황하게 하며 겁탈하고, 우리를 우리 자신으로부터 멀어지게 만든다."[13] 그래서 해체는 그 시작에서부터 종교와의 어떤 특정한 결탁을 분명히 밝혔다. 데리다의 작업은 처음에는 (완전히 잘못된 것은 아니지만) 유사-부정 신학과 동일하다고 간주되었고, 1970년대와 1980년대에 걸쳐 종교적 주제와 텍스트를 다루기 시작하면서 후에 예언자적인 날카로움을 가진 특정 유대주의와 동일한 것으로 간주됐다.[14] 데리다가 (〈할례 고백〉에서는) 아우구스티누스에, (《죽음의 선물》에서는) 키르케고르의 아브라함에, (〈신앙과 지식〉에서는) 종교적 근본주의에 대한 물음에 더 깊이 관여하는 것은 그의 초기 저작에서 제시한 궤도들의, 즉, 우리가 앞선 장들에서 추구한 타자성에 대한 관심의 논리적 결과이다.[15] 데리다의 전 저작에 종교적 주제가 더 폭넓게 존재하는 것도 그의 저작에 영향을 준 두 핵심적인 인물 곧, 기독교 사상가 쇠렌 키르케고르와 현명한 유대인 에마뉘엘 레비나스에 대한 깊은 부채의 결과이다. 그래서 우리는 이 두 철학자에 대한 데리다의 생산적인 논평에서 해체의 몇 가지 핵심적인 공리의 정식을 발견할 수 있다.

(1) '타자와의 관계, 말하자면, 정의': 레비나스

데리다가 레비나스의 윤리학의 윤리학이라 부르는, 타자에 대한 그의 관심은 그 시작 이래로 해체의 핵심에 새겨져 있다. 우리는 데리다의 사상에서 '레비나스적인 전회'를 찾기보다는, 데리다가 오랫동안 타자성에 대한 레비나스의 독특한 유대주의적 설명에 경도되어 있었다는 사실을 발견할 것이다. 그것은 비단 (레비나스의 후기 저작,《존재와 다르게: 본질의 저편Otherwise than Being, or Beyond Essence》에서 비롯된 〈폭력과 형이상학〉과 같은 데리다의 초기 에세이와 같은) 레비나스에 헌정된 텍스트들에서만은 아니다. 사실 이론적으로 가장 흥미로운 것은 데리다의 가장 엄밀한 초기 저작들이 (비록 깊이 감춰져 있지만) 어떤 특정한 레비나스의 의제에 의해 지배되고 있다는 점이다.[16] 데리다는 〈차이〉에서 "'차이differance'의 사유는 레비나스가 수행한 고전적 존재론에 대한 모든 비판을 함축하고 있다"고, 특히, 데리다가 "절대적인 타자성, 즉, 타자라는 수수께끼"에 대해 사유하기 시작하는 것은 레비나스의 "흔적"에 대한 개념이라고 말한다(SP, 152). 왜냐하면 현전과 부재의 이항대립 너머의 사유를 가능하게 만드는 것은 흔적의 개념이기 때문이다. 따라서 레비나스는 또한 "현전의 해체"에서 흔적의 이러한 역할을 통해《그라마톨로지》의 담론의 방향을 설정한다(OG, 47, 70). 그런데 레비나스는 데리다의 초기 저작의 바로 그 **윤리적** 요점에도 존재한다. 그래서 데리다는《그라마톨로지》의 핵심에서 자신의 연구는 바로 그 윤리의 가능조건과 관련되어 있다고 말한다: "타자의 현전 없이

는, 뿐만 아니라, 따라서, 부재, 은폐, 우회, '차이', (글)쓰기 없이
는 윤리학은 존재하지 않는다"(OG, 139~140).[17]

이러한 해체의 근본적인 레비나스적인 방향 설정 때문에,
레비나스에 대한 데리다의 유사-논평이나 설명은 그의 고유한
기획에 대한 통찰들을 제공한다: 실제로 이런 텍스트에서 데리
다와 레비나스의 목소리를 구별하는 것은 때때로 어렵다. 우리
가 얻는 것은 두 사람 사이의 생산적인 모호성을 가진 혼합물,
레비나스/데리다이다. 그래서 데리다가 〈환영의 말〉에서 보여
주는 레비나스에 대한 사후 읽기는 데리다의 후기 저작에서의
주요 주제에 대한 유용한 입구를 제공한다. 우리는 여기서 시리
얼박스에 실려 있던 게임과 해답 세트를 회상하는 은유를 통해
데리다의 기획을 이해할 수 있다. 이전에 볼 수 없었던 것을 눈
에 띄게 만드는 반투명한 칸막이를 해당 페이지를 봄으로써 '볼
수 없는' 잉크가 나타난다. 그래서 **환영**과 **환대**의 렌즈를 통해
레비나스의 전 저작을 살피는 데리다의 읽기도 레비나스의 전
저작을 눈에 띄게 만드는 하나의 칸막이의 역할을 한다. 따라서
데리다는 우리가 《전체성과 무한》을, 환대라는 단어가 사용된
횟수 때문이 아니라 환대에 대한 설명의 방향을 설정하는 "그
관계들과 추론적인 논리"를 통해, "환대에 대한 어마어마한 논
문"으로 읽을 수 있다고 주장한다(Ad, 21). 비록 아무도 이것을
이전에는 알아채지 못했지만 말이다.

레비나스에 대한 이러한 (재)독해는 또한 데리다의 후기 저
작을 지배하는 근본적인 물음의 형식을 개방한다: 어떻게 우리

는 "윤리학의 윤리학에서 구체적인 정치로 나아갈 수 있는가? 어떻게 우리는 환대로서의 윤리학과 환대의 법 또는 정치 사이의 관계를 이해해야 하는가?"(Ad, 19) 혹은 더 구체적으로 말하자면, 레비나스가 묘사한 환대의 윤리학은 (가족적인 거주를 넘어) 국가나 나라 안에서 법이나 정치를 발견할 수 있는가? 여기서 우리는 윤리학[정의 및 법]에 대한 데리다의 설명을 지배하는 중심적인 아포리아, 즉, 그가 "제삼자"로 도입하는 이중적─속박의 끔찍한 불가피성이라고 부르는 것을 만난다(Ad, 33). '제삼자'는 레비나스의 전문적인 용어이다: 만일 내가 타자에 대해 무한하게 책임을 갖는다면, 나는 결코 이 타자에게, 내가 직면한 얼굴에 정의를 행하라는 부름에 부응할 수 없을 것이다. 그러나 거기에 더해 또 다른 타자는 이미 항상 현장에 있다─'제삼자'. 만약 내가 "첫 번째"[18] 타자에 대해 무한한 의무를 지고 있고, 책임에 대한 '최초의' 부름에 결코 부응할 수 없다면, 나는 현장에 있는 또 다른 전적 타자와 어떻게 관계해야 하는가? 경쟁하는 무한한 의무들 사이에서 나는 어떻게 판단을 내릴 수 있는가? (다시 말해, 여기서 시간 순서적인 용어들은 기만적인데) 제삼자의 '도입'으로 책임의 분배와 경쟁하는 윤리적 주장들의 판단에 대한 물음들이 등장한다. 제삼자와 더불어 정치와 시민적 행정 그리고 (데리다가 '법'이라고 부르는 것과 대략 동등한) 레비나스가 '정의'라고 부르는 것이 출현한다. 그러나 데리다는 "윤리적 주체와 시민적 행정의 주체 사이에 날카로운 구별이 남아 있어야 한다"고 주장한다(Ad, 32). 이것이 바로 "순수한 윤리적 책임"과 "정치적인 책임"과 같은 어떤 것의 차이다(Ad, 32). 그리고 바로 여기에서 데리다는 폭력이라는 개념을 도입한다: 그는 사실 제삼자의 방해가 실제로 윤리적 관계의 폭력으로부터 우리를 구원한다고 말한다: 제삼자는 "윤리적 폭력 그 자체", 즉, ('첫 번째') 타자에 대한 의무에 사로잡힌 우리를 "보호한다"(Ad, 33). 그리하여 데리다는 제삼자의 불가피성이 "최초의 위반"을, 즉, 정의의 (다시 말해, 규제와 판결 그리고 분배의 유한한 질서인 **법**의) 바로 그 조건으로서의 근원적인 배신을 나타낸다고 말한다. 법[권리]는 정의[공정]의 배신이다(Ad, 33). 이런 의미에서 정의는 애처롭다. 우리가 다음과 같은 '정의의 탄식'을 들을 수 있을 정도로 말이다: "내가 정의와 무슨 상관이 있는가?"(Ad, 34) 정의롭고 "법을 지키는" 것은 타자에 대한 우리의 무한한 의무로부터 벗어나는 데에서 실패하는 것이다. 그것은 이미 또 다른 타자, '제삼자'를 위해 타자에 대한 우리의 책임을 회피한 것이다. 그러나 우리가 볼 것처럼, 데리다에게 이 배신의 아포리아적인 상황과 근원적 위반은 "필연적이다"(Ad, 35).

형이상학[19]은 환대**이다**: 그것은 레비나스에 대한 데리다의 도발적인 읽기이다(Ad, 46). 그러나 그는 나중에 이것을 문제가 없지 않은 방식으로 해설한다. 데리다는 "무한 자의 관념"[20]에 대한 레비나스의 형이상학적 설명을 토대로, (우리가 비교적 뜻밖의 결론을 도출할 수 있다고 인정하면서) 다음과 같은 함의를 연결시킨다: 환대는 무한하거나 전혀 존재하지 않는다(Ad, 48). 그래서 데리다는 "무한 자**의** 관념에 대한 환영"(나의 강조)이라는 개념으로부터, 이것은 **무조건적인** 환영을 의미하는 것으로 간주되는 무한한 환영(다른 소유격)을 필요로 한다고 결론짓는다(Ad, 48).[21] 이것은 바로 앞선 우리의 물음과 공명하는 질문을 발생시킨다: "이 무한하고 그래서 무조건적인 환대, 윤리학의 첫머리에 있는 이 환대는 어떻게 특정한 정치적 또는 법리적 실천으로 규제될 수 있는가?"(Ad, 48) 이것은 번역translation의 문제이면서도 규제의 문제이다: 무조건적인 환대의 무한한 요구가 어떻게 정책으로 변역될 수 있는가? 그리고 특정한 법과 정책이 어떻게 환대의 이 '위대한 법칙'에 의해 어떻게 규제될 수 있는가?

데리다는 보편성과 특수성의 관계에 대한 이 문제를 해결하기 위해 레비나스의 탈무드 논평들 중 하나에서 제기된 물음에 주목한다: 시나이 이전에 토라에 대한 인식은 존재하는가?(Ad, 65) 타자를 환영해야 할 우리의 책임에 대한 '계시'('토라' 전체)는 시나이라는 특정 장소에서 주어진 우연한 '계시'의 특별함에 의존하는가? "**시나이**라는 이름, 장소, 사건이 아무런 의미가 없는 민족들과 나라들이 토라를 인정"할 수 있는가(Ad, 65)? 레비나스의 주장처럼, 타자와의 윤리적 관계가 "종교"[22]**이면**, "종교 없는 종교", 더 구체적으로는 (유대주의를 창시한 계시인) 종교 이전에 (환대로서의) 종교의 가능성이 있는가? 레비나스는 탈무드에 대한 그의 논평의 구체적 특수성에서 "모든 계시 너머의 환대"(Ad, 66)라는 보편성의 입장을 지지한다. 실제로 이 독해에서 토라는 원초적-계몽주의의 이상이다:

레비나스는 시나이 앞이나 바깥에서까지, 토라와 메시아적 시간의 경험을 결정하는 동등한 세 가지 개념, 즉 우애fraternity, 인애humanity, 환대에 맞추어 해석한다. '토라의 사자나 전달자의 자격'을 주장하지 않는 사람조차도 이에 맞추어 해석한다.(Ad, 67)

그래서 데리다는—"분명하게 레비나스가" 제시하지 않은 "가설"(Ad, 67)에서—무조건적인 환대의 이 구조를 특정하고 역사적 계시의 우연성에 의존하지 않는 "구조적이거나 선험적인 메시아성"으로 언급한다: 그것은 어떤 날짜나 장소 어느 것과도 신성한 관계를 맺지 않는다. 모든 타자를 환영하라 부름받은, 책임에 대한 선택—그 선택은 "몇몇 특정한 사람들이나 국가"에 제한되지 않는다. 오히려 선택은 **인류** 공동체와 함께 존재한다(Ad, 70, 66, 72).

그러나 데리다가 특정 종교적 전통의 확실한 계시들로부터 이 '메시아적' 구조를 떼어냈다면, 이중적 속박은 여전히 작동하고 있다. 타자를 환영하라는 우리의 무한한 의무의 원천은 보편화되었지만, 이것은 여전히 우리를 (우리가 이민 정책에서, '국제적'이라 말할 수 있는 법에서도 발견하는 일종의 규제와 법인) 실정법의 유한하고 조건적인 본성과 어울리지 않는 것처럼 보이는, 무조건적이고 무한한 환대의 상황에 남겨둔다. 그래서 다음과 같은 물음이 여전히 남아있다: 절대적이고 무조건적인 환대의 윤리를 어떻게 특정 국가와 제도를 위한 환대의 정책과 법으로 변환시킬 수 있는가?

　우리는 《아듀 레비나스》의 마지막 절에서 양자 사이의 긴장이 타자의 특이성과 법의 일반성의 측면에서 공식화될 수 있음을 확인할 수 있다(Ad, 98, 115~116). 윤리가 타자의 개별성에 대한 절대적인 응답을 요구하는 반면에 법은 다수성에 대해서만 공식화될 수 있는 한, (정의가 항상 제삼자의, 비교와 판정의 관점에서 작동하기 때문에, 정의이기는 하지만) 본질적으로 비윤리적이고 환대가 불가능할 수밖에 없는 운명에 처해 있다는 느낌이 든다. 그래서 법은 항상 일종의 실패를 보여주는 정도까지 양자 사이에는 본질적인 긴장 (또는 '이중적 속박')이 존재한다. 이것이 레비나스가 국가는 "나와 타자를 변형시킨다"고 말한 이유이다(Ad, 97). 그럼에도 불구하고 "정치와 법을 윤리로부터 추론하는 것은 **필연적이다**"(Ad, 115, 강조 추가). 그래서 이것을 잘하는 것이, 좋은 정치나 법을 추론하는 것이 불가능함에도 불구하고, 양자의 관계는 필연적이다: 정치는 환대로서의 윤리로부터 추론되어야 하고, 이 윤리에 의해 계속 문제가 되어야 한다. 사실 여기서 데리다는 가장 고전적인 (칸트의) 언어를 사용한다. 이것은 (윤리로부터 정치를 연역하는) 형식적 명령을 나타내지만 내용은 "결정되지 않았다"(Ad, 115). 즉, 이 연역을 위한 깔끔하고 잘 정동된 '도식'이나 공식은 없다. 우리가 가능하게 할 수 있는 최선은 일종의 결의론이며, 결정 불가능성에 직면하여 결정적인 '도약'으로 끝난다(Ad, 116~117). 우리가 할 수 있는 최선은 "더 나은" 결정을 찾는 것이며, 이는 실제로 "가장 덜 나쁜" 것이다(Ad, 112~113, cf.

114); "그것은 좋지 않다"(Ad, 113). 그렇다면 정치는 제삼자의 피할 수 없는 현전이 출현하는 필요악이다. 그러나 데리다에게 이 실패에 대한 인정은 절망이나 그 기획을 포기하는 이유가 아니다. 오히려 해체는 우리의 현재 법과 제도를 비판하는 근거로 사용되는 '도래하는' 무조건적인 환대에 계속해서 주의를 기울인다. 이 끊임없는 문제 제기가 법이 계속 정의를 추구하게 만드는 것이며, 해체가 도래하는 정의**의 이름으로** 존재하는 것은 현재와 미래 사이의 이 희미한 간격 때문이다. 해체는 '도래하는 것'이라는 잊혀지지 않는 유령의 일종의 총아이다.

(2) 모든 타자는 전적 타자이다: 키르케고르의 아브라함

데리다의 레비나스 수용, 따라서 타자성에 대한 그의 해체적인 긍정은 항상 키르케고르를 통해 여과되어왔다. 이미 <폭력과 형이상학>에서 키르케고르는 레비나스의 과장을 바로잡는 어떤 것으로 기능했다(WD, 110~111). 그러나 데리다가《죽음의 선물》에서 키르케고르에 대한 폭넓은 성찰을 보여줄 때, 타자에 대한 근본적이고 무한한 의무에 대한 레비나스의 설명을 확장시켰다. 데리다가 키르케고르에서 강조한 것은 데리다 자신이 책임의 본질적인 **아포리아**로 정의하는 것, 즉 우리가 결정에 직면하지만 무엇을 해야 할지 **알지** 못하는 '출구poros'가 없는(a-) 상황, 이중 속박이다. 데리다는 이 책임의 아포리아들을《법의 힘》에서 동일한 아포리아에 대한 세 개의 아포리아나 세 개의 요소의 관점에서《법의 힘》에서 처음 분석했다.

A. 규칙에 괄호 치기. 책임은 "자기 자신에게 법을 부여한다"는 칸트적 개념과는 대조적으로 단순히 선례를 적용하는 편안함이나 규칙의 미리 정해진 지침 없이 내가 결정을 내리기를 요구한다. "왜냐하면 정의롭고 책임 있는 결정이 있다면, 그것은 적절한 순간에 규제 없이 규제되어야 하기 때문이다. 그것은 법을 보존해야 하고, 또한 법을 파괴해야 한다. 또는 각각의 경우에 법을 다시 고안해야 할 정도로 충분하게 유예해야 한다"(FL, 23) 따라서 무엇이 '정의로운지'를 판단하는 판사는 이중적 속박에 빠진다: 만일 그가 단순히 규칙을 적용한다면, 그는 단지 '계산하는 기계'에 불과하고, 정의로운 것에 대한 찬사를 보증하지 않는다. 반면에 우리는 그가 법을 전혀 언급하지 않았다면 '정의'라는 꼬리표도 주지 않을 것이다. 데리다는 다음과 같이 결론을 내린다: "이 역설로부터, 우리가 **현 상황에서** 어떤 결정이 정의**이다**라고 말할 수 있는 순간은 결코 존재하지 않는다는 결론이 나온다"(FL, 23).

B. 결정 불가능한 것의 유령. 책임의 두 번째 역설은 데리다가 '결정 불가능성'이라고 부르는 것이다. 정의와 윤리적 책임의 조건은 정확히 무엇을 해야 할지 **알지** 못하는 동시에 결정해야 할 의무가 있는 이중적인 상태이다. 데리다는 다음의 사실을 주의시킨다: "결정 불가능한 것은 단순히 두 결정 사이에서의 동요나 긴장이 아니라, 비록 계산 가능한 것과 규칙의 질서와는 이종적이고 이질적이지만, 여전히 의무를 가지고 있다는 체험이

다"(FL, 24). 따라서 책임의 두 번째 조건은 지식과 정의의, 합리적 지식의 계산가능한 기록과 (예를 들어, 우리가 정확성을 찾고 있다면 윤리가 아닌 수학을 보라고 제안하는, 아리스토텔레스에게는 알려지지 않은 특징인) 윤리의 위험스러운 비합리적인 질서의 이 통약 불가능성이다. 왜냐하면 우리는 항상 (유한성 때문에) **구조적으로** 완전한 지식이나 완전한 맥락을 결여하기 때문에, "어떤 결정이 현재 그리고 충분하게 완전히 정의롭다고 불릴 수 있는 순간"은 없다는 것이다(FL, 24)—미국 대통령이 자신감을 갖더라도 말이다. 실제로 데리다는 윤리적 책임에 대한 이 해체적인 설명의 핵심에는 "현재 정의의 확정적인 확실성에 대한 모든 가정의 해체"가 있다고 데리다는 지적한다(FL, 25). 그러나 이 해체 그 자체는 '환원할 수 없기 때문에 무한하고, 타자에게 빚지기 때문에 환원할 수 없는 무한한 "정의의 이념"에 기초하여 운동하고 작동한다'(FL, 25).

C. 지식의 지평을 차단하는 시급함. 결정 불가능성이라는 구조적인 상황을 일으키는 정의에 대한 지식의 이종異種성은 곧 지평들의 '충족'을 기다려주지 않는 정의에 대한 시급함이 존재한다는 것을 의미한다. 데리다는 정의는 기다려주지 않는다고 논증한다: "정의로운 결정은 언제나 **즉각적으로** '곧장' 요구된다"(FL, 26). 정의는 우리가 무한한 정보를 수집하여 결정을 계산으로 환원하는 불가능한 이상을 실현할 때까지 기다려주지 않는다. 사실 결정의 순간이라는 바로 그 유한성은 필연적으로

무엇이 윤리적인지를 계산하는 데 필요한 지식의 소유라는 가
능성을 배제한다. 그러나 이 시급함과 알지 못하는 상황이 바로
책임의 조건이다.

데리다에게 결정 불가능성의, **앎이 없는** 이 아포리아적 상
황은 윤리의 종말을 의미하는 것이 아니라, 윤리의 시작을 의미
한다. 실제로 아포리아는 책임**의 조건**이다. "나에게 **아포리아**
는 단순히 마비가 아니다. **아포리아** 또는 **길-없음**은 걷기의 조건
이다. 만일 우리가 걷지 못할 **아포리아**가 없었다면 우리는 우리
의 길을 발견하지 못할 것이다. 개척은 **아포리아**를 함축한다. 우
리의 길을 발견하는 데 있어 이 불가능성은 윤리의 조건이다."[23]
그는 다른 곳에서 다음과 같이 요약한다:

책임은 오직 내가 서로 다르고 양립할 수 없는 두 개의 명령에
응답해야 하는 이런 아포리아적 구조가 있기 때문에 존재한다.
그것은 책임의 출발점이고, 내가 무엇을 해야 할지 알지 못할
때이다. 만약 내가 무엇을 해야 하는지 안다면, 나는 그 규칙을
적용하고, 내 학생들에게 그 규칙을 적용하도록 가르칠 것이
다. 그러나 그것이 윤리적일까? 나는 잘 모르겠다. 나는 이것을
비윤리적으로 간주한다. 윤리는 당신이 무엇을 해야 할지 모를
때, 앎과 행동 사이에 이런 간극이 있을 때, 그리고 당신이 존재
하지 않는 새로운 규칙을 만든 것에 대해 책임을 져야 할 때 시
작된다. (…) 보증이 있는 윤리는 윤리가 아니다. (…) 윤리는 위

험하다.[24]

　많은 사람이 결정 불가능성을 망설임의 근본적인 상태, 일
종의 "결정할 수 있는 힘 앞에서의 마비"를 의미하는 것으로 오
해했다.[25] 그러나 이것은 데리다의 요점, 곧 결정 불가능성은 결
정의 반대편이 아니라 완전한 앎의 상황에 반대하는 것이라는
점을 오해하는 것이다. 어떤 상황을 (윤리적이든 해석학적이든)
결정 불가능하다고 묘사하는 것은 그것을 행위자들이 포화된
맥락이나 완전한 지식을 결여한 사태로 나타내는 것이다. 그럼
에도 불구하고, 행위자들은 그 상황에 대한 충분한 지식이 부족
함에도 불구하고 결정을 내려**야 하는** 위치에 있다. 바로 이러한
지식의 **결여**가 그 상황을 윤리적으로 만들고 행위자들이 책임
을 갖도록 만드는 것이다. 데리다는 다음과 같이 말한다.

　만약 당신이 어떤 결정 불가능성을 체험하지 못한다면, 결정은
　단순히 어떤 기획의 적용, 어떤 전제나 네트워크의 결과일 것이
　다. 그래서 결정은 그것이 결정이 되기 위해서 어떤 불가능성을
　통과해야 한다. 만약 우리가 무엇을 해야 하는지 알았다면, 결
　정하기 전에 내가 무엇을 해야 하는지에 알았다면, 그 결정은 결
　정이지 않을 것이다. 그것은 단순히 규칙의 적용, 전제의 결과일
　것이고, 아무런 문제가 없을 것이며, 아무런 결정도 없을 것이
　다. 그러므로 윤리와 정치는 결정 불가능에서 시작한다.[26]

그러한 상황(눈먼[27] 상황)에서 결정하는 것은, '지식'의 관점에서 보면, 일종의 **광기**에 해당한다. 그래서 데리다는 결정 불가능과 결정 사이가 아니라 결정 불가능성과 '지식과는 이종적인 책임'[28] 사이에 이종성을 설정한다―이것은 결국 정의라는 이름으로, 신앙과 지식의 유사-칸트적인 대립이다.[29] "그리고 해체는 이런 종류의 정의에, 정의에 대한 이 욕망에 미쳐 있다"(FL, 25).

데리다가 키르케고르에게서 발견하는 것이 바로 이 책임을 가지는 광기이다. 아브라함은 윤리적 규범과 규칙의 네트워크 없이 작동하는, 아포리아적이고 결정 불가능한 책임의 본성을 예증하는 전형이다. 그가 자신의 결정을 이끌어내기 위해 의지했을 법한 이전의 모든 관례와 법은 전적 타자로부터 온 단일 명령에 의해 위반되었지만, 그는 "모든 진상을 파악하는" 연구를 의뢰함으로써 변명할 수 없다. 아브라함이 처한 곤경의 장면을 생각해보라: 야훼는 그에게 그의 '자손'을 통해 이 땅의 모든 나라가 복을 받을 것이라고 약속했고, 오랜 세월이 지난 후에야 비로소 그의 사랑의 열매인 이삭을 탄생시켰다. 이제 야훼는 그 소년과 함께 역설적인 명령을 가지고 아브라함을 찾아온다: 그는 그의 사랑하는 하나뿐인 아들을 희생시켜야 한다(《창세기》 22장). 이것은 오직 아브라함에게만 주어진 개별적 부름이며, 오직 그에게만 알려진, 그가 자신의 아들과 공유할 수조차 없는 계시이다. 그런데 여기에 아포리아가 있다: 이것은 아브라함이 지금까지 배웠던 모든 규칙을 위반하라는 부름이다. 이 부름에 응답하는 것은 '윤리'의 모든 원칙을 위반하는 것이다. 그리고 이 부름이―전례와 규칙이 없이―개별적이기 때문에 아브라함은 자신의 행동을 '정당화'해줄 어떤 규칙이나 법에도 호소할 수 없다. 실제로 아브라함의 상황은 '윤리'의 보편성이 사실은 유혹인 상황이다. 만약 아브라함이 지식에 기초하고 규칙의 질서에 따라 행동한다면, 이는 그의 무책임을 나타내는 신호일 것이다(GD, 24). 윤리 및 이유의 기록을 따르면, 이러한 부름에 응답하는 것은 순전히 광기일 것이다― 그러나 이 광기는 아브라함에게 **신앙**으로 여겨진다.[30] 아브라함이 윤리를 초월하고 심지어 위반하는 '정의'를 위해 전적 타자의 부름에 응답할 수 있게 해주는 것은 오직 (지식을 초월하고 지식과는-다른) 이 신앙뿐이다.

데리다는 '윤리'의 기치 아래에 있는 많은 것들은―'윤리학' 과정에서 전해지는 모든 종류의 의무론적이고 공리주의적인 틀은―**무**책임의 절정을 나타낸다고 말한다(GD, 25~26). 윤리 이론은 비극적인 영웅들을 위한 것이지, 신앙의 기사들을 위한 것은 아니다. 왜냐하면 우리가 (자율적으로, 곧) 스스로에게 규칙을 부여하고 정당화와 합법화의 공식을 만들려고 노력하는 한, 우리는 사실 우리의 책임을 회피하고 있는 것이기 때문이다. 그러한 '윤리'적인 틀은 결정의 아포리아를 망치고 결정의 상황을 앎의 하나로 환원시키려고 한다. 간단히 말해서, 우리의 모든 윤리 이론들은 결정 불가능성에 수반되는 불안을 덮으려는 방법들이다. 그것들은 광기를 합리성과 맞바꾸는 수단이다. 실제로 "키르케고르는 보편화할 수 있는 법의 의미에서, '의무를 벗어나서' 행동하는 것을" 전적 타자에 대한 "자신의 절대적인 의무를 포

기하는 것으로 이해한다"(GD, 63). 그래서 "책임(결정, 행위, 프락
시스)를 활성화하는 것은 항상 어떤 이론적 또는 주제적 결정에
앞서 그리고 그것을 넘어 일어난다. 그것은 지식 없이, 지식으로
부터 독립적으로 결정해야 할 것이다"(GD, 26).

　　아브라함이 우리에게 그려주는 것은 '윤리'와 지식을 넘어
서는 전적 타자의 개별적 부름에 대한 우리의 절대적인 의무이
다. 아브라함의 책임 상황에 대한 좀 더 형식적인 이 공식은 데
리다가 키르케고르를 레비나스적인 방향으로 특정하게 번역하
도록 만든다: 만일 (아브라함의 경우에는, 신인) 전적 타자의 부름
에 응답하는 것이 책임의 본질이라면, 우리는 일단 **모든 타자는
전적 타자**[tout autre est tout autre]라는 점을 인정하고, 결정 불
가능성의 조건 하에서 이 아브라함의 무한한 책임의 상황은 사
실 모든 이의 상황이라는 점을 확인할 수 있다. 만일 모든 타자
가 전적 타자라면, 우리는 모두 아브라함이다(GD, 78).[31] 우리의
소명을 선택하거나(GD, 69) 고양이에게 먹이를 주는(GD, 71) 가
장 진부한 상황들조차—"매일 매초 우리가 거주하는 이 모리아
의 땅"(GD, 69)이며, 결정 불가능의 조건 하에서 우리를 찾아오
는 타자의 부름이 부과되는 모리아 산이다.

**3) 해체의 정치학: 새로운 국제 노동자 연맹 그리고 도래하는
　　민주주의**

(푸코, 들뢰즈, 리오타르 등) 데리다의 "세대"[32]는—분수령이 된

1968년 5월의 사건만큼이나 마르크스주의, 레닌주의, 마오이즘과의 깊은 연관성을 가지며—정치적 이해관계에 의해 깊이 특징지어졌던 프랑스 철학의 한 시대를 둘러싸고 있다.[33] 그러나 데리다는 이러한 정치적 참여의 세대적 휘장들로부터 일정한 비판적 거리를 유지하고 있었기 때문에, '당신은 우리 편 아니면 반대편'이라는 충격적인 논리를 사용하는 사람들은 해체를 기껏해야 **비**정치적이고, 최악의 경우에는, 완전히 '보수적인' 것으로 해석하는 경향이 있었다. 하지만 데리다가 해체하고자 했던 것은 바로 이러한 종류의 단순하고 이항적인 논리였기 때문에, 그러한 혐의들에 대해 어떠한 대응도 그저 애매모호하고 복잡할 수밖에 없었고, 보통은 (데리다가 후에 "일정한 마르크스주의자들의 협박"[34]이라고 부르는) 누군가의 전체 저작 위로 높이 날리는 정당 현수막을 찾던 사람들을 만족시키지 못했다. 그래서 프랑스에서 철학적 기득권층과 데리다의 관계는, 심지어 그가 영미 이론에서 가장 지지하는 인물들과도, 언제나 다소 미미했으며, 소외와 배제의 정치에 대한 그의 관심을 강조했다. 사실, 지금까지 현상학과 문학에 대한 데리다의 저작들에 대한 우리의 분석을 고려하자면, 우리는 해체의 정치를 거의 추론할 수 있다. 그것은 타자에게 정의를 행하는 것과 관련된 정치일 것이고, 그래서 배제의 구조와 제도들을 비판하고, 그것들을 또 다른 종류의 제도, 즉, 타자에게 자리를 만들어주는 환대가능한 제도들에 개방시키고자 하는 정치일 것이다. 실제로 1990년대 초, 데리다가 정치 제도들에 대해 좀 더 구체적으로 말하기 시작했을 때, 이것이 그가 두 가지 핵심적인 개념, 곧 **마르크스주의**와 **민주주의**라는 명칭으로 표명하고자 한 것이다.

(1) 마르크스의 정신을 불러내기

《입장들》 중 재판에 수록된 데리다의 초기 인터뷰 중 하나에서 인터뷰 진행자들은 마르크스주의의 유령을 불러내, 데리다에게 마르크스주의에 대한 그의 "입장"을 진술하도록 몰아붙였다.[35] 이 끈질긴 물음 뒤에는 데리다가 연관되어 있었던 비평 저널 《텔 켈Tel quel》을 둘러싸고 소용돌이치고 있는 고도로 격양된 맥락이 있었다. 이전 《텔 켈》의 편집자 중 한 명이었던 장-피에르 페이Jean-Pierre Faye는 이념적 차이 때문에 저널을 떠나 《체인지Change》라는 자신만의 저널을 설립했다. 그 당시 《텔 켈》은 공개적으로 프랑스 공산당을 지지했다. 그런데 1969년 9월에 페이는 마르크스주의에 충성을 맹세했지만 독일 '극우'의 '언어'를 파리의 좌파에 밀반입한 사람들을 비난했고, 데리다와 같은 인물들의 이론 작업에서 하이데거가 했던 역할을 언급했다. 일주일 후, 《텔 켈》 계의 인물들은 페이의 비난에 대해 응답하면서, 그는 하이데거와 그의 나치 해석자들을 혼동했고 특히 데리다의 명예를 훼손한 혐의로 하이데거를 기소했다고 주장했다. 하지만 1971년 6월,—데리다가 후데바인Houdebine과 스카페타Scarpetta와의 인터뷰를 가지던 같은 달—《텔 켈》은 공산당과 결별했고 (그들 스스로를 마오주의자라고 선언했으며) 결국 데리다와도 결별했다. 정치적으로 격양된 이러한 맥락에서 인터뷰 진행자들은 마르크스주의와 데리다의 관계의 모호성에 대해 그를 몰아붙였다. 데리다의 반응은 조심스러웠고, 그 질문에 대해 강압적인 찬반 논리에 저항했다. 그럼에도 불구하고, 그는 다음과 같이 주장했다: "나는 '마르크스주의'에 반하는 어떤 것도 지지하고 있지 않으며, 나는 이에 대해 확신을 가지고 있다."[36] 의심의 대가들 중 두 명(니체와 프로이트)에게는 특권적인 자리가 주어졌지만, 악명 높은 삼위일체의 세 번째 인물(마르크스)에게는 부재하는 자리에 대해 물었을 때, 데리다는 어떤 것을 약속하는 것으로 이에 대답한다. "당신이 언급한 '빈틈들'은 **나에게**, 적어도, **여전히 도래하는** 것으로 남아 있는 이론적 정교함의 장소를 나타내도록 명백하게 계산된 것이라고 믿어주었으면 좋겠다."[37]

데리다는 이 약속을 20년 후에 아이러니한 것처럼 보였던 또 다른 정치적 맥락에서 만족시킬 것이다. 왜냐하면 데리다는 베를린 장벽의 붕괴, 소련 공산주의의 종말, 천안문 광장에서의 민주적 저항에 뒤이어 그리고 프랜시스 후쿠야마가 자랑스럽게 '역사의 종말'은 세계화된 자본주의에서 실현되고 있다고 선언했던 시대에, 마르크스주의라는 주제(그리고 책임?)에 응하기 때문이다. 하지만 마르크스를 다루는 것은 뒤늦은 것이 아니었다. 오히려 소련 공산주의 이후에, 데리다와 마르크스주의의 관계를 분명히 설명하는 것은 마침내 이전 시대의 '예-또는-아니오'라는 찬반 논리에 따를 필요가 없는 방식으로 설명될 수 있는 이 관계를 위한 공간을 열어준다는 의미가 존재한다. 그래서 20년이 지난 후, 여기에 마르크스는 데리다를 괴롭히기 위해 (저승에서) 다시 돌아온다. 마르크스의 유령은 햄릿과 대면하는 유령처럼 데리다에게 초대와 의무를 부과한다.

데리다는 해체는 **단순히** 마르크스주의가 아니라고, 하지만 해체는 마르크스주의에 대립되는 것도 아니라고 주장한다.[38] 오히려 해체는 "특정한 마르크스주의의 전통 안에 있다고도 말할 수 있는 어떤 근본화로" 마르크스주의의 특정한 '정신'에 응답한다(SM, 92).

> 이제, 만일 내가 결코 포기할 준비가 되어 있지 않은 어떤 마르크스주의 정신이 있다면, 그것은 단순히 비판적 이념이나 물음의 태도만은 아니다. (해체는 일관되게 그것들을 주장해야 하며 동시에 이것이 마지막이나 첫 번째 단어가 아님을 배워야 한다.[39]) 해체는 훨씬 더 특정한 해방의 긍정이며 **메시아적인** 긍정이다.(SM, 89)

그래서 우리는 바로 이 마르크스주의의 정신을 육화하는 해체에서 데리다의 종교-정치에서의 세 가지 핵심적이고, 상호-관련된 다음의 주제들을 발견한다: 자유와 해방에 대한 강렬한 민주주의적 욕망, 정의에 대한 마르크스주의적 관심, 그리고 '도래하는' 미래에 대한 메시아적 기대. 그 결과, 알튀세르와 다른 이들의 반-종말론적 마르크스주의와는 대조적으로, 뿐만 아니라 어떤 내용을 정의하는 것에 초점을 맞춘 교조적이고 독단적인 마르크스주의나 정통 마르크스주의와는 반대로(SM, 89), 데리다는 '마르크스주의의 정신'이 본질적으로 '메시아적인 종말론'을 수반한다고 주장한다. 비록 그것이 확실한 내용을 배제하는 종말론이지만 말이다.[40] 그래서 우리는 정의와 민주주의 그리고 종교에 대한 데리다의 관심이 결합되는 것을 볼 수 있다.

> 어떤 해체에도 환원 불가능하게 남아있는 것, 해체의 가능성 그 자체만큼이나 해체불가능한 것으로 남아있는 것은 아마도 해방의 약속에 대한 어떤 특정한 경험일 것이다. 아마도 그것은 심지어 구조적인 메시아주의의 형식성, 종교 없는 메시아주의,—우리가 법이나 권리 또는 인간의 원리와도 구별하는—메시아주의 없는 어떤 메시아적인 것, 정의의 이념이기도 하며,—우리가 그것의 현재의 개념과 오늘날 그것을 규정하는 술어들과 구분하는—민주주의의 이념이기도 하다.(SM, 59)

해체란 솔직하게 종말론적이고 메시아적인 일종의 형식화된 마르크스주의이며, **도래하는** 민주주의와 '새로운 국제 노동자 연맹'이라는 비전을 현재의 제도들과 법에 대한 비판을 시작하기 위한 기준으로 활용하는 것은 물론, 제도를 설립하는 건설적인 기획들을 위한 개요로 활용하는 것이다. 물론 '내용'이 중복되지 않는다는 말은 아니다. 실제로 데리다는 자본에 대한 마르크스의 설명을 명백하게 쓸 만한 것으로 그러나 동시에 변형된 것으로 생각한다. "(전례 없는 과학-기술적 구조들 안에서의) 자본의 **새로운** 효과에 대한 **새로운** 비판을 위해 우리는 용기와 명료함을 가져야 하지 않을까?"⁴¹ 반대로, **민주주의**에 대한 희망은 마르크스주의와는 상관없는 부가물이 아니다. 심지어 《공산당 선언》이 분명하게 밝힌 것처럼, 정의롭고 계급 없는 질서를 실현하기 위한 핵심 요소 중 하나는 민주주의라는 제도였다. 게다가 데리다는 마르크스의 '새로운 국제 노동자 연맹'이라는 탈-국가적 비전을—마르크스를 소련 해석자들과는 반대로 해석하면서—(현대의) 민족-국가(SM, 94)의 주권에 대한 필연적인 해체로 긍정한다(SM, 94). 심지어 데리다가 마르크스를 전유할 때, 특히 그가 "새로운 세계 질서의" 열 가지 "역병"(SM, 81~84)을 개괄할 때, 선언문이라는 장르가 가지는 시사점은 여전히 남아 있다.

그러나 데리다의 '마르크스주의 정신'에는, 정의의 메시아적 구조에 대한 데리다의 긍정이 (유대교나 기독교, 또는 이슬람의) 다양한 메시아**주의**의 명확한 원칙들과는 구분되어야 하는 것과 동일한 방식으로, 그가 마르크스주의적인 존재신학의 원칙들과 교의들과 "당"(SM, 74)으로부터 거리를 두는 근본적인 논리도 존재한다.⁴² 데리다는 이 순수하게 '형식적인' 마르크스주의 없는 마르크스주의를 두 가지 이유로 주장한다: 첫째는, "내용이 (⋯) 항상 해체 가능하기 때문이다"(SM, 90). 특정한 원칙들과 기획, 정책 그리고 심지어 선언의 결정과 확정은 유한한 경계설정이며, 환대의 법칙과 같이, 결코 정의의 '위대한 법칙'에 부합할 수 없다. 둘째는, 정치적인 것의 공간이 **정말로** 타자에 대해 열려 있는 것이라면—(단순히 기획할 수 없거나 예측할 수 없는) 그리고 **도래하는** 미래에 열려 있어야 한다면—우리의 기다림은 어떤 특별하고 확실한 기대의 지평에 의해서도 조건화되어서는 안 된다. 만약 우리가 찾고 있던 것을 사전에 명시했다면, 우리는 이미 우리를 놀라게 했을 타자성에 대해 볼 수 없는 상태가 되었을 것이다. 그래서 원칙들의 확정과 기대의 지평들의 결정은 정의나 유토피아의 이름으로 선택되었더라도 필연적으로 배제의 구조로 옮겨진다. 데리다가 이를 다음과 같이 요약한다.

> 여기서 나에게 문제가 되는 해체적 사유는 항상 확정의 환원 불가능성과 약속의 환원 불가능성은 물론 (여기서는 법과 구분되는) 정의에 대한 특정한 이념의 해체불가능성을 지향해왔다. 그러한 사유는 (우리가 말해왔던 것처럼, 이론적이고 실천적인) 근본적이고 끊임없는 무한한 비판의 원리를 정당화하지 않고서는 작동할 수 없다. 이 비판은 도래하고 있는 것의 절대적인 미래에 대해 개방되는 체험의 운동, 즉, 타자에 대한, 그리고 사건에 대한 기다림에 맡겨지고 노출되며 주어지는, 필연적으로 불확정적이고 추상적인 사막과─같은 체험의 운동이다(SM, 90).

우리가 앞서 말했던 것처럼, 데리다는 우리에게 주어진 조건화된 제도의 실패를 끊임없이 상기시키라 요청하는 유한성의 유령에 시달린다. (그리고 데리다는 그 유령으로 우리를 괴롭히려고 한다) 우리는 근본적이고 메시아적인 비판을 계속할 수 있을 뿐이다. 만약 도래하는 정의에 대한 우리의 기다림이 어떤 놀람의 타자성에 무조건적이며 개방되어 있다면,─심지어 그것이 괴물들에게 우리 자신을 노출시키는 것을 의미한다고 해도 말이다(Points, 386~387 참조).

(2) 우리가 기다리는 것은 무엇인가?: 도래하는 계몽

많은 사람에게 (특히 하버마스에게), 데리다가 '해방의' 기획을 긍정한 것은 계시, 곧, 계몽의 기획으로서의 해체에 대한 놀라운 암시였다. 대부분의 사람들은 해체를 '포스트모더니즘'의 전형으로 받아들이면서 **반**-근대적인 것으로 이해했고, 따라서 계몽주의의 해방적이고 자유주의적인 정치에 반대하는 것으로 이해했다. 마치 해체가 그 대신 불명료하거나 애매하게 만드는 것을 옹호했던 것처럼 말이다. 그러나 정의에 대한 데리다의 담론과 마르크스의 신호를 다르게 전유하는 것, 그리고 지난 10년 동안의 데리다는 해체를 명백하게 일종의 '새로운 계몽주의'로 묘사했다. 그는 다음과 같이 선언한다: "나는 새로운 대학의 계몽주의[Aufklärung]를 단호하게 지지한다."[43] 만일 해체가 특정한 마르크스주의의 정신을 구체화하고 이것에 의지한다면, 이것은 해체가 또한 특정한 '계몽주의의 정신'을 근본화시키기 때문이다――특히 이성과 민주주의의 비판적 연결은 물론 일종의 새로운 '세계시민주의'로 번역되는 보편성에 대한 욕망을 말이다. 해체는 계몽주의의 혈통을 가지고 있는데, 이것은 특히 이성과 민주주의 그리고 보편성에 대한 데리다의 주장에서 확인할 수 있다. 하지만 데리다에게 계몽주의에는 (그것이 볼테르의 것이라 하더라도) 깊이 메시아적인 어떤 것이 있다. 왜냐하면 계몽주의는 일종의 종말론적 욕망, 즉 '도래하는 것à venir'에 대한 갈망에 의해 주도되기 때문이다. 그래서 우리가 《마르크스의 유령들》에서 이미 보았던 것처럼, 데리다는 주권 없는 왕국에 대한 메시아적 갈망과 도래하는 민주주의에 대한 계몽주의의 갈망을 구별하지 않는다. 이것은 데리다의 급진화된 '새로운' 계몽주의가 아브라함의 신앙의 (공포스럽고 전율적인) 광기와 친화력을 갖고 있는 열정적인 이성에 의해 주도되기 때문이다.[44]

그래서—(《타임지The Time》의 악명 높은 기사에 따르면) 오랫동안 이성과 계몽주의 그리고 대학의 적이라고 사유되어 왔던—데리다는 사실 '이성의 명예를 지키는 것'에 관심이 있다—비록 그 이성이 좀 더 급진적인 이성, 곧, 플라톤에서 칸트에 이르는 오랜 철학적 전통의 천상적이며 기계론적인 추상화보다는 욕망과 (그러므로 신체와) 좀 더 밀접하게 연결된 이성에 대한 설명이기는 하지만 말이다.[45] 이것은 '관심'과 소명을 모두 가진 이성, 타자로부터 시작되는 의무감을 가진 이성일 것이다. 이것은 더 이상 (합리성을 계산[46]으로 **환원하는** 이성에 대한 우리의 지배적인 패러다임인) '계산'에 기초하여 작동하지 않는 이성이며, 철학적 전통을 완전히 괴롭히고 방해하는 계산 **불**가능성에 대한 갈망이며, 심지어 계몽주의에서도 그러하다. "이성적인 것의 합리성은 어떤 이들이 우리로 하여금 계산 가능성을, 계산으로서의 이성을 믿도록 만드는 것으로, 라티오ratio로, 설명으로, 주어지거나 확정된 것으로 결코 제한되지 않았다. (⋯) 예를 들어, [칸트의]《도덕의 형이상학을 위한 기초 놓기》에서 '존엄Würde'가 맡은 역할은 계산 불가능한 것의 질서에 속한다. 목적의 왕국에서, 그것은 시장에서 가격을 가진 것Marktpreis, 그래서 계산 가능한 등가물들을 발생시킬 수 있는 것과 대립하는 것이다."⁴⁷ 합리적인 것과 시장 가치를 같은 것으로 여기는 세계적인 자본주의의 논리와 계산 가능성이 지배하는 세계에서, 해체는 상품이나 가격으로 환원될 수 없는 계산 **불**가능한 것을 지향하는 어떤 합리성을—그러한 상품화에 저항하는 합리성을—기다리고 기대하고 있다. 그러한 근본화된 이성은 계산 가능한 이성의 자신감 넘치는 목적론과는 대조적으로 몹시 **미래적**이고 심지어 종말론적이다.

우리는 (칸트와 후설에서의 역사에 대한 부인할 수 없는 사유가, 심지어 이성의 특정한 역사의 자리가 있기 때문에) 바로 그 역사성 속에 이 거대한 초월적이고 목적론적인 합리주의가, **도래함**을 따라, 이 개념들을 사건, 출현, 미래 그리고 **도래함**이라는 용어의 변화와 연결시키는 이 동사적 명사를 따라, **도래하는, 도래하는 것과 도래하는 이의 사건**에 대한 사유를, 이성**에 의해** 발생하고 이성**에** 도달하는 것에 대한 사유를 인정하는지—이것들과 만나는지에 대해—우리 자신에게 물어야 한다.⁴⁸

이것은 새로운 배치들의 미래에 열려 있는, 모든 타자들이 환영받는 미래에 대한 희망에서 미래의 타자성에 열려있는 합리성이 될 것이다. 이것은 이성과 지식을, 이것들을 **힘**과, 특히 **힘의 발휘**와 **주권**의 전체 실행 계획과 연결시키는 베이컨주의와의 (그리고 종종 이것들의 매우 엄격한 연결과의) 분리를 요구할 것이다. 이 것은 명백하게 국가에 대한 지배적인 패러다임에 영향을 준다. 왜냐하면 "이 모든 거대한 합리주의들은 이 용어의 모든 의미에 서, 국가 합리주의까지는 아니지만, 국가의 합리주의들이기 때문 이다."[49] 그래서 도래하는 계몽주의와 민주주의에 대한 데리다의 갈망은 국가-형태의 주권과 모든 조건들의 해체를 요구한다.

> 왜냐하면 해체는, 만일 그런 종류의 어떤 것이 존재한다면, 내 가 보기에는, 무엇보다도 논증하며 숙고하는 합리적인 방식으 로 모든 조건들과 가정들, 관습과 전제들을 중지시키고, 무조 건적으로 모든 조건적인 제한들을 비판하는 것을 결코 단념하 지 않는—그리고 정확히 도래하는 계몽주의의 이름으로, 도래 하는 민주주의의 개방된 공간에서—무조건적인 합리주의로 남기 때문이다.[50]

즉, 해체는 비이성적이기 위해서가 아니라, (비판, 담론, 논쟁 등) 이성이 시장의 계산 가능한 질서가 아니라 타자의 계산 불가 능한 존엄성을 지향하도록 만들기 위해서, 이성과 마찰을 빚는다.

그러나 그러한 무조건적인 미래를 기다리고 희망하기 위해 서는 또한 이 미래로부터 도래할 수 있는 것의 조건을 구성하는 기대의 지평들을 우리 스스로 벗어던질 필요가 있다. 우리가 기 다리고 있는 것은 어떤 **사건**이지만, 그 사건의 도래를 위한 자리 를 마련하기 위해서는 우리가 그 사건의 출현을 예측하려는 어떠한 시도도 단념해야 한다. "그 이름에 걸맞은" 사건은 예견할 수 없는 것이어야 한다. (데리다는 다음과 같이 덧붙인다: "우리에게 이것을 말하도록 명령하는 것은, 우리에게 그 사건에 대한 사유를 제공하는 것은 이성 그 자체이지, 어떤 모호한 비이성주의가 아니다."[51]) 그 사건은 불-가능한 것으로 그 자신을 알려야 한다. 그래서 사건은 "사전에 부르는 것도, 사전에 경고하는 것 [prévenir]도 없이 그 자신을 알려야 하며, 그 자신을 알리는 것도 어떠한 기대의 지평도, **텔로스**[telos]도 없이 그 자신을 알려야 한다."[52] 우리가 기다리는 사건은 타자가 **타자로** 침입하는 것, "모든 '메시아주의' 너머의, 개별성의 보편화 가능한 문화에 대한 희망"[53]이다. 해체는 타자가 도착할 수 있는 올바른 길을 만들어주려는, 새로운 목적의 왕국의 예언자이다. 그리고 이것을 만드는 방법은 이성과 합리성의 바로 그 본성을 재고하는 것이다. **비**이성적인 것을 세상에 알리기 위해서가 아니라 이성을 (그리고 대학과 공적인 담론을) 그것의 타자에게 개방하기 위해서 말이다. 데리다는 다음과 같이 주장한다. "그것은 이성을 사유하는 문제이며, 그것의 미래를, 그것의 도래-함을, 그리고 그것의 되어감을, 무엇이 그리고 누가 오는지에 대한, 무엇이 일어나고 누가 도착하는지에 대한 경험으로—분명하게 타자로, 주권적 힘과 계산 가능한 지식의 정체성에 자기성으로 전유할 수 없는 타자성의 예외 또는 절대적인 개별성으로—사유하는 문제이다."[54] 결국 이성과 민주주의에 대한 이 '새로운' 계몽주의의 긍정은 또한 다음과 같이 요구한다: "그것은 모든 상대주의, 문화주의, 자민족중심주의, 특히 국가주의를 넘어서 보편성을 요구하거나 상정해야 할 것이다."[55] 그러나 이 보편성은 전 세계적인 경제 또는 '마을'의 이름으로 타자성을 기업의 브랜드의 동일성으로 환원하려는 동시에 천연 자원의 활용과 부의 분배에 있어서의 가장 큰 차이를 용인하려는 '세계화'의 헤게모니에 대항하는 보편성일 것이다.[56]

따라서 우리가 기다리는 사건이─'도래하는' 민주주의/정의/메시아가─**사건**이라는 이름을 받을 만하다면, 그 사건은 '불-가능'할 수밖에 없다. 하지만 이것은 보통의 불가능한 것이 아니다: "이 불-가능한 것은 무언가를 결핍하고 있는 것이 아니며, 접근 불가능한 것이 아니고, 내가 무한정 연기시킬 수 있는 것도 아니다. 그것은 스스로를 알리며, 나에게 내려 닥치고 나를 앞서가며 가장 현실화할 수 없는 방식으로, 현실적이며 잠재적인 방식으로 **지금 당장** 나를 사로잡는다."[57] 도래하는 민주주의가 침입하는 사건은 연대기적으로 미래가 아니며, 지연되는 것도 아니다. 오히려 그 출현은 **카이로스적**이며, 현재의 중단이다.[58] 따라서 사건의 불-가능성은 절망과 마비 그리고 무관심의 근거가 아니라 오히려 현재를 고양하고 고취하는 이 아포리아적 불-가능성이다. 그 결과 사건은 종말론적이면서 지극히 평범하다. "어떤 일이 일어나는 날마다, 심지어 가장 평범하고 일상적인 경험 속에도, 사건의 어떤 것과 그에 대한 특이한 예측 불가능성이 있다. 각각의 순간은 사건을 특징지으며 '다른' 모든 것이기도 하다."[59] 모든 타자가 전적 타자인 한에서, 모든 타자는 메시아이며 도래하는 정의의 사건을 환영하는 모든 말이다.

4장

데리다의 타자

: 타자들의 데리다

데리다의 전체 저술은 부채와 유산 그리고 궤적으로 이루어진 복잡한 그물망이다. 우리가 보았던 것처럼, 그의 작업은 주요 문헌과 주변 문헌들에서 아찔한 범위의 철학자들과 관계한다. 그리고 그의 영향력은 거의 모든 학문 분과와 몇 명의 현대 이론가들에게서 살펴볼 수 있다. 데리다의 부채와 유산에 대한 포괄적인 설명을 시도하는 것은 실패할 운명에 처해 있다. 그래서 이 장에서 우리는 그의 작업에 흔적들을 남긴 소수의 특권적인 '타자들'의 역할을 고려하는 좀 더 겸손한 과제에 착수한 다음, 비판적으로 데리다와 해체와 관계했던 몇 개의 사상 학파를 고찰할 것이다.[1] 그래서 이 장은 추가적인 참고문헌을 위한 실마리를 제공하는 선별된 참고문헌으로 받아들여주었으면 더 좋겠다.

데리다의 작업이 타자에 의해 활기를 띄게 된다면, 그의 전체 저작이 거의 기생하는 방식으로 타자 안에 '살고 있다'는 것도 사실이다. (데리다는 한 때, '기생자 외에는 아무것도 없다'고 말한 적이 있다.[PC, 10]) 데리다의 작업 주제들과 타자에 대한 그의 해설들을 분리하는 것은 불가능하다. 왜냐하면 그의 전체 저작에서 거의 모든 텍스트는 해설의 여백을 맴돌며 타자들에 대한 텍스트와 산물들에서 어떤 발판을 찾기 때문이다.[2] 이것은 해체가 철저하게 역사적 전략이며, 아마도 우선은 철학적 전통 안에 살고 있는 일종의 철학의 역사이기 때문이다. 사실, (1990년까지 출판되지 않은) '발생'을 주제로 한 그의 1953~1954년 논문은 '사변적' 철학과 '역사적' 철학의 구분에 이의를 제기하는 것으로 시작된다─그리고 이 구분에 의문을 제기하는 것이 정확하게 발생의 현상학적 개념인데, 그것은 발생이 사변적 사유의 역사, 심지어 그 사유의 계보를 보여주기 때문이다.[3] 만일 자아가 의식을 형성하는 체화된 경험의 역사를 가지고 있다면, '사변적' 사유조차도 가장 관념론적인 철학들에도 흔적을 남기는 그 사유의 물질적 생산의 역사를 가지고 있을 것이다.[4] 그렇다면 구성적인 철학은 철학의 역사와 분리될 수 없다. 데리다는 다음과 같이 말한다: "나는 사실 모든 철학자가 역사가이자 사변적 사유가라고 생각한다. 내 경우에도, 나는 내가 하는 일에서 철학의 역사를 고려하는 것과 순수하고 단순하게 역사적이지 않은 몸짓을 구별할 수 없다고 말할 것이다"(Taste, 65~66). 데리다에게 서양철학의 전통을 통해 우리에게 전해진 텍스트들─주요 문헌의 중심과 주변에 있는 텍스트들은 생명의 심연이다. 그가 한 번은 논평했던 것처럼, "예를 들어, 플라톤, 파르메니데스, 헤겔 또는 하이데거의 위대한 모든 철학적 텍스트들은 여전히 우리에 앞에 있으며"[5], 그것들은 미래를 가지고 있다. 이 텍스트들은 "불투명하고 고갈될 수 없는 잔여"를 가지고 있다. 그래서 "플라톤이나 하이데거의 텍스트 앞에서 (…) 나는 내 자신을 잃어버릴 수 있는 어떤 심연과 무저갱을 내가 직면하고 있다고 느낀다. 내가 아무리 엄밀하게 그러한 텍스트를 분석한다 하더라도, 나는 사유해야 하는 그 이상의 어떤 것이 있다는 인상을 항상 갖게 된다."[6] 그래서 데리다는 종종 그가 '자기 자신에 대해 말하지' 않고, 타자들의 텍스트 안에 살고 있다는 식의 비난이 자신에게 가해지는 것을 행복해한다. "내가 항상 하고 있지만 이에 대해 비난을 받아왔던, 다른 이들의 텍스트에 대한 독해를 할 때, 내 이름으로 어떤 글을 쓰기 위해서가 아니라 플라톤, 칸트, 말라르메 등에 대해 글을 쓰는 것에 만족하는 것에 대해 (…) 내가 내 자신에게 느끼는 의무감은 내가 타자에 대해, 즉, 내 이름으로 인정한다는 서명을 하는 것에 솔직해야 한다는 것이며, 그 방법도 타자에게 솔직해야 한다는 것이다."[7] 데리다의 텍스트 중 모든 것을 협력적인 작업으로 만드는 어떤 방식이 있으며, 그는 거의 '기생적인' 이 전략에 대해 (비록 이 혐의 자체는 저자의 독립성에 대한 낡은 개념에 의존하는 것이기는 하지만) 전면에 나서 저자의 독립성이라는 포기하는 것을 명백하게 기뻐한다.[8] 데리다와 전통의 관계가 단순한 반복이나 재생산 중 하나라고 말하는 것은 아니다. 데리다는 단순히 니체나 하이데거의 '추종자'가 아니다. 반대로, 그의 관계 모델은 경건한 배신의 하나이다. "당신이 언급했던 거장들, 프로이트와 하이데거와의 나의 관계는 충성과 배신의 관계이다. 그리고 나는 그들을 배신한다. 왜냐하면 나는 그들에게 솔직하고 싶기 때문이다."[9] 이것은 '진정한' 추종과 같은—

'시종acolyte'이 되는 것 같은―어떤 것이 확실한 정도의 결렬, 파격anacoluthon을 요구하기 때문이다. 데리다는 다음과 같이 논평한다: "가장 부담스럽고 진정한 방식으로 따르는 것은 협력관계에서 '시중들지 않음anacol', 즉, '추종하지 않음', 추종의 중단을 의미한다. (⋯) 일관된 방식으로 추종하기 위해서는, 당신이 추종하는 것에 솔직하기 위해서는, 당신은 추종을 중단해야 한다."[10] 데리다는 전통과 단절함으로써 정확하게 전통을 충실히 지킨다.

철학의 역사와 관련하여, 데리다의 타자성에 대한 관심은 두 가지 방식으로 구체화된다: 한편으로, 그는 철학적인 주요 문헌들 안에서 또는 어떤 철학자의 전체 저작들에서 '타자'가― 철학이 배제하거나 억압하는 것이―배제되거나 길들여지기를 거부하고 오히려 사고방식의 틈들 사이로 그 자신을 집어넣어 어떤 닫힌 체계의 자기 확신을 방해하는 그러한 장소들을 찾는 데 관심을 가진다. 데리다는 다음과 같이 말한다: "우리는 모든 위대한 철학자들에게서 그러한 '차이differance'의 틈의 신호를 식별할 수 있다. 예를 들어, 플라톤의 《국가》에서의 '존재 너머의 선epekeina tes ousias' 또는 《소피스트》에서의 '이방인'과의 만남은 이미 완전히 길들여지기를 거부하는 타자성의 흔적들이다."[11] 또 다른 예로, 데리다는 '여성' 또는 '여성적인 것'이 철학적이고 이론적 담론의 중단을 만들었던 방식에 지속적으로 관심을 가져왔다.[12] 해체주의자는 일종의 지진학자, 곧, 타자라는 압력이 어떤 방식으로든 그 압력을 방출하기 위해 텍스트 또는 전체 저작에 가해지는 곳을 감지하려는 인물이다. 둘째, 데리다와 철학의 역사의 관계는 철학적 전통의 변두리에 있는 인물과 텍스트뿐만 아니라, 조이스와 자베스의 도발적인 문학, 반 고흐의 이미지 또는 첼란의 시와 같은, 철학적인 것과는 완전히 다른 원천들에 측면에서, 철학적인 주요 문헌들의 타자에 관심이 있다. 아래의 내용에서, 우리는 이전 철학자들과의 이런 관계들 중 가장 중요한 몇 가지를 간략하게 고려해보자.[13]

1) 타자들로 살다: 데리다 그리고 철학의 역사

(1) 플라톤

비록 '데리다' 신화에 의하면, 해체는 형이상학과 전통을 없애기 위한 것이지만, 흥미로운 것은 플라톤이 데리다에게 그의 초기 작품 이래로 끊임없는 실망과 영감을 주는 것이었다는 점이다. 실제로, 해체적 어휘에서 가장 유명한 용어들 중 하나인 파르마콘Pharmakon[14]의 원천은 플라톤이다. 이것은 《파르메니데스》에 대한 데리다의 초기 작업에서, 특히 수사학, 말 그리고 (글)쓰기의 문제를 다루는 대화의 마지막 부분에서 비롯한다. 이런 이유로 〈플라톤의 약국〉이 《목소리와 현상》에서의 후설에 대한 비판과 유사한 내용임이 이해된다. 실제로, 우리는 플라톤이 최초의-후설주의자라고 (혹은 후설은 플라톤주의자라고) 말할 수 있다. 둘 다 현전의 형이상학을 바탕으로 사유하며 이를 근거로 (글)쓰기를 평가절하한다. 그래서 후설과 마찬가지로 데리다는 플라톤에게서 (글)쓰기에 비해 목소리(말)가 갖는 특권을 발견한다. 특히, 그는 소크라테스가 목소리를 그것의 '직접성'을 이유로, 목소리가 목소리 자체에 현전한다는 이유로—또는 아마도 우리가 목소리의 가까움을 이념이라 부를 수 있기 때문에, 가치 있게 여기고 이와는 달리 (글)쓰기는 항상 2차적이고 더 나아가 이념 그 자체에 의해 제거되어 부재, 결여, 무로 특징짓는다는 점을 발견한다. 그러나 후설과 마찬가지로, 데리다는 그래서 소크라테스의 설명에 도전하며, 목소리 그 자체가 그것은 외부적이고, 감각적이며 이념 그 자체로부터 제거된다는 등, (글)쓰기에 제기했던 모든 동일한 문제들로 특징지어질 수 있는 방식을 지적한다. 만약 그렇다면, 소크라테스는 그가 (글)쓰기에 하는 것과 마찬가지로 목소리를 평가절하해야 한다. 이 모든 것의 이면에는 외부에 대한 내부의 특권, 감각적인 것에 대한 지성적인 것의 특권, 시간적인 것에 대한 영원한 것의 특권이 있으며—이 모든 것이 '유한성'을 평가절하하는 것이다. (글)쓰기〔또는 아마도 더 나은, 원-(글)쓰기〕는 그러므로 일종의 파르마콘, 독이자 약이다(Dis, 70).

플라톤은 초기 데리다의 현전의 형이상학에 대한 비판에서 중요한 역할을 하지만, 그는 데리다의 후기 작업에서 계속해서 특권적인 자리를 차지한다. 만일 데리다의 초기 작업이 철학의 여백들에 있는 것을 탐구하는 데에 관심이 있었다면, 우리는 그의 후기 작업은 현상성의 제한들에 놓여 있는 것—현상학의 용어로 '나타남'의 기준에 상당히 부합하지 못하는 현상들, 이를 테면, (《마르크스의 유령들》에서) 유령이나 환영과 같은 것들 또는 (《눈먼 자들의 기억》에서) 눈물을 통해 신앙의 맹목으로 '보이는' 것에 관심이 있다고 말할 수 있다. 데리다는 현상성의 한계들과 경계적인 사례들을 탐구함으로써 그것의 조건들을 탐구하기를 원하며, 그러한 표제 아래, 우리는 그와 플라톤과의 이후의 관계, 특히 《티마이오스》에서의 플라톤에 의해 탐구된 코라 khôra 개념을 고려할 수 있다.[15] 이것은 형이상학 역사에서 또 다른 경계적 사례이다. 《국가》(제6권과 7권)에서 '선분의 비유'나 '동굴의 비유'로 깔끔하게 요약된 플라톤의 존재론의 일반적인 경계들을 생각해보라. 우리가 감각으로 경험하는 변화하는 시간적인 세계는 변화에 종속되어 믿을 수 없고 기만적이다. 그것은 실제로 진짜가 아니다. 오히려, 이 감각적인 세계의 사물들은 지적으로 이해 가능한 세계—참되게 존재하는 세계의 안정적이고 영원하며 변하지 않는 형상들의 복제물이거나 모방품들이다. 내가 이 소파를 보고 앉을 수 있지만, 진짜 소파는 눈이 아니라 지성으로 파악되는 소파의 형상이다. 그러나 플라톤이 이 상황에 더 많은 층을 도입하기 때문에 사물들은 우리가 생각할 수 있는 것처럼 그렇게 간단하지 않다. 특히—이것은 레비나스의 플라톤 해석의 중심적인 유산인데—《국가》의 제7권에서 플라톤은 지적인 세계조차도 그것의 존재가 (비록 '사물'은 정확히 아니지만) 존재 너머의 어떤 것, 즉 "존재 너머의 선"에 빚지고 있다고 제안한다. 그래서 만일 형이상학이 형상의 세계와 거래하고 이러한 존재자들에 맞는 개념들의 도구들을 갖춘다면, 철학은 존재 너머의 것과 마주칠 때 자기의 경쟁자와 만난다: 우리는 어떻게 존재의 질서를 초월하는 것에 대해 말할 수 있는가? 만일 우리의 개념적인 무기가 안정적인 존재의 세계를 위해 만들어졌고, 우리의 모든 범주들이 존재하는 사물들(형상들)에 사용되기 위해 만들어졌다면, 우리는 이 '존재 너머의 선'에 대해 어떻게 말할 수 있는가? 그러므로 우리는 철학의 핵심에서 확실한 무한성을, 우리는 개념적 파악을 초과하여 철학의 탄생에서 어떤 부정신학을 발생시키는 일종의 부정성을 발견한다.[16]

그러나 데리다는 경계성의 또 다른 층, 곧, 서양의 존재론을 빠져나가는 유사-사(물)에 관심을 가진다. 이 경계 사례는 이미 플라톤의 전체 저작에서—감각적인 사물들을 기입시키고 형성하는 '용기'이나 매트릭스인—코라khôra의 이름으로 발견된다. 만일 '존재 너머의 선'이 상단 끝에서 존재론적인 표를 초과한다면, 코라는 단순히 비-존재로 떨어지지 않고 밑바닥에서 그것을 빠져나간다. 선과 마찬가지로, 코라는 철학적 범주들을 중단시키는 철학의 타자 중 하나이다. 그리고 사실, 둘 다 철학적 개념과 정의의 고정성을 피하기 때문에, 둘 사이에는 어떤 특정한 미끄러짐이 존재한다: 우리가 존재와는 다른 것과 마주치게 되어 철학의 존재론적 범주들에 저항할 때, 우리는 선과 코라의 구분을 쉽게 고정시킬 수 없다. 코라를 명명할 수 없음은 명명의 바로 그 가능성에 대한 물음을 제기하는데, 이것은 데리다의 논의의 핵심적인 것이다.[17] 그래서 플라톤은 해체 작업에서 중요한 동맹인 것으로 밝혀진다.

(2) 니체

앨런 블룸과 같은 사람들에 의해 만들어진 괴물-데리다의 지속적인 특징은 데리다와 괴물 같은 니체 사이의 깊은 공모 관계이다. 이것은 (비록 우리가 마지막으로 하고자 하는 것이 니체의 괴물성을 길들이는 것이지만) 보통 니체의 근본적인 오해에서 비롯된다. 그렇다면, 우리는 니체와, (아마도 니체에 대한 빚과) 데리다의 관계를 어떻게 이해해야 하는가?

해체가 영미 이론에서 근본적으로 니체적인 기획으로 해석된다면, 나는 이것이 《그라마톨로지》의 영문판에 실린 가야트리 차크라보티 스피박Gayatri Chakravorty Spivak의 영향력 있는 역자 서문에서—영어권 학계에서의 데리다 수용의 핵심적인 문건에서 기인한다고 생각한다.[18] 스피박은 데리다에 대한 이 소개에서 특히—그리고 정당하게—헤겔, 프로이트, 하이데거 및 니체에 대한 데리다의 빚을 강조하지만, 니체에 대해서는 특별히 강조한다(OG, xxi~xxxviii). 우리가 이미 앞서 2장 2)에서 보았던 것처럼, 데리다는 문학성과 순수성에 대한 철학적 가식을 비판하기 위해 니체의 '은유들의 기동부대'를 요청한다. (우리가 진리 그 자체가 아니라는 점을 주목해야 하는) '진리'의 지배적인 패러다임에 대한 이 신랄한 비판은 《에쁘롱Spurs》에서의 니체에 대한 데리다의 가장 광범위한 독해에서 더욱 확장된다. 해체의 가장 니체적인 부채들은 해체의 형이상학 비판(MP, 362~363)에서, 해체의 근본적인 관점주의, 곧 해석은 끝까지 지속된다는 주장(OG, 19)에서 그리고 철학의 역사에 대한 계보학적 읽기에서 발견될 수 있다.

그러나 이렇게 인정되는 니체에 대한 부채에도 불구하고, (1976년, 스피박이 조사한 것과는 달리) 현재의 상황에서 데리다의 전체 저작에 대한 지식에 의하면, 니체를 데리다의 작업에서 '중심적' 인물로 보는 것은 어렵다. 예를 들어, 우리는 데리다가 '권력에의 의지'를 대단히 중요한 비판적 범주로 사용하는 것을 결코 발견하지 못한다.[19] 니체는 여전히 (예를 들어, 《죽음의 선물》에서 기독교의 '희생'에 대한 비판과 《우정의 정치》에서 우정에 대한 설명을 위한 도구를 제공하는) 데리다의 기획에 영향을 주지만, 데리다 안에서 니체의 목소리는 침묵하지는 않지만 적어도 레비나스의 목소리에 의해 묻히는 것 보인다: 우리는 초인Übermensch이 타자에게 굴복한다고 말할 수 있다.

(3) 하이데거

몇몇 사람들이 데리다에게서 니체의 역할을 과대평가했다고 마르틴 하이데거에 대해서도 같은 평가를 하기에는 어렵다. 하지만 그 빚은 단순하지 않다. 데리다는 그가 "하이데거로부터 매우 가까운 동시에 매우 멀리 있다"고 인정한다(PC, 66). 《우편엽서》에서 데리다는 1979년 8월 22일에 마르틴으로부터 온 수신자 부담 전화를 '받을지' 묻는 (장난) 전화 이야기를 하면서 하이데거의 유령에 시달렸다는 사실도 인정한다. 물론, 그것은 단지 물음일 뿐이다: 데리다는 하이데거의 유령을 어떻게 할 것인가? 그는 이 빚/부름을 받아들이는가? 그는 그 부름을 받아들이지 않지만, 다음과 같이 주의를 기울인다: "이 모든 것이 당신으로 하여금 어떤 전화통신도 나를 하이데거의 유령과 연결시키지 않으며, 다른 유령들과도 연결시켜주지 않는다고 믿게끔 해서는 안 된다. 정반대로, 나의 연결망은 (…) 부담스러울 정도로 연결되는 편에 속하고 과부하를 소화하기 위해서 하나 이상의 교환기가 불가피하다"(PC, 21). 해체의 공간을 열어준 것은 언제나 하이데거였고, 심지어 하이데거의 해체였다. "내가 시도하고자 했던 것은 하이데거의 물음들의 개방이 없었다면 가능하지 않았을 것이다." 그러나 정확하게 "하이데거의 사상에 대한 이 빛" 때문에, 데리다는 하이데거 안에서 "형이상학에 속한다는 신호, 또는 그가 존재신학에 대해 부르는 것"을 발견한다.[20] 하이데거와 그의 관계는 앞서 언급한 부모와 자식의 관계의 완벽한 본보기이다. 따라서 (WD에서의)《존재와 시간》에 대한 그의 초기 작업에서부터,《그라마톨로지》와 하이데거에 대한 그의 유사-종말론적이지만 깊이 있는 비판적인 독해를 보여주는《정신에 대해서》를 거쳐, (《마르크스의 유령들》과《주어진 시간》에서의) '정의'와 '선물'을 다루면서 보여주는 후기 하이데거와 그의 관계에 이르기까지, 하이데거의 작업은 초기와 후기 모두 해체 가능성의 조건으로 기능한다. 해체의 긴장 상태는 레비나스와 하이데거에게서의 특권을 가진 '타자들'에서 확인할 수 있다.

(4) 프로이트

우리는 만약 프로이트가 존재하지 않았다면, 후설에 대한 데리
다의 비판이 프로이트를 창조해야 했을 것이라고 말할지도 모
른다. 주체의 통제를 초과하고 결코 충분하게 현존할 수 없는,
부재와 타자성에 의해 구성되는 데리다의 의식에 대한 설명은
무의식적인 것을 현상학적으로 다시 기술한 것이다. 그래서 우
리는 데리다의 초기 작업에서 프로이트를 지속적인 원천(이며
실망)으로 발견할 수 있다는 점에 놀라서는 안 된다. 하지만 그
관계는 항상 비판적인 수용 또는 불성실한 추종 중 하나이다. 프
로이트가 원-(글)쓰기에 대한 설명의 선구자를 제공하기는 하
지만, 데리다는 (《글쓰기와 차이》의 〈프로이트와 글쓰기의 무대〉에
서) 이 근본성을 발견하지 못하는 점에 대해 그를 비판한다. 비
슷하게 정신분석학자는 저자의 전문적 지식과 의도에 대한 고
전적인 개념들에 의문을 제기하는 의식의 설명을 제공함에도
불구하고, 프로이트는 해석의 전문가인 분석가로서 매개를 벗
어나는 일종의 해석적인 X-선의 시선을 통해 어떤 비밀도 풀 수
있다고 주장하는 고전적인 해석학의 입장을 유지한다(《우편엽
서》의 〈진리의 집배원〉 참조). 데리다와 프로이트의 관계에서의
이러한 주고받기는 《우편엽서》, 《아카이브 병Archive Fever》에
실린 다른 텍스트와 가장 최근에는 《알리바이 없이Without Ali-
bi》에 수록된 〈정신분석은 자신의 영혼의 상태를 탐구한다Psy-
choanalysis Searches the States of Its Soul〉라는 텍스트를 포함하
여 이후의 작업에서도 계속된다.

(5) 다른 타자들

우리는 여전히 데리다의 철학적 주요 문헌에 대한 역사적인 여정의 표면만을 훑어보았을 뿐이다. 우리는 (《철학의 여백들》과 《우정의 정치》에서의) 아리스토텔레스, (《할례 고백》과 《눈먼 자들의 기억들》에서의) 아우구스티누스, (《종말론적 어조에 대하여 와 《회화에서의 진리》 그리고 《불량배들》에서의) 칸트 또는 (《철학의 여백들》과 《글쓰기와 차이》 그리고 특히 《조종》에서의) 헤겔을 다루는 중요한 논의를 하지 않았다. 그리고 조이스, 말라르메, 주네, 블랑쇼Blanchot, 보들레르와 같은 문학의 인물들과 마찬가지로 로젠츠바이크Rosenzweig, 코헨Cohen, 숄렘Scholem과 같은 유대 사상가들이 준 독특한 영향들을 다뤄야 하는 논의들이 남아 있다. 이와 관련한 논의는 이런 인물들을 고려하는 1차 및 2차 문헌들에 대한 참고문헌의 자료를 참조하길 바란다.

그러나 역사적인 주요 문헌들과 데리다가 맺은 광범위한 관계를 고려할 때, 여기 문헌들 안에 있는 특정한 빈틈들은 흥미로운 문제이다. 예를 들어, 데리다의 전체 저작에서 우리는 프랑스 철학의 수호성인들인 데카르트나 파스칼과의 폭넓은 관계를 발견하지 못한다. 마찬가지로 우리는 사르트르에 대한 엄밀한 대응도 발견하지 못한다. 적어도 비트겐슈타인을 '피하는' 이유는 궁금하다.[21] 이런 문제들에 대한 논의들은 도래하고 있다.

2) 타자들의 데리다: 해체에 대한 반응

데리다의 비평가들이나 숭배자들은 적지 않았다. 하지만 대부분의 비평가들은 데리다에 반응하는 것보다는 우리가 '데리다' 신화라고 부르는 것이나 괴물-데리다의 위협에 더 반응하고 있다. 내가 이 두 가지 모두 근거가 없다는 것을 우리가 보여주기를 바라는 한, 우리는 데리다의 다양한 오해를 목록화하는 데 시간을 쓸 필요가 없다. 비록 여러 학문 분야에서는 이러한 오해를 바로잡기 위해 도전할 사람들이 여전히 필요하지만 말이다. 게다가 우리는 데리다의 많은 전유들을 요약할 필요도 없다. (이들중 일부도 '데리다' 신화를 조성하고, 괴물-데리다를 키우기도 한다) 그 대신, 나는 여기서 전유와 비판 모두 포함하는 데리다와 관련된 네 가지 주요 '학파'에 대해 아주 간단히 언급하고자 한다.

(1) 미국의 수용: 예일학파

데리다는 폴 드 만Paul de Man, 제프리 하르트만Geoffrey Hartmann, J. 힐리스 밀러J. Hillis Miller, 해롤드 블룸Harold Bloom을 포함한 예일대학의 문학 이론가들의 협회인, '예일학파'를 통해 영미권 '이론'을 접하게 되었다.[22] 예일대를 통한 데리다의 수용이 문제가 없었던 것은 아니었다. 특히 그것은 데리다 자신의 작업과 기획이 종종 드 만이 하고 있던 것으로 단순히 환원되는 것을 의미했다. 다시 말해, 드 만과 예일대 이론가들은 보통 데리다의, 특히 어려운 텍스트(또는 프랑스어)로 노동할 의향이 없는 사람들의, 대리자로 활동했다. 게다가 문학 이론의 문을 통한 데리다의 일반적인 수용은 데리다의 작업의 깊은 철학적인, 특히 현상학적인 배경을 못 보는 경향이 있었다. 그래서 우리는 후설과 하이데거를 모른 채 (예를 들어, 이런 주제들을 다루는 스피박의 논의에 크게 의존하여) 데리다를 읽는 세대를 보았다. 나는 데리다에 대한 오해의 많은 부분이 1970~1980년대에 영문학 조교수의 손으로 이루어진 데리다에 대한 매우 비-맥락적인 읽기에서 비롯되었다고 주장한다.

(2) 독일의 수용: 하버마스와 가다머

데리다가 예일학파의 문학 이론을 통해 영미 사상에 널리 수용된 반면에, 철학에서는 데리다를 하이데거 해석학의 확장한 것으로 받아들이는 어떤 다른 수용이 있었다: 가다머가 하이데거의 좀 더 보수적인 확장을 대표한다면, 데리다는 이 유산의 '좌익'을 대표한다. 그러나 데리다는 해체를 그렇게 해석학의 일종으로서 해석하는 일에 저항했다. 그것이 얼마나 근본적이든 간에 말이다. 이것은 데리다와 독일 철학의 일반적인 불화의 징후였으며, 특히 가다머의 해석학과 위르겐 하버마스와 연관된 프랑크푸르트학파의 비판 이론에서 구체화되었다. 이 두 '학파들' 모두와 데리다의 관계의 전개는 무척이나 흥미롭다.

먼저 데리다와 가다머의 관계를 생각해보자. 1981년 악명높은 만남(결렬)에서 데리다는 가다머와 철학적 해석학의 기획에 거리를 두는 것에 가장 관심이 있는 것처럼 보였다. 가다머는 해석은 근본적인 (의심이 아닌) 신뢰에서 시작되어야 하며 (전파가 아닌) 이해를 목표로 해야 한다고 제안한 반면, (이것이 데리다의 가장 니체적인 순간 중 하나인데) 데리다는 파열이 연관성보다 더 근본적이라고 제안했다. 그는 다음과 같이 말했다: "우리는 [이해의] 선조건이 (어제 저녁에 [가다머가] 묘사했던) 친밀함 연속성이기는커녕, 오히려 친밀함의 중단, 특정한 중단의 친밀함, 모든 매개의 중지가 아닌지 물을 필요가 있다."[23] 이것은 명백하게 데리다를 근본적인 의심의 해석학을 지지하는 이들의 진영에 포함시켰고, 가다머는 이에 대해 응답하기조차 어렵다고 생각했다.[24] 나중에 데리다는 이 때의 자신의 반응 때문에 곤혹스러웠다고 인정하며, 그것이 어떤 '성숙해지지 않는 우울감'의 산물이고 어떤 면에서는 그가 후회하는 어떤 것이었다고 말했다.[25]

하지만 이후 10년 반에 걸쳐 데리다의 작업의 궤적은 이러한 거친 반응이 시사하는 것보다 그를 가다머에게 더 가깝게 만든다. 하이데거에 대한 그의 저작, 《정신에 대해서》에서, 데리다는 의심이 '먼저' 오거나 그것이 근본적인 것이라는 식의 관념을 분명히 거부했다. 오히려 물음 이전에 약속이 있다: "모든 말을 여는 약속은 바로 그 물음을 가능하게 하기에 물음에 속하지 않고 물음에 선행한다. 즉, 긍정의 비대칭, 모든 예와 아니오의 대립에 앞서는 예yes 비대칭이 있다. (…) 언어는 항상, 어떤 물음에 앞서 그리고 바로 그 물음에서, 결국 약속이 된다."[26] 그러므로 어떠한 의심의 해석학에 (본질적으로 근본적인 물음의 해석학에) 앞서, 우리는 언어의 약속을 신뢰해야 한다.

언어는 이미 어떠한 물음이 제기될 수 있는 그 순간 전부터 거기에 있다. 여기서 언어는 물음을 초과한다. 이 앞섬은 어떤 계약 이전에, 우리가 어떤 의미에서 이미 묵인했어야 할, 이미 예라고 말하고 맹세했어야 할, 일종의 근원적인 충성의 약속이다. 뒤따를 수 있는 담론의 부정성과 문제가 무엇이든지 간에 말이다.[27]

그가 계속해서 말하는 이 맹세는 약속 그 자체에 주어진 것에 대한 '헌신'이다. 의심의 핵심이자 토대인 물음은 마지막 말을 가지지 않는다. 이것은 정확히 물음이 첫 번째 말을 가지지 않기 때문이며, 물음이 약속을 신뢰하는 데 근거를 두고 있기 때문이다.[28] 이 맹세는 물음'에 앞서', 심지어 언어 이전에, 시간의 처음부터 발생한다. "말에 앞서, 때때로 우리가 '예'라고 명명하는 말 없는 말이 있다. 일종의 선-근원적인 맹세로, 그것은 언어와 행동에의 어떤 다른 참여보다 앞선다."[29] 데리다는 의심의 우선성에 의문을 제기함으로써 가다머의 입장과 놀랍도록 유사한 입장을 표현했다.

우리는 동일한 모호성을, 그리고 아마도 화해를 하버마스와 프랑크푸르트학파의 비판 이론과 데리다와의 관계에서 발견할 수 있다. 처음에 해체에 대한 프랑크푸르트학파의 반응은 냉담했다. 《현대성의 철학적 담론》에서의 하버마스의 평가에 의하면, 하버마스는 데리다, 푸코, 리오타르와 같은 포스트모더니스트들이 그들이 계몽주의에 반대한다는 뜻이 분명한 현대성에 대한 '전면적인 비판'에 참여했다고 결론을 내린다. 그리고 더 나아가 하버마스는 그들이 계몽주의에 반대한다면, 그들은 또한 계몽주의의 정치적 이상에 반대하는 것이 분명하다는 결론을 내린다. 계몽주의는 권위주의적인 구조로부터의 모든 해방, 즉, 혁명이기 때문에, 포스트모더니스트들은 혁명에 반대하는 것이 분명하며, 따라서 현재의 상태와 모종의 권위주의적인 정치 구조의 복권을 위하는 것이 분명하다는 것이다. 하버마스가 사실상 푸코와 데리다를 '보수적인' 또는 '신보수' 성향의 인물로 묘사하는 것은 바로 이러한 이유에 근거한다.[30] 데리다는 이와는 대조적으로 하버마스의 "투명성"과 "민주주의적인 논의의 일의성"(OH, 55)에 대한 요청에서 작동하는 서서히 잠식하는 동종성을 우려했다.

물론 문제는 하버마스의 출발점에 있다: 데리다가 주의하여 지적한 것처럼, 데리다는 계몽주의의 기획을 전체적으로 거부하는 것이 아니라 그것의 합리주의적인 요소만을 거부한다. 우리가 이미 보았던 것처럼[3장 3)의 (2)], 데리다는 계몽주의를 긍정하고 심지어 근본화한다. 그래서 해체는 억압으로부터의 해방이라는 계몽주의의 기획을 완성하거나 최소한 지속하려고 시도하고 있으며, 그러므로 보수적이 아니라 혁명적이라는 인상이 있다. 계몽주의와의 이러한 관계가 명확해짐에 따라 프랑크푸르트와 파리 사이에 보다 생산적인 대화의 공간이 열리게 되었다. 이로 인해 발터 벤야민은 데리다의 후기 작업(특히 〈법의 힘〉)에 중요한 영향을 미쳤고, 데리다는 아도르노상을 수상한

후[31] (나중에 《피슈Fichus》로 출간된) 연설에서 프랑크푸르트학파와의 친근감을 표현했으며, 2003년 2월 15일, "유럽: 공동의 외교 정책을 위한 간청"이라는 문서를 제작한 데리다와 하버마스의 공동 노력은 그 절정을 보여주었다.[32] 비판 이론과의 깊은 친근감을 표현했던 후기 푸코와 같이, 데리다의 후기 작업은 파리와 프랑크푸르트의 깊은 동맹을 보여준다.

(3) 영미권의 반응: 분석철학

데리다는 일반적으로 영미권 또는 분석철학계에서 조롱의 대상이 되어 왔지만,[33] 몇 가지 주목할 만한 하며, 관심이 증가하고 있는 예외가 있다. 아마도 먼저 주목해야 할 것은 1973년 뉴턴 가버Newton Garver의 《목소리와 현상》 영문판의 명쾌한 서문이다. 가버는 분명히 사과의 뜻을 전달하기 위해 데리다를 흠 없는 분석적 기원을 가진 전통, 곧 루트비히 비트겐슈타인의 작업과 그의 뒤를 이은 언어 분석과 관련시키고 노력한다(SP, ix~xxix).

적어도 분석적인 '자격증'을 가진, 데리다의 가장 주목할 만한 해설자는 리처드 로티Richard Rorty일 것이다. 로티는 도널드 데이빗슨Donald Davidson과 데리다의 언어에 대한 설명의 공통 부분을 처음 묘사하면서, 하이데거의 독자로서 데리다를 존중하여 어떤 특정한 데리다를, 적어도 영미 철학의 어휘로 이해할 수 있는 표현으로 '번역'했다. 문제는 이 번역에서 살아남은 '데리다'가 로티가 심/신의 문제와 같은 어리석은 짓에서 물러나 그 대신 조이스에게 심취하게 되었다고 찬양했던 '자유주의 아이러니스트'로 밝혀졌다는 것이다. 확실히 로티는 이것이 공적이거나 정치적인 특징을 많이 가지고 있다고 생각하지 않았지만, 이것으로 오두막에서 주말을 보내기에 아주 좋았다. 주중에는 듀이의 실용주의만이 모든 실질적인 (정치적) 작업을 끝낼 수 있었다.[34] 우리가 이미 2장 1)의 (2)에서 보았던 것처럼, 데리다는 이 독해를 명백하게 거부하며 따라서 로티가 아마도 예일학파만큼이나 '데리다' 신화의 형성에 기여했을 것이라고 확증한다.

로티의 뒤를 이어 그러나 또한 그의 모델에서 벗어나서, 우리는 최근에 꽤 주류적인 분석철학자들에게서 해체에 대한 몇몇의 지속적인 분석을 확인했다. 사무엘 휠러Samuel Wheeler는 심지어 해체를 분석철학으로 묘사하는 대담함을 가지고 있다. 루돌프 가셰의 작업은 이를 위한 길을 마련했다. 그리고 어떤 면에서는, 크리스토퍼 노리스Christopher Norris의 데리다와 칸트의 비판 전통의 연결에 대한 지속적인 표기는 '진짜' 또는 '진지한' 철학자로서의 데리다에 대한 모습에 반영된다.[35] 사이먼 글렌디닝Simon Glenndinning에 의해 수집된 연구 모음집은 데리다를 진지하게 받아들이는 데 관심이 있는 새로운 세대의 분석철학자들의 고무적인 신호이다.[36] 이에 대해, 데리다는 분석철학을 좀 더 진지하게 받아들이지 않은 것에 대해 특정한 '죄책감'을 표현했고, 그 자신을 분석철학자라고 묘사하는 것에 대해 좋아했다. 무어Moore에 대한 응답에서, 데리다는 다음과 같이 언급한다: "당신이 개념적 철학을, 또는 개념적 철학으로서의 분석철학을 정의하고 있을 때, 나는 다음과 같이 생각했다: 음, 그것이 내가 하고 있는 것이고, 정확하게 내가 하고자 하는 것이다. 그래서: 나는 분석철학자이다."[37] 이것은 데리다 읽기의 방식을, 그것의 초창기에 한정되지만, 더 품을 들일 가치가 있는 것으로 만들어준다.

(4)'포스트모더니즘' 이후: 이글턴, 지젝, 바디우

마지막으로, 우리는 '포스트모더니즘'에 대한 거부를 가장하여 데리다에 대한 상당히 통렬한 비판을 기술하기 시작한 학설 또는 '문화 연구' 내부의 증가하는 움직임에 주목할 수 있다. 지젝과 바디우는 해체를 특수성에 대한 더 넓은 찬양의 일부로 보면서, 이러한 종류의 이론을 적절한 비판을 정초하는 데 요구되는 보편성을 거부하는 것이라고 비판했다. 바디우는 그가 해석학적, 분석적, 포스트모던적 철학이라고 명명하는 세 가지 꽤 다른 현대 철학의 유형이 모두 "우리가 형이상학의 끝에 와 있다고 생각"하면서 언어에 대한 문제에 어떤 중심적인 위치에 합의한다고 말한다.[38] 그러나 그는 또한 이런 두 가지 '공리들'이 철학 그 자체의 가능성을 위태롭게 한다고 주장한다. 사실 그러한 다수성과 차이에 대한 찬양은 정확히 시장의 손에 놀아난다. "만일 진리의 범주가 무시된다면, 우리가 의미의 다원성 외에는 어떤 것도 절대 만나지 못한다면, 철학은 돈과 정보의 매매에 종속된 세계에 의해 제기되는 도전들을 결코 받아들이지 않을 것이다."[39] 차이의 철학들은 결국 시장이 주도하는 세계를 맹목적으로 숭배하는 데 적응하게 된다. 바디우에게 이것에 저항할 수 있는 유일한 방법은 강력한 형이상학을 복원시키는 것이다.[40] 지젝은 이러한 우려에 공명하면서 해체가 그러한 폭력에 대항하는 가치를 제공하기보다는 실제로 전체주의의 공간을 열어준다고 말한다. 바디우와 마찬가지로, 그리고 바디우와 더불어, 지젝은 데리다의 급진적인 기호학이 허용하지 않을 것이라고 믿는 보편적이고, 심지어 언어 외적인 기준의 필요성을 주장한다.[41] 그리고 테리 이글턴은 해체를 그가 '문화주의' 또는 차이의 맹목적 숭배화라고 부르는 것의 하나의 형태로 생각하는 경향이 있는데, 이것은 문화주의의 이론적 틀에서 뒤늦게 현대의 폭력을 낳는 일종의 문화적 논쟁을 찬양하면서도 그러는 동안 내내 기이하게 칸트적이고 "아우라나 종교성에 젖은 윤리에 대해—그럼에도 불구하고 정말 대단히 결정적인 의미의 종교적 언어를 비워낸 종교적인 수사학으로"—이야기한다.[42] 이 추상적 개념은 곧장 자신의 지독한 모든 물질주의에도 불구하고 비밀스럽게 물질에 알레르기 반응을 보이는 자본주의의 손에 놀아난다.[43] 그래서 이글턴은 비록 "보편성에 대한 물질주의적인 생각"이기는 하지만, 보편성을 주장하는 어떤 이론을 다시 긍정하기를 원한다.[44] 이에 비추어 볼 때, 우리는 (예를 들어 《불량배들》에서) 사건의 '보편성'에 대한 데리다의 가장 최근 개입을 이러한 비판의 노선에 대한 완곡한 반응으로 읽을 수 있다.

5장

저자, 주권 그리고 인터뷰에서의 자명한 것들

: 데리다 '라이브'

해체가 무엇에 반대하는 것이라면, 그것은 바로 '살아 있는 이론'이라는 생각일 것이다. 데리다의 작업의 중심 논제 중 하나는 의미의 불안정성, 또는 아마도 어떤 텍스트나 발언의 의미가 저자나 화자의 통제를 초과하는 방식일 것이다. 이와 같이 데리다는 '살아 있는 이론'에 전념하는 일련의 시리즈를 만들 수 있는, 아마도 만일 우리가 '살아 있는' 저자를 확보할 수 있다면,—우리가 인터뷰를 할 수 있다면—저자가 그의 아주 어려운 텍스트들에서의 모든 모호함들을 해소할 수 있을 것이라는, 바로 그 창립적 추동력에 저항한다. 인터뷰에 대한 특정한 신앙을 갖는 그러한 경향은, 텍스트**를 통해** 저자의 직접성을 얻으려는, 저자가 **직접** '의도했던' 것을 배우기 위해 책과 독서의 끊임없는 매개를 건너뛰려는 욕망을 드러낸다. 인터뷰의 최악의 형태는 근본적으로 문제를 쉽게 드러내고 인상적인 한마디의 수준에 의존하며 저자의 모든 말을 맹목적으로 숭배하는 데 참여해서 저자로 하여금 '새로운' 어떤 것을 말하게 열망하는 것이다. 이러한 맹목적인 숭배는 보통 'X에 대해 조금만 이야기해주시겠습니까'

라는 질문을 가지고 철학자로부터 귀중한 작은 보석을 뜯어내는 규칙을 따라 수행된다. 데리다는 영화의 제작자가 그에게 단순히 "사랑에 대해 말해줄 수 있나요?"라고 물었을 때, 성난 반응을 보였다. 데리다는 그에게 다음과 같이 쏘아붙였다: "최소한 나에게 질문이라도 하세요."

그래서 데리다가 이 책에 대해 인터뷰를 (기꺼이) 할 수 없었던 것은 당연하다. 그 부족함은 우리에게 할 수 있는 어떤 토론보다 데리다의 '이론'에 대해 더 많은 것을 알려준다. 그렇다면 '새로운' 인터뷰의 부재는 인터뷰의 공리와 의식을 창조적으로 해체할 수 있는 기회이다. 이것이 저자, 주권, 주관성, 텍스트와 읽기의 본성에 대한 중심 물음들에 도달하는 한, 이것은 (만일 우리가 이와 같은 것들을 말할 수 있다면) 해체 '그 자체'로 들어가는 수행적인 방법이 된다. 따라서 다음은 결코 진행된 적이 없는 자크 데리다와의 인터뷰이다. 하지만 이 인터뷰에서 그는 일인칭으로 말한다. 인터뷰와 다른 텍스트의 방대한 자료들을 기반으로 하여, 이 인터뷰는 새로운 구성, 일종의 창조로 앞선 장들에서 시작된 대화를 확장시킨다. 이러한 연습은 해체가 아마도 가장 두려워하는 것으로, 타자를 단순하게 전유하고 그가 택하지 않은 역할(레비나스)을 하게 만들며, 그로 하여금 내가 그에게 말하고자 하는 바를 말하게 만드는 그런 위험에 빠뜨린다. 하지만 우리는 타자의 이름으로, 언제나 타자에게 정의를 행하기 위해 타자를 읽을 때 이러한 위험을 감수했던 자크 데리다의 이름으로 이 폭력의 위험을 무릅쓰고자 한다.

인터뷰

아마도 당신만큼이나 많은 질문을 받은 철학자는 없을 것입니다. 언론이나 학계, 심지어 영화 제작자들에게 말이죠. 하지만 제가 보기에 당신의 작업은(이것을 '해체'라고 부르기로 하죠) 대부분의 '인터뷰'의 이유가 되는 바로 그 공리들에 의문을 제기하는 것 같습니다. 언론(과 젊은 학자들)은 텍스트의 수수께끼를 풀기 위해, 읽기의 어려움을 건너뛰기 위해, 그리고 저자의 "의도"[2]에 접근하기 위해, 인터뷰를 진행하고자 하는 것 같습니다.

저는 그것이 대부분의 인터뷰라는 데 동의합니다. 그러나 그러한 공리에 기반한 인터뷰는 일종의 침해, 즉 강제 진입이 될 것입니다. 그것은 '우리가 강요당하는' 노출의 방식이죠. 인터뷰는 "기록된 이 테이프로 인해 깜짝 놀랄 위험에 우리 자신을 노출한다"는 동의입니다(Points, 10). 그래서 인터뷰에는 어떤 특정한 폭력이 있지만, 그것은 글쓰기와 말하기, 또는 더 일반적으로는 원-(글)쓰기를 구성하는 노출의 폭력성과 위험과는 질적으로 다르지 않습니다. 우리는 어쩌면 (너무 많은) 인터뷰가 작가의 내부로 들어가 비밀을 부수고 열어 그 상을 가지고 집으로 돌아오는 것을 목표로 하는, 강요된 노출이라는 이 공리들에 근거하여 진행된다고 말할 수 있습니다. ('찍었나요?' 기자는 이렇게 계속 카메라맨에게 물을 것입니다.)

그리고 당신의 말이 맞습니다. 인터뷰의 이 공리는 (우리가 축약어를 사용할 수 있다면) '해체'가 서사적으로 들릴 수 있지만 "태초부터"(Points, 28) 의문을 제기했던 주체성 모델을 전제합니다. 그래서 문학 잡지에서 제 저작의 '가장 최신 정보를 얻기 위해' 저를 인터뷰하거나, 제 출판물 중 하나를 회고적으로 고찰하기 위해 저를 초대할 때, 그들은 제가 그러한 저작들에 대해 어떤 식으로든 통달해 있다고 상정합니다. 하지만 이 모든 것, 즉 생산의 모든 과정은 "다소 의식적이고 다소 상상적인 계산에 의존하며, 일상의 소형-X선에, 넓게는 무의식적인 충동들의 지배를 받는 전체 정보의 화학적인 반응에 의존합니다. 어떠한 계산보다 앞서 먼저 그 자리에 있었던 감정과 환상들은 물론이고요. 어떤 경우에도, 제 설명은 그것들을 통달할 수 없습니다. 선사시대 동굴에 손전등을 비추는 것보다 그것들을 더 보여주지 못합니다"(Points, 12).

그래서 제가 인터뷰의 이 공리를 거부한다면, 그것은 제가 후설에 대한 제 초기 연구에서 인내심을 가지고 증명하려고 노력했던 것, 곧 저자(혹은 화자)는 그 또는 그녀의 의도들의 주인이 아니라는 점 때문일 것입니다. 인터뷰의 공리는 가장 고전적이고 가장 후설적인 저자의 자기-현전이라는 개념을 가정합니다. 해체는 처음부터 권위적인 주체의 그러한 구성요소들에 대해 그저 의문을 제기했습니다. 이제 언론을 위해 그것에 동조하는 것은 해체를 포기하는 것입니다.

당신은 인터뷰가 불법이라고 생각하나요? 그렇다면 이 인터뷰는 조금은 뻔한 속임수일 것입니다. 그렇지 않나요? 아니면 더 심하게는, 당신이 자주 비난받는 일종의 '수행적 모순'일 것입니다.

우리는 '인터뷰'를 획일적인 장르로 일반화하거나 그렇게 말하지 않도록 조심해야 합니다. 제가 반대하고 있는 것은 당신이 말하는 것처럼 특정한 공리들, 곧 저자에 대한, 결국 현전의 형이상학을 가정하는, 자신의 텍스트의 주인으로서의 저자에 대한 고전적 개념으로 작동하는 것입니다. 그것은 제가 의미의 주인이고 언어의 지배자라고 가정합니다. 그러나 저는 화자나 저자로서 제가 언어**에** 종속되고(SP, 145~146) 언어**에 의해** 지배되는(OG, 158) 측면들이 있다고 주장했습니다. 사실, 정확하게 바로 이 점이 해체적인 읽기의 합법성(과 필연성)을 보증합니다. 저자가 명령하지 않는 언어와 텍스트의 요소들은 그래서 항상 존재합니다. 저자가 의미하는-바vouloir dire와 그/그녀가 책을 명령하지 않은 것 사이의 공간에 읽기를 삽입하는 것은 읽기가 **생산적**이 될 때입니다. 저자는 "규정된 텍스트의 체계에 새겨져 있습니다"(OG, 160)―이것은 그렇게 많은 사람이 잘못 생각했던 것처럼, 우리가 언어에 '노예'라고 말하는 것이 아니지만, 우리가 우리의 통제를 이탈하는 시스템에 의해 '지배를 받는다'는 것을 의미합니다.

저는 이것을 선험적인 논제로서뿐만 아니라, 저자로서의 제 자신의 경험과 '저의' 텍스트와 제 자신의 관계에서 생기는 고백이라 말합니다. 우리가 여기 앉아서, 당신이 저에게 1962년이나

1967년의 텍스트에서 제가 무엇을 하고 있었는지 묻기 시작할 때, 저도 당신처럼 제 텍스트의 독자가 되는 중요한 측면들이 존재합니다. 그리고 제가 《그라마톨로지》에서 제안하려고 했던 것처럼, 모든 "읽기"는 "항상 저자가 명령하는 것과 저자가 사용하는 언어의 패턴에 대해 자신이 명령하지 않는 것 사이의 관계를, 저자에 의해 인식되지 못한 특정한 관계를 목표로 삼아야 합니다"(OG, 158). 이것은 후설과 루소의 경우에도, 자크 데리다의 경우에도 마찬가지입니다.

그런데 인터뷰의 그러한 공리의 바깥에서, 우리는 다른 종류의 인터뷰를, 곧 생산적인 인터뷰를, 제가 긍정하고 심지어 찬양하는 인터뷰를 수행하기 위한 다른 이유들을 찾을 수 있습니다.

그렇다면, 저는 왜 당신이 데리다를 '생생하게' 포착한다고 하는 개념을 불편해하는지 이해할 수 있겠습니다. 하지만 당신은 그런데도 계속해서 인터뷰를 허락하는군요. (인터뷰 대상자들이 인터뷰를 '[해]주고' 어떤 식으로든 접근을 허용한다는 맥락에서 우리가 '준다'는 언어를 사용한다는 것은 흥미롭지 않나요?) 당신에게는 인터뷰의 이 공리에 저항하기 위한 전략이 있나요? 그것이 당신이 인터뷰 진행자들을 가지고 놀고, 그들을 무너뜨리고, 그들을 회피하는 것처럼 보이는 이유인가요?

저는 당신이 '회피'나 '무너뜨림'으로 무엇을 의미하려는지 모르겠습니다. 당신은 제가 당신을 부당하게 대한다고 생각합니까?

아니요, 그렇지 않습니다. 사실 저는 질문자의 전복/무너짐이 바로 정의일 수 있는지 궁금합니다. 만일 당신이 말한 것처럼 해체가 정의라면, 저는 '인터뷰'의 화용론과 장르가 무엇보다도 당신이 해체를 작동시키는 장소일 수 있지 않을까 궁금합니다. 1975년에 있었던 《디아그라프Diagraphe》[3]에 실린 첫 인터뷰 중 하나를 예로 들어 생각해보죠. 이런 '인터뷰'를 요청하는 것은 그 개념을 왜곡시키는 것처럼 보이는데, 그렇지 않나요?

무슨 말씀이신지요?

이 '인터뷰'를 할 때 당신은 어떤 질문의 바로 그 가능성을 무너뜨리고 있습니다. 두 가지 예를 들어보죠. 첫 번째 텍스트는 정말 독백인 것처럼 보입니다. 당신의 질문자는 당신을 돋보이게 하는 사람에 지나지 않아 보이며, 그 질문들은 당신의 대답과 거의 관련이 없습니다.

저는 제 대답이 관련이 없다고 말하는 것은 타당하지 않다고 생각합니다. 만일 제가 그 물음에 즉시 호의적이지 않다면, 제가 그 물음에 대해 어떤 우회로나 에움길을 택한다면, 그것은 아마도 수행적인 시점일 것입니다. 그것은 인터뷰 진행자와 청취자(또는 독자)들에게 다음과 같은 해체의 기본 원리를 알려줍니다. "저는 원칙적인 이유로 당신의 질문들에 대답할 수 없었습니다. 불가능하거나 접근할 수 없는 관용구 때문에, (다른 사람들이 제게 숨겨진 채로 접근할 수 있는 것은 여전히 순수하게 관용적이지 않기 때문입니다), 또한 그러한 어려움을 감안하여 **작성된** 텍스트에 대해 말하는 데 존재하는 어려움 때문에 그렇습니다"(Points, 22).

하지만 두 번째로, 만약 누군가가 물러서서 그런 인터뷰를 하는 장면을 고려한다면, 그건 거의 웃기는 일입니다. 제 말은, 당신은 우리가 당신이 기억 속 〈리트레 사전the Littré〉(Points, 7, 24~25)에서, 어떤 평범한 대화에서 이런 방대한 어원들을 줄줄 말했다고 믿기를 기대하셨는지요? 어떤 종류의 대화에서 이런 일이 일어날까요?

또는 여기서 가장 흥미로운 전복의 방식을 생각해보세요. 곧 오랫동안 당신이 관심을 가져온 주제를 이용하는 방식을, 그러니까 말하기와 글쓰기의 관계와 거기에서 미끄러지는 방식을 말이죠. 이 인터뷰들 모두에서 우리는 괄호, 괄호 안의 괄호, 심지어 괄호 안의 괄호 안의 괄호의 끊임없는 중지를 발견합니다. 정확히 어떻게 우리는 괄호를 **말**할까요? 한 사람은 괄호를 정확히 어떻게 말합니까? 3차적인 수준까지 말입니다.[4]

그래서 저의 유일한 물음은 이것입니다: 《디아그라프Diagraphe》에서는 농담을 하고 있었나요?

물론 농담에 대해서는 오랜 대화를 나눌 수 있지만, 지금은 미루도록 하죠. 우리는 아마도 이러한 참여 방식에 어떤 '놀이'가 있다고 말할 수 있을 것입니다. 진지한 놀이가 말입니다. 당신은 인터뷰의 질문이 윤리적 책임의 상황과 다르지 않은 **아포리아**의, 이중적-속박의 상태라는 것을 이해해야 합니다. 우리가 인터뷰 절차의 시작을 알리자마자, 우리는 의무와 부채의 전체 성좌를 활성화시킵니다. "지금 여기서 '인터뷰'가 시작합니다. '인터뷰'라고 불리는 것, 그것은 모든 종류의 코드, 요구, 계약, 투자 및 잉여가치를 함축합니다. 인터뷰에서 기대하는 것은 무엇인가요? 누가 누구에게 면접을 요청하나요?"(Points, 9~10) 그저 질문을 받고, 저**에 대해** 묻는 것인가요? 그렇다면, 우리는 인터뷰라는 문자 그대로의 이 '극장'과 관계하는 것입니다. "제가 지난 몇 년 동안 이뤘고 당신이 나에게 특정한 물음들을 물었으며, 당신 스스로 관심을 가졌던 것들을, (당신이 생각하기에, 그리고 나도 마찬가지로, 우리가 이것을 함께 하는 이유인 합법적인 것을) 그 모든 것이 끝났을 때, 우리가 약간의 기반을 얻음으로써 그것들을 변호하고 정당화하며 강화할 것을 제게 기대하지 않는 사람이 있을까요?"(Points, 10) 그래서 인터뷰는 어떤 의미에서는 **타자에 의한** 질문의 장소입니다. 그리고 이와 같이 인터뷰 대상자는 일종의 아브라함이며, 책임이 있을 뿐만 아니라 그 상황에 정의를 구현하는 방식으로 대응할 수 없습니다.

저는 여기서 이중적-속박을 이해할 수 없습니다. 예를 들어,

당신은 어째서 제가 제기하는 물음들에 대답할 수 없을까요? 저에게는 제가 당신에게 제기할 수 있는 물음들에 당신이 정의를 행할 수 없는 이유가 분명하지 않습니다.

저는 모든 물음은 불가능한 것을 제기하기 위함이라고 생각합니다. 하지만 동시에, 물음은 응답을 요청하는 책임의 탄생입니다. "물음이 없다면, 응답도, 책임도 없다."[5] 제가 이중적-속박을 위치시키는 곳이 여기입니다: 만일 제가 응답한다면, 저는 모든 종류의 부당함의 위험을 무릅쓰는 것입니다. 예를 들어, 저는 근본적으로 잘못되었거나 심지어 폭력적이라고 생각되는 물음의 상황이나 노선을 승인할 위험에 처할 것입니다. 이것은 특히 우리가 인터뷰의 공리라고 부르는 것에 의해 지배되는—현전의 형이상학에 의해 지배되는 인터뷰에 해당합니다. 만약 제가 그러한 일련의 물음에 응답한다면, 저는 이런 가정들을 결국 승인하지 않게 되는 것일까요? 제가 저의 텍스트에 대해 질문을 받고 단순히 대답한다면, 마치 제가 '완전하고 온전한 기억'을 가지고 있고, 어떤 텍스트의 모든 생산 조건을 기억할 수 있는 것처럼,—마치 **제가 그 텍스트를 썼을 때**, 심지어 이것을 의식하고 있었던 것처럼, 저는 이에 **'응답할 수 있다'**고 느꼈던 누군가의 상황에 있다고 가정하는 것입니다. 하지만 이것은 제 작업이 끈질기게 주장해왔던 것과 실천적으로 모순됩니다: 저자는 그 또는 그녀의 텍스트의 주인이 아닙니다.[6] 이런 측면에서, 인터뷰의 절차에서 제기된 물음들에 실제로 응답하는 것은 부당한 행동을 하는 것입니다. 그래서 정의가 응답을 요구하지 **않는** 것처럼 보입니다.

그러나—그리고 여기에 이중적-속박이 나타나는데—"만일 제가 여전히 이 무응답이 최선의 응답이라고 믿고, 응답하지 않기로 결정했다면, 저는 훨씬 더 나쁜 위험에 처하는 것입니다."[7] 응답하지 않음으로써, 저는 인터뷰 진행자를 타자**로서** 진지하게 받아들이지 않는 것처럼 보입니다. 당신은 제게 질문하고 있고, 대부분의 경우, 제가 중요하다고 생각하는 질문을 합니다. 그 질문들에 응답하지 않는 것은 당신과 당면한 문제들에, 그리고 '문제가 되는 것'에 대한 존중을 결여하고 있다는 것을 의미합니다. 게다가, 저의 무응답은 아마도 '정의를 행하는 것'에 대한 우려로 가려졌을지라도, 제 책임을 회피하는 또 다른 방법일 수 있습니다. 그래서 '시간이 더 필요하다'는 핑계로, 계속해서 응답을 미룰 수 있지만, 그렇게 미뤄진 무응답은 "항상 우리를 편안하게 보호하고 모든 반대로부터 안전하게 할 수 있습니다. 그렇지만 **타자에게** 응답할 수 없다고 느끼고, **스스로에게** 대답한다는 핑계로, 우리는 이론적으로 그리고 실천적으로 **사회**socius의 바로 그 본질인 책임 개념을 훼손하는 것은 아닐까요?"[8]

응답하는 것도 불가능하고 응답하지 않는 것도 불가능합니다. 그것은 인터뷰가 책임의 상황이라고 말하는 또 다른 방식일 뿐입니다.

그럼 당신이 이 문제를 다루는 방식은 우리가 언급했던 '기울어진' 전략의 일부를 사용하는 것입니까?

저는 '기울어진'이라고 말하지 않을 것입니다. 저는 이것이 제가 과거에 자주 사용했던 용어임을 인정합니다.[9] 그러나 "반성해보자면, 기울어진 것은 제가 그 방식으로 설명하려고 노력했던 모든 운동에 대해 가장 좋은 모습을 제공해주지 않는 것 같습니다."[10] 저는 당신이 영어로 말하는 것처럼 '정면적인' 접근에 대해 너무 주저하게 되며 불편했습니다. 제 전략을 '기울어진'이라고 묘사하는 것은 좀 너무 거칠고, 여전히 너무 기하학적이며, 그래서 너무 계산적이어서, 반응이 어떤 공식이나 미적분으로 환원될 수 있음을 시사합니다. 그러나 물론 그것은 정확하게 책임의 상황을 **무효로 만드는** 것입니다. 만약 무엇을 할지 아는 것이 계산하는, 알고리즘을 사용하여 진행하는 문제라면, 제가 하는 일은 사실상 **무**책임할 것입니다.

저는 '기울어진' 응답 대신에, 제 응답 전략이 정면으로, 직접으로, 직접적인 응답으로 진행되지만, 우리가 묘사했던 책임의 아포리아 **내부에서**부터 비롯된다고 말하고 싶습니다. 저는 이것을 때때로 '증언' 또는 '목격'의 방식[témoignage]이라고 묘사한 적이 있습니다. 어떤 윤리적 상황에서와 마찬가지로, 그것은 응답의 가장 부당한 방식을 찾는 문제이지만, 그 때에도, 대응은 지식이 아닌 신앙에 근거하여 진행됩니다. 이것은 또한 제가 어떤 면에서는 지식에 굴복하여 침묵을 지키는 단순한 아포리아들을 거부한 이유이기도 합니다. 타자의 물음에 대한 응답에서 저는 비밀을 말하지 않고 말하는 방식인 증언으로 응답합니다. 우리가 '폭로 없는 폭로'라고 부를 수 있는 것으로 말입니다.

이러한 '폭로 없는 폭로'의 공식은, 말하자면, '종교 없는 종교'와 같은 당신의 최근 연구들에서의 '공식'과 유사한 것처럼 보입니다.

이것들이 '공식'이라는 당신의 제안에 저는 즉각 반대합니다.

좋습니다. 사실상 충분합니다. 그것들을 분류되지 않은 채로 놔두죠. 하지만 당신이 종교, 선물, 환대, 정의 그리고 민주주의의 문제를 특정한 Sans[없이]의 특정 논리로 다루거나 도래하는[à venir] 것이라는 용어로 다루는 공통의 방법이 있는 것처럼 보입니다. 그렇다면 당신이 '도래하는 정의', '도래하는 민주주의', '도래하는 환대' 등에 대해 이야기 하는데, 이런 Sans와 도래하는 것의 유사-논리는 어떤 식으로든 전환 가능한 것인가요?

저는 항상 전환성이 환원적이라고 걱정하지만, 네, 중요한 의미에서, 저는 '없이'를 사용하는 공식들에서 문제가 되는 것은 제가 '도래하는 것'에 대해 이야기할 때 문제가 되고 있는 것과 동일하다고 생각합니다. 이 문제는 현재의 제도와 규범들을 괴롭히는 것이고, 그것들 '없이', 그 제도와 규범들 너머에서 또는 그것들 바깥에서의 의미에서 '도래하는 것'—우리가 기다리고 있는 어떤 것의 문제입니다.

당신의 초기 작업에서 당신은 '목적론'이나 '종말론'이라는 개념을 집요하게 비판하지만[11], 당신의 후기 작업은 '도래하는 것'이라는 주제에 아주 많이 몰두하고 있고, 그것과 관련한 깊은 **종말론적인** 요소를 가지고 있는 것처럼 보입니다. 당신의 초기 비판과 당신의 후기 긍정은 어떻게 합치될 수 있을까요? 당신의 마음이 변한 것인가요?

아닙니다. 저는 이 점에 대해 어떤 것을 바꿨다고 생각하지 않습니다. "제가 고전 철학의 절대적 공식에서 종말eschaton이나 목적telos의 개념을 심문하는 것은 사실입니다. 그러나 그것이 내가 모든 형태의 메시아적 또는 예언적 종말론을 묵살한다고 의미하는 것은 아닙니다. 비록 이 종말론을 철학적 용어로 정의하는 것은 불가능하지만, 모든 진정한 물음은 특정 유형의 종말론에 의해 요청된다고 저는 생각합니다."[12]

그것은 **파루시아** 없는 종말론, 도착하지 않는 종말론이 아니어도 되는 것인가요? 종말은 계속해서 미뤄지고 그래서 **항상** 도래하는 것인가요?

네, 아마도 종말이 없는 종말론일지도 모릅니다. 메시아는 등장하지 어디에도 나타나지 않습니다. 왜냐하면 만약 그렇다면, 만약 메시아가 실제로 도착한다면, 그것으로 이야기는 끝이 날 것이기 때문입니다.

그렇다면 그것을 '종말론'이라고 묘사하는 것은 다소 애매하지 않습니까? 로티가 제안한 것처럼, 우리는 어쩌면 그것이 오히려 유토피아가 아닌지 궁금합니다.[13]

그러나 저는 그때 반대했듯이 지금도 거듭 강조합니다. 도래하는 민주주의는 유토피아가 아닙니다. 제가 보기에 유토피아적인 논리는 시간에 대한 연대기적 사고에 여전히 제약을 받고 있지만, 저는 시간을 다르게 생각하려고 노력하고 있습니다. 그래서 제가 도래하는 정의를 찾고 있다고 말할 때, 이 정의는 연대기적으로 미래의 정의나 민주주의로—우리가 매일 매일, 진보의 기치 아래에서 점점 가까워지는 어떤 것으로 이해되어서는 안 됩니다. 하지만 "제가 말한 메시아적 경험은 지금 여기서 일어납니다. 즉, 약속하고 말하는 사실은 유토피아적인 사건이 아니라 지금 여기서 일어나는 사건입니다. 이런 일은 참여라는 특이한 사건에서 일어납니다. 제가 도래하는 민주주의에 대해 말할 때 이것은 내일 민주주의가 실현된다는 것을 의미하는 것이 아니며 미래의 민주주의를 의미하는 것도 아닙니다."[14]

그렇다면 '도래하는 것'이 칸트적인 의미에서 규제적인 이념인가요? 저는 당신이 그러한 제안에 대해 종종 반대하는 것을 알고 있습니다. 하지만 동시에 당신이 너무 많이 반대할 수도 있다고 생각합니다. 물론 이것이 규제적인 이념이 아니라고 말하는 것은 그것을 그렇게 만들지 않습니다. 당신은 어떻게 그리고 왜,

어떤 차이가 있다고 생각하는지 설명해주실 수 있을까요?

　물론, 제가 예를 들어 '도래하는 민주주의'에 대해 말할 때, 거의 모든 경우에 칸트적인 의미의 규제적인 이념이 언급됩니다. 그러나 저는 주로 "규제적인 이념이 물론 무한히 지연되는 것이지만 가능한 것, 이념적으로 가능한 것의 질서에 머물러 있기 때문에" 도래하는 민주주의라는 생각이 여기로 환원되는 것을 원하지 않습니다. 다시 말해, 규제적인 이념은 연대기적인 개념으로 남아 있습니다. 그러나 도래하는 민주주의는 연대기론과 이종적인 것이기 때문에 가능한 것의 기록상에서는 이해될 수 없습니다. 이것이 제가 그것이 반드시 '불-가능한' 것의 전례 아래에서 생각되어야 한다고 제안한 이유입니다. "이 불-가능한 것은 (규제적인) 이념이나 이상이 아닙니다. 그것이 부인하기 어려울 정도로 가장 **현실적인** 것입니다. 그리고 감각적인 것입니다. 타자들처럼 말입니다." 환원할 수 없고 전유할 수-없는 타자의 '차이differance'처럼 말입니다. 그렇기 때문에 "민주주의는 현재의 실존의 의미에서는 결코 존재하지 않을 것입니다. 그것은 민주주의가 연기되는 것이기 때문이 아니라 그것의 구조에서 항상 아포리아로 남아 있는 것이기 때문입니다."[15]
　그러나, "규제적인 이념, 최후의 수단과 관련하여 '더 나은 것이 없다'고 말할 수 있다면, 규제적인 이념은 더 나은 것이 없기 때문에, 남아 있다"고 말해져야 합니다. "비록 그러한 최후의 수단이나 최종적인 의지는 알리바이가 될 위험이 있지만, 그것은 일정한 품위를 유지시킵니다. 하지만 저는 언젠가 그것에 굴복하지 않을 것이라고 맹세할 수는 없습니다."[16]

여러 곳에서, 특히 1990년대 후반에, '메시아적인 것'과 '종교 없는 종교'의 개념을 논의할 때, 당신은 이것이 규정적이고 구체적인 종교들(예를 들어 책의 종교들)과 어떤 관련이 있는지에 대한 질문에 직면했습니다. 예를 들어, 빌라노바 원탁 토론 동안, 당신은 이 아포리아에서 레비나스적인 길을 취할 것인지, 하이데거적인 길을 취할 것인지에 대해 결정하지 못한 것처럼 보였습니다.[17] 당신은 지금 그 문제와 대답에 대해 다른 태도를 취합니까? 당신의 '메시아적인 것'은 또 다른 메시아**주의**라는 제안은 납득할 만합니까?

저는 제가 '메시아적인 것'이라고 부르는 것이 단순히 또 다른, 그러나 최소한의 메시아주의라는 제안에 계속 반대하는데, 왜냐하면 그것은 내가 묘사하는 메시아적인 것에 본질적이라고 생각하는 보편성을 손상시키기 때문입니다. 저는 《아듀 레비나스》에서 제시하는 것처럼 시나이 **이전에** 토라에 대한 인정이 있을 수 있다고 말하고 싶습니다. 그러나 이러한 이유로 저는 일찍이 제시했던 레비나스적이고 하이데거적인 '해결책'을 더 이상 반대할 수 없습니다. 그 도식에서 저는 레비나스를, 메시아적인 것을 사유하기 위한 조건으로 역사적이고 확실한 계시를 상정하는 전략과 연결시키는 경향이 있었고, 그런 다음 '하이데거적인 몸짓'을 특별하고 확실한 계시의 가능조건인 근원적이고 형식적인, 메시아적인 것의 상정으로 묘사했습니다. 그러나 저는 이제 이 두 읽기 모두가 개정될 필요가 있다고 말하고 싶습니다. 한편으로 제가 《아듀 레비나스》에서 지적했던 것처럼(Ad, 119), 시나이의 특수성 이전에 토라의 가능성을 지적하는 인물은 레비나스입니다. 그리고 다른 한편으로 더 깊은 어떤 것을 회복하는 것에 관심이 가지면서도 여전히 확실한, 심지어 '루터적인' 계시에 관심을 갖는 인물은 하이데거, 혹은 적어도 젊은 하이데거인 것처럼 보입니다. "저는 Destruktion이라는 주제와 단어가 루터에게서 (우리가 존재-신학이라 부르는) 제도 신학의 분리-침전을 [더 근원적인] 성서의 진리를 제공하기 위한 것으로 명시하는 몇몇의 다른 곳을 상기했습니다. 하이데거는 분명히 루터에 대한 위대한 독자였습니다. 그러나 이 위대한 전통에 대한 저의 엄청난 존경에도 불구하고, 나와 관련하는 해체는, 어떤 식으로든, 그리고 명백한 사실인데, 같은 계통에 속하지 않습니다."[18]

흥미로운 점은 당신이 최근에 이 '메시아적인 것'에 대해 좀 더 직조된 모습을 그렸을 때, 이 모습은 종종 반-세계화 운동, 특히 국제통화기금IMF이나 G8 등의 체제에 반대하는 운동들과 관련이 있었다는 것입니다. 예루살렘이 제네바(혹은 시애틀)와 무슨 상관이 있을까요?

저는 처음부터 제 작업이 **주권**에 대한 전승된 개념과 논쟁하는 데에 관심을 두고 있었다고 제안했습니다. 현전의 형이상학의 해체와 그에 수반되는 저자의, 저자의 권위에 대한 전승된 이해의 해체는 모두 **주권자**로서의 저자 개념에, 심지어 주체 그 자체의 주권에 의문을 제기하는 것을 목표로 삼은 것이었다고 우리는 말할 수 있습니다. 그리고 그것은 '타자의 이름으로' 행해집니다. 그래서 우리는 타자가 이 주권적인 자율적 주체에 의해 너무 자주 배제된다고 말할 수 있습니다. 그래서 저는 국제법, 외교 정책, 이민 등의 제도들로 저의 관심을 돌리면서, 주권이라는 주어진 개념과, 특히 이 현대의 제도의, 민족 국가의 주권 개념과, 그리고 "주권에 기초를 부여하는 부정할 수 없는 존재-신학과 더불어, 심지어 민주주의의 정권들이라고 불리는 것에서" 논쟁하는 데에 동일하게 관심을 가지게 되었습니다.[19] 우리는 민족주의적 주권의 이름으로 가장 부당한 배제와 억압의 체계를 발견합니다. 그래서 도래하는 민주주의의 특징 중 하나는 주권에 대한 이러한 용인되는 이해를 (배타적인 위력 행사로서) 거부하는 것입니다. 그리고 이러한 도래하는 민주주의의 이름으로 "저는 당연히—이것이 단기적으로는 실현될지는 모르겠지만—급진적인 변형을, 국제연합UN의 헌장조차도 의문을 제기하며, 말하자면, 국민국가의 주권들과 주권들의 분리**불**가능성에 대한 존중에 의문을 제기하는, 그런 변화를 호소합니다."[20]

그러나, 이 용인된 이해와 주권의 존재-신학에 반대하는 것은 주권 그 자체를 부정하는 것이 아니며, 심지어 국가의 주권을 부정하는 것이 아닙니다. 왜냐하면 초국가적 기업이 지배하는 세계에서, 국제적인 경제력의 패권적 강요에 대항하여 국가의 편에 서고 국가의 주권을 강화하는 것이 정의의 관심이기 때문입니다.[21] 따라서 "저는 철학적, 역사적 분석의 방식으로, 주권의 정치적 신학을 해체하는 것이 필요하다고 믿지만, 동시에 당신은 모든 주권의 순수하고 단순한 해체를 위해 싸워야 한다고 생각해서는 안 됩니다. 그것은 현실적이지도 않고 바람직하지도 않습니다."[22] (우리가 앞서 유비를 끌어들였기 때문에, 이 동일한 점은 저자의 해체나 저자의 주권과 관련하여 동일한 점이 성립합니다. 이것은 가능하지도 않고 바람직하지도 않은 저자에 대한 단순한 해체를 옹호하는 것이 아닙니다.)

《불량배들》과 같은 당신의 후기 작품에서, 우리는 당신이 '메시아적'이라고 묘사했던 것과 연관된 더 구체적인 공동체가 존재하기 시작했다는 느낌을 받습니다. 당신은 이 '약한 힘'이 작동하는 것을 볼 수 있는 예를 인용할 위험을 감수하시겠습니까?

"저는 오늘날, 이 메시아성의 이 종교 없는 메시아주의의 육화 중 하나가, 수단 중 하나가 대안적인-세계화 운동에서 발견될 수 있다고 말합니다. 여전히 이종적이고, 여전히 다소 충분히 형성되지 않았으며, 모순으로 가득하지만, 지구의 약자들, 경제적 패권, 자유 시장 등에 의해 부서졌다고 느끼는 모든 사람을 한데 모으는 운동들에서 말입니다."[23]

그것은 마이클 하트Michael Hardt와 안토니오 네그리Antonio Negri가 묘사한 것과 비슷하게 들립니다: 정체성이나 통일성이 [아니라] 공통적으로 가지고 있는 것, 즉, 제국의 패권에 대한 공유된 저항에 기초한 일련의 개별성들, '다중multitude'[24] 같은 것들 말이죠.

아마 그럴 것입니다. 저는 그러한 설명에 공감합니다. "저는 결국에 가장 강한 자임을 증명하고 미래를 대표할 사람들이 약한 자들이라 믿습니다. 저는 이런 운동에 참여하고 있는 공격적인 사람은 아니지만, 스스로 해명하고 모순을 해결해야 할 이러한 세계의 모든 패권 기구에 맞서서 행진하는, 이러한 대안적인-세계화 운동의 약한 힘을 가진 사람들이 그들 스스로를 설명해야 하는 사람들, 그들의 모순들을 해결해야 하는 사람들, 그러나 세계의 모든 패권적 조직들을 향해 진군하는 사람들이라고 확신합니다. 단지 미국뿐만 아니라 국제통화기금, G8, 유럽이 속해있는 부유한 나라들의, 강하고 강력한 국가들의 패권들을 조직하는 모든 것들을 향해 말입니다. 내가 메시아주의 없는 메시아성이라고 부르는 것의 최선의 형태 중 하나를 제공하는 것은 이런 대안적인-세계화 운동입니다."[25]

당신은 1968년 5월의 사건에서 장벽을 지키지 않았다고 알려졌습니다. 이제 조금 더 참여적인 행동주의를 옹호하는 것인가요? 해체는 마침내 파리가 아니라 시애틀과 제노바의 거리로 나오고 있습니까?

저는—마치 연구의 노동이 **그 자체로** 정치적이지 않을 수
있는 것처럼—지나치게 단순화한 개념, 곧 이론과 실천의 문제
가 있는 구별을 유지하는 것처럼 보이는, '행동주의'로 간주되는
개념을 거부합니다. 단지 정치나, 정치에 '적용'되어야 하는 어
떤 것을 위해서만이 아니라, 정치적 활동을 위해서도 말입니다.
사실, "해체는 (그리고 저는 이렇게 말하거나 심지어 주장하는 것이
전혀 부끄럽지 않은데) 민족 통일주의자의 저항의 자리로서, 또는
심지어, 유비적으로, 시민불복종의, 상위의 법과 사유의 정의의
이름에서의 불일치의 일종의 원리로서, 대학과 인문학에서 자
신의 특권적인 자리를 가집니다."[26] 그런 의미에서, 저는 해체가
우리가 '행동주의'라고 부르는 것을 종종 알려주는 단순화된 이
항적인 정치를 넘어서는 종류의 행동주의이기를 희망합니다.

저는 많은 사람이 무신론자이고 '종교'와 아무 관련이 없다
는 점을 고려할 때, 이 '약한 힘'의 일부인 많은 사람들이 자신들
이 '메시아적' 운동의 일부라는 말을 듣고 놀랄 것이라고 생각하
는 점에 의구심을 갖습니다. 그들은 당신이 자신들을 메시아적
선교에 등록하는 것에 대해 어떻게 생각할 것이라 보시나요?

제가 끈질기게 강조했던 것처럼, 이것은 메시아 없는 메시
아성이며, 종교 없는 종교이고, 특정하고 확실한 종교들의 교리

나 제도와는 아무런 관련이 없습니다. 이것은 실제로 아브라함의 종교들(유대교, 기독교, 이슬람교)에 특권을 부여하지도 않습니다. 이것은 종교의 지속적인 전쟁과 너무 자주 연관되는, 우발적인 계시의 특수성 너머에 있는 내용이 없는 메시아성입니다. "저는 오늘날 우리가 매우 조심스럽게, 정치의 오래된 개념(주권주의, 영토화된 국민국가)에 굴복하지 않고—교회나 종교 권력에 굴복하지 않고, 신학적이고 정치적이거나 신정일치적인 위계들 없이, 그것들이 중동 이슬람의 신정국가든, 서구의 위장된 신정국가든지 간에, 이 메시아성에 힘을 부여하고 이것을 형성하는 것을 추구해야 한다고 믿습니다."[27]

　　그렇다면 이 메시아성의 확산과 세속성의 확장 사이에 어떤 관계가 있을까요? (코널리Connolly나 무페Mouffe 같은 이들처럼) '투쟁자'로 묘사되는 정치 이론가들은 좀 더 투쟁적이고 다원적인, 공적인 영역을 옹호하고, '세속적인 것'의 가장된 공통성을 거부합니다. 하지만 저는 당신의 종교 없는 종교가 세속화의 몇몇 기획을 지지해야 하는 것처럼 보입니다.

　　저는 현실적으로 특정한 이데올로기를 부과하는 잘못된 세속주의를 옹호하지 않습니다. 그래서 저는 급진적인 다원주의를 옹호합니다. 그러나 세속성에 대한 문제는 더 복잡합니다. 한편으로 저는 현대의 정치적 주권 개념, 특히 국민-국가의 주권성이 뚜렷한 신학적 유산의 세속화라는 것을 보여주려고 노력해왔습니다.[28] 하지만 다른 한편으로 저는 우리의 정치적 개념과 제도들 중 많은 부분이 불충분하게 세속화되어 있다고 생각합니다. 이 점에서 저는 계몽주의와 함께 개시된 세속화의 기획이, 특히 '정치적인 것과 신학적인 것의 관계'와 관련하는 기획을 당당하게 진전시킬 것입니다. 좀 더 구체적으로 말하자면, 저는 유럽 특유의 계몽주의에 대한 경험이, 종교적인 **교리**에 관하여, 종교나 신앙 그 자체가 아니라 '정치적인 것에 대한 종교적 교리의 권위에 관하여' 정치적 공간에 뚜렷한 족적을 남겼다고 생각합니다.[29] 만일 세속화에 의해 우리가 종교적 교리, 신조, 권위와 제도로부터의 독립성을 부여하는 공간을 의미한다면, 제가 말했던 '메시아주의 없는 메시아성'은 세속화를 수반(하거나 요구)합니다.

결론적으로, 아마도 우리는 이 책에서 다룬 특정 주제를 고려할 수 있을 것입니다. 특히, 저는 당신의 초기 현상학과 언어철학에서의 작업과 명백하게 윤리, 정치 및 종교 문제를 다루는 후기의 작업 사이의 연속성을 주장하려고 합니다. 저는 차이différance의 정치적 중요성을 입증함으로써 이를 수행하려고 합니다. 그리고 국가의 주권성과 저자의 주권성 사이의 유비(및 양자의 해체)에 관한 당신의 조금 전 제안은 매우 정치적인 연속성의 의미를 명백히 밝히는 데 도움이 됩니다. 이것은 당신의 비평가들 중 일부와, 심지어 윤리적이고 정치적인 것으로의 당신의 관심사의 전환이 어떤 식으로든 당신의 초기 작업과의 단절이라고 생각하는 당신의 숭배자들 중 일부에 맞서는 것입니다. 당신의 초기 작업와 후기 작업의 관계를 어떻게 특징지을 수 있을까요? 우리는 데리다 I 과 데리다 II에 대해 이야기해야 할까요?

전혀 그렇지 않습니다. 그리고 저는 제 작업에서 그러한 이동이나 **전회Kehre**를 말하는 사람들(로티를 포함하여)을 집요하게 비판해왔습니다. 저는 심지어 이것을 암묵적인 것에서 명시적인 것으로의 운동으로 설명하고 싶지도 않습니다. 왜냐하면 저는 윤리적이고 정치적인 주제들, 즉 정의에 대한 관심은 1962년 이후부터 계속 **명백하게** 존재한다고 생각하기 때문입니다. 따라서 우리는 이를 설명하기 위해 다른 범주가 필요로 합니다. (물론, 저는 여기서 당신의 질문에 동의합니다. 시간이 더 있다면, 저는 제 전체 저작에 대한 당신의 가정들, 즉 전제 저작의 바로 그 가능성에 대한 당신의 가정에 반대할 것입니다[Taste, 14~15 참조]. 하지만 시간이 없으니 그런 복잡한 문제는 포기합시다.)

비유적으로 말하자면, 지진은 제가 의미하는 것에 대한 더 좋은 이미지입니다. 지진의 순간은 지구에서 보이지 않는 미세한-변위들에 의해 아주 오랫동안 준비되어 왔습니다. 그리고 우리의 관점에서는 어떤 특정한 시점에서 우리가 지진이라고 부르는 것이 있습니다. 하지만 **지구의** 관점에서, 지진은 아무것도 아닙니다. 만약 누군가가 이 게임이나 이러한 필연성을 따르는 것이 재미있다고 느낀다면, 그들은 10년이나 20년 전에 정확하게, 문자 그대로, 명백하게 발표되지 않은 제 글이 단 한 건도 없다는 것을 알게 될 것입니다. 제가 출간한 모든 책에는 항상 나중에 제가 쓰고 싶은 것에 대해 알려주는 시금석들이 있습니다―제가 말한 것처럼, 심지어 10년이나 20년 후에 말이죠. 그래서 예를 들어, 제가 좀 더 후에 발표한 작업에서 제도에 대한 질문을 점점 더 많이 제기하는 것이 사실입니다. 하지만 해체를 제도의 도구에 대한 질문과 연결시키는 모든 것은 이미 《그라마톨로지》에 존재합니다. 또 다른 예를 말해보자면, 제가 카르도조 법학대학원Cardozo Law School에서 했던 연설에서 해체할 수 없는 것이 있다고, 해체는 정의라고 말했을 때, 스스로를 해체의 동맹자로 생각하는 사람들에게는 다소 충격과 놀라움을 주었습니다. 하지만 그때 저는 제가 이전에 쓴 글에 포함시키지 않은 것에 대해서는 말한 것은 아무것도 없다는 점을 알 수 있었습니다(Taste, 46, 49, 56). 그래서 저는 당신이 언급한 다양한 텍스트들에는 근본적으로 일관성이 있다고 주장할 것입니다. 실제로 "저는 제 이론적 담론에서 어떠한 불연속성도 찾을 수 없다고 말할 만큼 건방진 사람입니다. 강조점이나 위치 이동에 있어서는 많은 변화가 있지만, 체계적 불연속성은 없습니다."[30]

그러나 1960년대 후반과 1970년대 당신의 작업이 당신의 후기 작품들과는 다른 '느낌'을 가지고 있는 것은 분명합니다. 예를 들어, 니체는 당신의 초기 작품에서 훨씬 더 두드러지는 것처럼 보이는 반면, 1990년대 이후의 작업에서는 레비나스의 목소리가 지배적인 것처럼 보입니다. 어떤 것이 니체적이면서 레비나스적일 수 있다는 것은 가능할까요? 저는 그렇게 생각하지 않습니다. 그리고 저는 《전체성과 무한》의 첫 줄[도덕성에 기만당하는 것에 대하여]이 니체를 겨냥하는 것처럼 보이는 한, 레비나스는 그렇게 생각하지 않을 것이라고 의심하게 됩니다. 그렇다면 당신의 작업에서 그들 중 하나의 영향이 다른 하나의 영향을 능가하나요?

"니체가 항상 나에게 그렇게 중요한 기준점이었다면—저는 아직도 알제리에서 제가 그를 처음 읽었을 때를 기억합니다만—이것은 무엇보다도 그가 **철학자들의 심리학**을 실천하는 사상가이기 때문입니다"(Taste, 35). 즉, 제가 니체로부터 배운 것은 철학의 계보학적 지향과 철학사였습니다. 그리고 이 점에서 저는 레비나스적 지향이 이 니체적 주제와 겹친다고 생각합니다. 레비나스보다 더 치밀한 서양 형이상학의 계보학자가 있을까요? 우리는 (조금 간단히 말한다면) 니체와 레비나스 둘 다, 철학적 전통이 억압해왔던 것에 관심을 가진다고 말할 수 있습니다. 그런 점에서, 당신이 제안하는 것처럼, 한 사람이 다른 사람을 '능가'할 필요는 없습니다.

: 데리다 이후

이제 데리다 이후에는 어떻게 될까? 나는 여기서 우리가 분석한 과정을 통해 우리가─데리다의 신화로서의─'데리다'를 매장하기를 희망한다. 그러나 내가 이 기획을 시작한 이후, 자크 데리다 또한 영면에 들었다. 그리고 그의 자료corpus만이 남아있다. 그렇다면 데리다의 이론은 '살아 있는' 이론으로 남을 수 있을까?

    몇 년 동안 해체를 비판하는 사람들은 흔히 해체는 지나갔고 전성기도 지나갔다고 표명하고 주장함으로써 데리다를 간단히 처리해왔다. 1990년대 후반이 되었을 때, 어떤 사람들은 이미 해체의 "끝"을 기록하고 있었다. 하지만 그러한 주장들은 보통 현대 언어학회 학술대회의 프로그램들을 힐끗 본 것에 근거를 두고 있었고 (물론 여기서 우리는 데리다는 더 이상 영문학이나 문화 연구를 하는 조교수들의 '유행'이 아님을 확인할 수 있다), 그래서 데리다를 진지하게 받아들일 필요가 없는 방법으로 언급된 것이다. 그러나 그러한 주장들의 어리석음은 누군가가 '좌안Left Bank'의 카페들에서 실존주의가 사라지고 있다는 사실에 주목하여 우리가 더 이상 하이데거나 사르트르를 읽는 데 신경 쓸 필요가 없다고 결론을 내리는 것과 유사하다. 물론, 또 다른 세대의 거리는 우리에게 데리다의 자료를 만나고 철학뿐만 아니라 여러 학문에 미친 그의 영향력을 평가하는 새로운 방법들을 열어줄 것이다. 하지만 지금도 데리다의 뒤를 이어, 그의 작업은 많은 사유를 불러일으키며 그의 자료는 따라갈 수 있는 많은 흔적들을 남겼다.

20세기 철학의 주요 인물들 중 하나를 진지하게 다루기 위해서는 남아 있고 앞으로도 남아 있는 텍스트에 대한 인내심 있는 질문이 요구될 것이다. 데리다는 철학적 전통의 특권적인 해석자로서, 현상학과 문학 이론에서는 없어서는 안 될 인물로서 계속해서 관심을 받을 것이다. 우리는 아마도 더 많은 연구를 위한 의제를 제안할 수 있지만, 이곳은 어떤 '비판'을, 데리다가 우리에게 대답하도록 남겨놓은 물음들을 시작할 수 있는 장소는 아닐 것이다. 한편으로, 우리가 '데리다 연구'라는 축약어로 요구하고 기대하는 내부적인 물음들이 있다. 데리다가 남긴 것은 (강의록이 출판되고 기록 보관소가 탐사되며, 서신들이 알려지는 등의 일들을 통해) 계속해서 밝혀질 그의 전체 저작이다. 현대성과 계몽주의와 데리다의 관계, 니체와 레비나스의 경쟁적인 목소리들을 화해시키는 방법, 그의 '정치'의 형태, 종교에 대한 그의 설명의 생존력 그리고 훨씬 더 많은 것들과 관련하여 물어야 할 질문들이 남아 있다. 다른 한편으로, 좀 더 넓게 보자면, 데리다는 구조와 그들의 작용에 대한 진정한 조명과 통찰을 불러일으키는 생산적인 이론적 틀을 우리에게 물려준다—이것이 바로 그의 연구가 널리 수용된 이유이다. 이와 같이, 데리다로부터 힌트를 얻거나, 그가 탐구하기 시작했던 자취들을 완성하거나, 심지어 그가 상상할 수 없었던 분야들을 창조하는 등 해야 할 일이 많이 남아 있다. 예를 들어, 그의 뒤를 이어, 제도에 대한 급진적인 비판, 영화와 다른 매체에까지 확장된 철학과 문학의 지속적인 만남, 그리고 '공적인 것'과 그것의 국제적인 통신 네트워크와의 관계에 대한 더 미묘한 이해는 계속되어야 한다. 데리다 이후, 우리는 텍스트를 텍스트의 타자에게 노출시키고 이런 해체에서 우리를 우리의 타자로 개방시키는 것이, 텍스트들에서 작동하는 힘들을 계속해서 면밀하고 생산적으로 읽는 것이 현명할 것이다. 데리다 이후, [우리에게는] 이 타자에 대한 책임이 남아 있다.

이제는 특정한 철학적 전통이나 서구의 어떤 지역을 굳이 언급할 필요가 없을 정도로 자크 데리다의 사유는 이미 세계 학계 전체에 영향력을 깊이 발휘하고 있으며, 나아가 대중문화에까지 확산되고 있다. 물론 국내의 경우, 그 영향력이 아직 학계에 한정적이라고 할 수 있지만, 이미 데리다와 관련된 논문들과 글은 수를 헤아리기 어려울 정도이며, 번역된 그의 저서를 포함하여 관련 문헌은 100편이 넘어설 정도다. 특히 최근에는 데리다 연구사에 있어서 주요하게 언급되는 문헌들까지도 활발하게 번역 및 소개되고 있다.

하지만 데리다는 그만큼 많은 이에게 '해체'라는 말에 대한 평균적인 인식처럼 여전히 모호하고 어려운 사상가이자, 포스트모던이라는 꼬리표가 붙은 극단적인 상대주의 또는 허무주의 사상가 가운데 한 사람으로 인식되는 것도 사실이다. 캐나다 출신으로 현재 캘빈 대학교에서 철학을 가르치는 저자 제임스 K. A. 스미스가 이 책을 쓰게 된 주된 배경의 하나도 바로 이러한 인식이다. 스미스는 이런 편견이 데리다를 읽는 데 실패하는 원인이라고 판단하며, 이 편견을 깨기 위해 최대한 데리다와 직접적인 만남을 주선하고자 한다.

데리다 사상의 종교적-윤리적 전회를 주장하는 대표적인 철학자이면서도 그의 사유를 '신학적으로' 전유하여 포스트모던 종교철학을 주창하는 사상가 존 카푸토John D. Caputo의 지도로 빌라노바 대학Villanova University 철학 박사학위를 받은 스미스는 다른 여러 포스트모던 사상가를 다루었던 방식과 동일하게 데리다의 사유를 근대성 비판과 현대의 다양한 문제들을 바라보는 시선의 참조사항reference으로 삼는다. 그의 다른 데리다 연구에서도 볼 수 있는 이와 같은 일관된 연구자의 비판적 전유의 자세는 이 책에서 직접적인 만남을 위한 원저작에 대한 사려 깊은 다수의 인용으로, 그리고 허무주의라는 기존의 오해를 바로잡기 위한 그의 사유의 윤리적이고 정치적이며 현실적인 함의들을 나타내는 것으로 보인다. 우리는 '괴물성'으로 표현되는 데리다의 사유의 비범함이 가진 매력을 드러내고자 하는 그의 노력을 텍스트 곳곳에서 발견할 수 있으며, 이것이 이 저서의 큰 강점 중 하나일 것이다.

물론 저서의 한계가 있다는 점을 지적할 수도 있겠다. 저자 자신도 인정하는 것처럼, 전문 연구자들은 어쩌면 데리다의 개별적인 주제와 개념들에 대해 좀 더 자세한 해명이 없음을 아쉬워할 수 있다. 예를들어 그는 데리다의 환대와 타자에의 개방성에 대한 설명들과 에마뉘엘 레비나스Emmanuel Levinas의 사상의 관계와 차이에 대해 상세한 설명을 하지 않는다. 그러나 이는 데리다의 사유가 가진 함의의 강조와 나아가 더 깊은 공부로의 초대라는 의미로 너그러이 받아들여질 만하다 여겨진다. 입문 도서로서 모든 것을 담아낼 수 없다는 한계와 애초에 저자가 설정한 1차 독자인 학부생 수준의 '일반적인' 독자에게는 이것으로 충분하지 않겠는가.

다른 '라이브 이론'과는 조금 다른 점도 언급해놓는 것도 좋겠다. '라이브 이론' 시리즈의 말미에는 보통 해당 사상가들과 저자의 '생생한' 인터뷰가 담기며, 이것은 '라이브 이론'이 다른 연구서들과 구분되는 차이점이자 장점이다. 하지만 본 저서는 시리즈의 가장 큰 장점인 이 인터뷰를 싣지 못했다. <제사>에서도 볼 수 있듯이, 안타깝게도 데리다는 본 저서에 실릴 인터뷰 직전 우리와 이별했기 때문이다. 그러나 스미스는 인터뷰라는 형식을 그대로 가져와 실존 인물로서의 데리다와 나눈 적이 없는 대화를 시도한다. 그는 묻고 (가상의) 데리다는 자신의 주요한 저서들과 대표적인 인용구들로 스미스에게 답한다. 이것이 독자들에게 얼마만큼 '생생한' 인터뷰가 될지는 모르겠지만, 하이데거, 아니 칸트에게까지 그 연원을 거슬러 올라가볼 수 있는 이 해석학적 실천은 흥미롭게도 저자가 데리다에게서 배운 '저자, 주권, 주관성, 텍스트와 읽기의 본성'들에 의문을 제기하는 해체 그 자체의 수행을 체험하게 만든다. 이런 점에서 사상가의 부재로 인해 근본적으로 '라이브' 할 수 없는 이 데리다와의 인터뷰는 역설적으로 데리다의 사유를 가장 '라이브'하게 체험할 수 있는 인터뷰가 된다. 이런 점에서 본 저서는 어쩌면 '라이브 이론' 시리즈 중에서 그 표제에 가장 걸맞은 저서라고 할 수도 있겠다.

마지막으로 이 책의 출간을 위해 수고해주신 책세상 관계자 분들께도 심심한 감사의 인사를 드린다. 데리다에 대한 전문가라기보다는 데리다의 사유에 매료된 한 사람이었기에 어쩔 수 없이 겪어야 했던 일들과 지난한 처신에도 불구하고 책이 세상에 나올 수 있었던 것은 출판사의 강건한 의지 덕분이었다.

충실한 번역이 되었기를 희망하나, 만약 눈에 밟히는 어수룩한 번역이 있다면, 그것은 오로지 역자의 탓이다. 부디 스미스의 제안처럼, 독자들이 이 책을 통해 조금이나마 데리다의 사유에 거주해보고 매력을 느낄 수 있기를 바란다.

2023년 12월
윤동민

데리다의 자료 규모는 우리가 그 참고문헌의 목록을 구성할 수 없을 정도로 주눅이 들게 만든다. 그리고 그에 비례하여 2차 문헌은 거의 압도적이다.[1] 그래서 이 참고문헌은 데리다의 자료에 대한 **대표적**이고 **포괄적**이되, 완전하지는 않은 목록이며, 책으로 출간된 것에 초점을 맞추고 있다. 이 문헌들은 데리다의 경력의 범위뿐만 아니라 학문 분과별, 주제의 범위를 고려하여 선별되었다. 이에 더해, 나는 (1970년대 중반부터 현재까지) 데리다가 영국과 미국에서 수용된 기간을 고려하여, 문학, 건축학, 정치학, 철학, 신학 및 종교 연구들의 분야를 대표하는, 선별된 101개의 핵심적인 2차 문헌을 포함시켰다. 나는 101개의 핵심 저작 선별을 통해 특정한 '주요 문헌목록'을 주장하려는 것이 아니라, 데리다 이전에는 '고전'이라고 불리며 더욱 깊은 논의를 불러일으켰던, 텍스트로 확인된 것을 포함하고 싶을 뿐이다. 2차 자료들은 저자별로 알파벳순으로 배열되어 있지만, 영어권 이론에서 '데리다의 수용'의 역사를 추적하기 위해서라면, 독자는 출판 날짜를 고려할 것을 권장한다.

데리다의 저작

책 (초판 출간일 기준 목록)

1962 'Introduction' to *L'Origine de la géométrie* by Edmund Husserl, trans. Jacques Derrida (Paris: Presses Universitaires de France) / *Edmund Husserl's 'Origin of Geometry': An Introduction*, trans. John P. Leavey (Lincoln: University of Nebraska Press, 1978; 1989 2nd edition).

1967 *De la grammatologie* (Paris: Editions de Minuit) / *Of Grammatology*, trans. Gayatri Chakravorty Spivak (Baltimore: Johns Hopkins University Press, 1974, 1976, 1997 [corrected edition]).

_____ *L'écriture et la différence* (Paris: Editions du Seuil) / *Writing and Difference*, trans. Alan Bass (Chicago: University of Chicago Press, 1978).

_____ *La voix et phénomène* (Paris: Presses Universitaires de France) / *Speech and Phenomena*, trans. David B. Allison (Evanston: Northwestern University Press, 1973).

1972 *La Dissémination* (Paris: Editions du Seuil) / *Dissemination*, trans. Barbara Johnson (Chicago: University of Chicago Press, 1981).

_____ *Marges de la philosophic* (Paris: Editions du Minuit) / *Margins of Philosophy*, trans. Alan Bass (Chicago: University of Chicago Press, 1982).

1974 *Glas* (Paris: Galilée) / *Glas*, trans. John P. Leavey and R. Rand (Lincoln: University of Nebraska Press, 1986).

1975 *L'Archéologie dufrivole: Lire Condillac* (Paris: Gonthier-Denoel) / *The Archeology of the Frivolous: Reading Condillac*, trans. John P. Leavey, Jr. (Pittsburgh: Duquesne University Press, 1980).

1978 *Epérons: les styles de Nietzsche* (Paris: Aubier-Flammarion) / *Spurs: Nietzsche's Styles*, trans. Barbara Harlow (Chicago: University of Chicago Press, 1979).

_____ *La vérité en peinture* (Paris: Aubier-Flammarion) / *The Truth in Painting*, trans. Geoffrey Bennington and Ian McLeod (Chicago: University of Chicago Press, 1987).

1980 *La cartepostale: de Socrate à Freud et au-delà* (Paris: Aubier-

Flammarion) / *The Post Card: From Socrates to Freud and Beyond*, trans. Alan Bass (Chicago: University of Chicago Press, 1987).

1982 *L'oreille de L'autre: otobiographies, transferts, traductions: texts et débats avec Jacques Derrida*, C. Levesque and C. V McDonald (eds) (Montreal: VLB Editions) / *The Ear of the Other: Otobiography, Transference, Translation: Texts and Discussions with Jacques Derrida* (Lincoln: University of Nebraska Press, 1988).

1983 *D'un ton apocalyptique adopté naguère en philosophie* (Paris: Galilée) / trans. by John P. Leavey, Jr., in *Raising the Tone of Philosophy: Late Essays by Immanuel Kant, Transformative Critique by Jacques Derrida*, Peter Fenves (ed.) (Baltimore: Johns Hopkins University Press, 1993).

_____ *Signéponge*, with parallel English translation by Richard Rand (Chicago: University of Chicago Press).

1984 '*Bonnes volontés de puissance (Une reponse à Hans-Georg Gadamer)* ["Good Will to Power (A Response to Hans-Georg Gadamer)"]', in *Text und Interpretation*, Philippe Forget (ed.) (Munich: Wilhelm Fink Verlag) / translated by Diane Michelfelder and Richard Palmer as '*Three Questions to Hans-Georg Gadamer*', in *Dialogue and Deconstruction: The Gadamer-Derrida Encounter*, Michelfelder and Palmer (eds) (Albany: SUNY Press, 1989): pp. 52~54.

1986 *Mémoires for Paul de Man*, trans. Cecile Lindsay, Jonathan Culler, Eduardo Cadava, and Peggy Kamuf (New York: Columbia University Press; revised and augmented edition, 1989) / later published in French as *Mémoires pour Paul de Man* (Paris: Galilée, 1988).

_____ *Schibboleth*, pour Paul Celan (Paris: Galilée) / 'Shibboleth', trans. Joshua Wilner in *Midrash and Literature*, Geoffrey Hartmann and Sanford Budick (eds) (New Haven: Yale University Press, 1986): pp. 307~347.

_____ *Parages* (Paris: Galilée; rev. ed., 2003).

1987 *Psyché: inventions de l'autre* (Paris: Galilée; rev. ed., 2003).

_____ *Feu la Cendre* (Paris: Editions des Femmes).

_____ *Ulysses gramophone: deux mots pour Joyce* (Paris: Galilée) / 'Two words for Joyce', trans. Geoffrey Bennington in *Post-Structuralist*

Joyce: Essays from the French, Derek Attridge and D. Ferrer (eds) (Cambridge: Cambridge University Press, 1984), pp. 145~158; and 'Ulysses Gramophone: Hear Say Yes in Joyce', trans. Tina Kendall and Shari Benstock in *James Joyce: The Augmented Ninth*, Bernard Benstock (ed.) (Syracuse: Syracuse University Press, 1988), pp. 27~75.

———— *De l'esprit: Heidegger et la question* (Paris: Galilée) / *Of Spirit: Heidegger and the Question*, trans. Geoffrey Bennington and Rachel Bowlby (Chicago: University of Chicago Press, 1989).

1988 *Limited Inc.*, G. Graff (ed.), trans. Samuel Weber (Evanston: Northwestern University Press) / *Limited Inc.*, Elisabeth Weber (ed.) (Paris: Galilée, 1990).

1990 [1954] *Le problème de la genese dans la philosophie de Husserl* [Derrida's Master's thesis] (Paris: Presses Universitaires de France) / *The Problem of Genesis in Husserl's Philosophy*, trans. Marian Hobson (Chicago: University of Chicago Press, 2003).

———— *Du droit à la philosophie* (Paris: Galilée) / *Who's Afraid of Philosophy?: Right to Philosophy 1*, trans. Jan Plug (Stanford: Stanford University Press, 2002) and *Eyes of the University: Right to Philosophy 2*, trans. Jan Plug et al. (Stanford: Stanford University Press, 2004).

———— *Mémoires d'aveugle: L'autoportrait et autres mines* (Paris: Editions de la Reunion des musées nationaux) / *Memoirs of the Blind: The Self-Portrait and Other Ruins*, trans. Pascale-Anne Brault and Michael Naas, (Chicago: University of Chicago Press, 1993).

———— "Force of Law: The 'Mystical Foundation of Authority'", *Cardoso Law Review*, reprinted in Deconstruction and the Possibility of Justice, Drucilla Cornell, Michael Rosenfeld, and David Gray Carlson (eds), (New York: Routledge, 1992) / *Force de loi* (Paris: Galilée, 1994).

1991 "Circonfession", in *Jacques Derrida*, with Geoffrey Bennington, (Paris: Seuil) / "Circumfession", in *Jacques Derrida*, with Geoffrey Bennington, (Chicago: University of Chicago Press, 1993).

———— *Donner le Temps: 1. La Fausse Monnaie* (Paris: Galiliée) / *Given Time: I. Counterfeit Money*, trans. Peggy Kamuf (Chicago: University of Chicago Press, 1992).

_____ *L'autre cap: suivi de la democratie ajournée* (Paris: Minuit) / *The Other Heading: Reflections on Today's Europe*, trans. Pascale-Anne Brault and Michael B. Naas (Bloomington, IN: Indiana University Press, 1992).

1992 *Donner la mort in L'ethique du don, Jacques Derrida et la Pensée du Don*, (Paris: Transition) / *The Gift of Death*, trans. David Wills (Chicago: University of Chicago Press, 1995).

1993 *Spectres de Marx* (Paris: Galilée) / *Specters of Marx: The State of the Debt, the Work of Mourning, and the Mew International*, trans. Peggy Kamuf, (New York: Routledge, 1994).

1993 *Apories: Mourir-s'attendre aux limites de la vérité in Le Passage des Frontières: Autour de Travail de Jacques Derrida,* (Paris: Galilée) / *Aporias*, trans. Thomas Dutoit, (Stanford: Stanford University Press, 1993).

_____ Passions (Paris: Galilée) / Included in On the Name, trans. David Wood, John P. Leavey and Ian McLeod (Stanford: Stanford University Press, 1995).

_____ *Saufle nom* (Paris: Galilée) / Included in *On the Name*, trans. David Wood, John P. Leavey and Ian McLeod (Stanford: Stanford University Press, 1995).

_____ *Khôra* (Paris: Galilée) / Included in *On the Name*, trans. David Wood, John P. Leavey, and Ian McLeod (Stanford: Stanford University Press, 1995).

1994 *Politiques de l'amitié,* (Paris: Galilée) / *Politics of Friendship*, trans. George Collins (London: Verso, 1997).

1995 *Mal d'archive: Une impression freudienne* (Paris: Galilée) / *Archive Fever: A Freudian Impression* (Chicago: University of Chicago Press, 1996).

1996 *Echographies: de la télévision* (Paris: Galilée) / *Echographies of Television*, trans. Jennifer Bajorek (Cambridge: Polity).

_____ *La Religion: Seminaire de Capri*, with Gianni Vattimo (Paris: Editions de Seuil et Editions de Laterza) / *Religion*, Jacques Derrida and Gianni Vattimo (eds) (Stanford: Stanford University Press, 1998).

_____ *Le Monoliguisme de l'autre: ou la prothése d'origine* (Paris: Galilee) / *Monoligualism of the Other or The Prosthesis of Origin*, trans. Patrick Mensah (Stanford: Stanford University Press, 1998).

_____ *Résistances à la psychanalyse* (Paris: Galilée) / *Resistances of Psychoanalysis*, trans. Peggy Kamuf, Pascale-Anne Brault and Michael

Naas, (Stanford: Stanford University Press, 1998).

1997 *De l'hospitalité* (Paris: Calmann-Lévy) / *Of Hospitality*, with Anne Dufourmantelle, trans. Rachel Bowlby (Stanford: Stanford University Press, 2000).

_____ *Adieu—à Emmanuel Lévinas* (Paris: Galilée) / *Adieu to Emmanuel Levinas*, trans. Pascale-Anne Brault and Michael Naas (Stanford: Stanford University Press, 1999).

_____ *Cosmopolites de tous les pays, encore un effort!* (Paris: Galilée)

_____ *Du droit à la philosophie du point du vue cosmopolitique* (Paris: Verdier).

_____ *Il Gusto del Segreto* (Roma: Gius) / *A Taste for the Secret*, Giocomo Donis and David Webb (eds), trans. Giocomo Donis (Cambridge: Polity, 2001).

1998 *Demeure*, with Maurice Blanchot (Paris: Galilée) / *The Instant of my Death: Demeure: Fiction and Testimony*, trans. Elizabeth Rottenberg, (Stanford: Stanford University Press, 2000).

_____ *Le rapport bleu. Les sources historiques et théoriques de Collége international de Philosophie*, with F. Chatelet, J.-P. Faye, and D. Lecourt, (Paris: PUF).

_____ *Voiles*, with Helene Cixous (Paris: Galilée) / *Veils*, trans. Geoffrey Bennington (Stanford: Stanford University Press, 2001).

1999 *L'animal autobiographique* (Paris: Galilée).

2000 *Le toucher, Jean-Luc Nancy* (Paris: Galilée).

2000 *Etats d'âme de la psychanalyse: Adresse aux Etats Généraux de la Psychanalyse* (Paris: Galilée) / translated by Peggy Kamuf as "Psychoanalysis Searches the States of Its Soul: The Impossible Beyond of a Sovereign Cruelty", in Jacques Derrida, *Without Alibi* (Stanford: Stanford University Press, 2002), pp. 238~280.

_____ *Tourner le mots. Au bord d'un film*, with Safaa Fathy (Paris: Galilée).

2001 *Deconstruction Engaged: The Sydney Seminars*, Paul Patton and Terry Smith (eds) (Sydney: Power Publications).

_____ *On Cosmopolitanism and Forgiveness*, trans. Mark Dooley (London: Routledge, 2001).

_____ *L'Université sans condition* (Paris: Galilée) / "The University Without

Condition", trans. Peggy Kamuf in Jacques Derrida, *Without Alibi* (Stanford: Stanford University Press, 2002), pp. 202-37.

_____ *The Work of Mourning*, Pascale-Anne Brault and Michael Naas (eds) (Chicago: University of Chicago Press) / *Chaque Fois Unique, La Fin du Monde* (Paris: Galilée, 2003).

_____ *Atlan* (Paris: Gallimard).

_____ *Limited Inc II* (Paris: Galilée).

_____ *La Connaissance des Textes,* with Simon Hantai and Jean-Luc Nancy (Paris: Galilée).

_____ *Foi et Savoir I Le Siécle et le Pardon*, with Michel Wievorka (Paris: Le Seuil).

_____ *Dire L'événement, est-ce possible?: Seminaire de Montreal pour Jacques Derrida*, with Alexis Nouss and Gad Soussana (Paris: L'Harmattan).

_____ *Papier Machine* (Paris: Gallimard).

2002 *Without Alibi*, ed. and trans. Peggy Kamuf (Stanford: Stanford University Press).

_____ *Marx et Sons* (Paris: PUF/Galilée).

_____ *Artaud le Moma* (Paris: Galilée).

_____ *Fichus* (Paris: Galilée).

2003 *Béliers. Le dialogue ininterrompu : entre deux infinis, le poéme* (Paris: Galilée) / "Uninterrupted Dialogue: Between Two Infinities, the Poem [abridged]", trans. Thomas Dutoit and Philippe Romanski, *Research in Phenomenology* 34 (2004), pp. 3-19.

_____ *Genèses, Génénalogies, Genres: les secrets de l'archive* (Paris: Galilée).

_____ *H.C. pour la vie, c'est à dire…* (Paris: Galilée).

_____ *Voyous: Deux essays sur la raison* (Paris: Galilée) / *Rogues: Two Essays on Reason*, trans. Pascale-Anne Brault and Michael Naas (Stanford: Stanford University Press, 2005).

2005 *A la vie à la mort* (Paris: Galilée).

가이드

1991 *A Derrida Reader: Between the Blinds*, Peggy Kamuf (ed.) (New York: Columbia University Press).

1992 *Acts of Literature*, Derek Attridge (ed.) (New York: Routledge).

1998 *The Derrida Reader: Writing Performances*, Julian Wolfreys (ed.)
   (Lincoln: University of Nebraska Press).

2002 *Acts of Religion*, Gil Anidjar (ed.) (New York: Routledge)

인터뷰 모음집

유용한 인터뷰 문헌들은 엘리자베스 베버 *Points* 번역본, 495~499에서 확인할
수 있다.

1972 *Positions* (Paris: Editions de Minuit) / *Positions*, trans. Alan Bass (Chicago:
   University of Chicago Press, 1981).

1992 *Points de suspension: entretiens*, Elisabeth Weber (ed.) (Paris: Galilée) /
   Points... : Interviews, 1974~1994 (Stanford: Stanford University Press, 1995).

1999 *Sur Parole: Instantanés Philosophiques* (Éditions de l'aube).

2001 *De quoi demain...: Dialogue*, with Elisabeth Roudinesco (Paris: Fayard/
   Galilée) / *For What Tomorrow...: A Dialogue*, trans. Jeff Fort (Stanford:
   Stanford University Press, 2004).

2002 *Negotiations: Interventions and Interviews*, 1971-2001, Elizabeth G.
   Rottenberg (ed.) (Stanford University Press).

2003 *Philosophy in a Time of Terror: Dialogues with Jürgen Habermas and
   Jacques Derrida*, ed. Giovanna Borradori (Chicago: University of Chicago
   Press).

2004 *Counterpath: Traveling with Jacques Derrida*, interviews with
   Catherine Malabou (Stanford: Stanford University Press).

자크 데리다에 대한 영어권 내의 선별된 책과 논문들

이하에서, 나는 영어로 된 저작, 주로 논문과 편집된 논문 모음집으로 서지사항
을 제한했다. 또한 영어권 학계에서 데리다를 수용하던 기간 전반에 걸쳐 대표
적인 저작들은 물론, 데리다가 충격을 주었던 학문 분과들, 주요하게는 철학과

문학 이론뿐만 아니라 건축, 교육, 정신분석학, 법, 정치 이론, 신학 그리고 종교 연구에 걸친 저작들을 포함시키고자 했다.

Atkins, G. Douglas, *Reading Destruction, Deconstructive Reading* (Lexington: University of Kentucky Press, 1983).

Battaglia, Rosemarie Angela, *Presence and Absence in Joyce, Heidegger, Derrida, Freud*(Albany: SUNY Press, 1985).

Beardsworth, Richard, *Derrida and the Political* (London: Routledge, 1996).

Bennington, Geoffrey, *Derridabase* in Geoffrey Bennington and Jacques Derrida, *Jacques Derrida*, trans. Geoffrey Bennington (Chicago: University of Chicago Press, 1993).

_____, *Legislations: The Politics of Deconstmction* (New York: Verso, 1994).

_____, *Interrupting Derrida* (New York: Routledge, 2000).

Brunette, Peter and David Wills, *Screen /Play: Derrida and Film Theory* (Princeton: Princeton University Press, 1989).

Burke, Sean, *The Death and Return of the Author: Criticism and Subjectivity in Barthes, Foucault, and Derrida,* 2nd edn (Edinburgh: Edinburgh University Press, 1998).

Caputo, John D., (ed.) *Deconstmction in a Nutshell: A Conversation with Jacques Derrida* (New York: Fordham University Press, 1997).

_____, *Radical Hermeneutics: Repetition, Hermeneutics, Deconstruction* (Bloomington: Indiana University Press, 1987).

_____, *The Prayers and Tears of Jacques Derrida: Religion Without Religion* (Bloomington: Indiana University Press, 1997).

Carroll, David, *Paraesthetics: Foucault, Lyotard, Derrida* (New York: Routledge, 1989).

Cixous, Helene, *Portrait of Jacques Derrida as a Young Jewish Saint,* trans. Beverley Bie Brahic (New York: Columbia University Press, 2004).

Clark, Timothy, *Derrida, Heidegger, Blanchot: Sources of Derrida's Notion and Practice of Literature* (Cambridge: Cambridge University Press, 1992).

Corlett, William, *Community Without Unity: A Politics of Derridian*

Extravagance (Durham, NC: Duke University Press, 1993).

Cornell, Drucilla, *The Philosophy of the Limit* (New York: Routledge, 1992).

Cornell, Drucilla, Michael Rosenfeld, and David Gray Carlson, (eds),
    Deconstruction and the Possibility of Justice (New York: Routledge, 2002).

Coward, Harold, *Derrida and Indian Philosophy* (Albany: SUNY Press, 1990).

Coward, Harold and Toby Foshay, (eds), *Derrida and Negative Theology*
    (New York: State University of New York Press, 1992).

Critchley, Simon, *The Ethics of Deconstruction: Derrida and Levinas*
    (Oxford: Blackwell Publishers, 1992; 2nd edn, Edinburgh: Edinburgh University
    Press, 1999).

Culler, Jonathan, *On Deconstruction: Theory and Criticism after*
    Structuralism (Ithaca: Cornell University Press, 1982).

Dasenbrock, Reed Way, (ed.), *Redrawing the Lines: Analytic Philosophy,*
    Deconstruction, and Literary Theory (Minneapolis: University of
    Minnesota Press, 1989).

Descombes, Vincent, *Modern French Philosophy*, trans. L. Scott-Fox and
    J.M. Harding (Cambridge: Cambridge University Press, 1981).

Dews, Peter, *Logics of Disintegration: Poststructuralist Thought and the*
    Claims for Critical Theory (London and New York: Verso, 1987).

Dillon, M.C., *Semiological Reductionism: A Critique of the*
    Deconstructionist Movement in Postmodern Thought (Albany, NY:
    SUNY Press, 1995).

_____, *Ecart and différance: Merleau-Ponty and Derrida on Seeing and*
    Writing (Atlantic Highlands, NJ: Humanities Press, 1997).

Edmundson, Mark, *Literature against Philosophy, Plato to Derrida: A*
    Defence of Poetry (Cambridge: Cambridge University Press, 1995).

Eagleton, Terry, *Literary Theory: An Introduction* (Minneapolis: University of
    Minnesota Press, 1983).

Evans, J. Claude, *Strategies of Deconstruction: Derrida and the Myth of the*
    Voice (Minneapolis: University of Minnesota Press, 1991).

Feder, Ellen K., Mary C. Rawlinson, and Emily Zakin, (eds), *Derrida and*
    Feminism: Recasting the Question of Woman (New York: Routledge, 1997).

Fish, Stanley E., "With Compliments of the Author: Reflections on Austin and Derrida", Critical Inquiry (8, 1981-2), pp. 693~721.

Forrester, John, *The Seductions of Psychoanalysis: Freud, Lacan, Derrida* (Cambridge: Cambridge University Press, 1990).

Gasche, R., *The Tain of the Mirror* (Cambridge, MA: Harvard University Press, 1986).

Glendinning, Simon, On Being With Others: Heidegger, Wittgenstein, Derrida (London: Routledge, 1998).

Glendinning, Simon, (ed.), *Arguing with Derrida* (Oxford: Blackwell Publishers, 2002).

Gutting, Gary, *French Philosophy in the Twentieth Century* (Cambridge: Cambridge University Press, 2001).

Handelman, Susan, *The Slayers of Moses : The Emergence of Rabbinic Interpretation in Modern Literary Theory* (Albany, NY: SUNY Press, 1982).

Hart, Kevin, *The Tresspass of the Sign: Deconstruction, Theology, and Philosophy* (Cambridge: Cambridge University Press, 1989).

Hartman, Geoffrey, *Saving the Text: Literature/Derrida/Philosophy* (Baltimore, MD: Johns Hopkins University Press, 1981).

Harvey, Irene E., *Derrida and the Economy of différance* (Bloomington: Indiana University Press, 1986).

Hobson, Marian, *Jacques Derrida: Opening Lines* (London: Routledge, 1998).

Holland, Nancy J., *Feminist Interpretations of Jacques Derrida* (University Park, PA: Pennsylvania State University Press, 1997).

Jencks, Charles, *What is Postmodernism?*, 4th edn (West Sussex: John Wiley & Sons, 1996).

Johnson, C. M., *System and Writing in the Philosophy of Jacques Derrida* (Cam Cambridge University Press, 1993).

＿＿＿＿, *Derrida: The Scene of Writing* (London: Phoenix, 1997).

Kamuf, Peggy, *The Division of Literature, or the University in Deconstruction* (Chicago: University of Chicago Press, 1997).

Krell, David Farrell, *The Purest of Bastards: Works of Mourning, Art, and*

Affirmation in the Thought of Jacques Derrida (University Park, PA:
    Pennsylvania State University Press, 2000).

Krupnick, Mark, *Displacement: Derrida and After* (Bloomington: Indiana
    University Press, 1983).

Leavey, John P., Jr., *Glossary* (Lincoln: University of Nebraska Press, 1986).

Leitch, Vincent B., *Deconstructive Criticism: An Advanced Introduction*
    (New York: Columbia University Press, 1983).

Llewelyn, John, *Derrida on the Threshold of Sense* (Basingstoke: Macmillan,
    1986).

Lucy, Niall, *Debating Derrida* (Melbourne: Melbourne University Press, 1995).

_____, *A Derrida Dictionary* (Oxford: Blackwell Publishers, 2004).

Maclachlan, Ian, (ed.), *Jacques Derrida: Critical Thought* (Aldershot: Ashgate,
    2004).

Madison, Gary B., *Working Through Derrida* (Evanston, IL: Northwestern
    University Press, 1993).

Magliola, Robert R., *Derrida on the Mend* (West Lafayette: Purdue University
    Press, 1984).

Marion, Jean-Luc, *Reduction and Givenness: Investigations of Husserl
    Heidegger, and Phenomenology*, trans. Thomas A. Carlson (Evanston:
    Northwestern University Press, 1998).

_____, *Being Given: Toward a Phenomenology of Givenness*, trans. Jeffrey
    L. Kosky (Stanford: Stanford University Press, 2002).

Martin, Bill, *Matrix and Line: Derrida and the Possibilities of Postmodern
    Social Theory* (Albany, NY: SUNY Press, 1992).

May, Todd, *Reconsidering Difference: Nancy, Derrida, Levinas, and Deleuze*
    (University Park, PA: Pennsylvania University Press, 1997).

Megill, Allan, *Prophets of Extremity: Nietzsche, Heidegger, Foucault,
    Derrida* (Berkeley: University of California Press, 1985).

Meyer, Michael, (ed.), *Questioning Derrida: With His Replies on Philosophy*
    (Aldershot: Ashgate, 2001).

Michelfelder, Diane P., and Richard E. Palmer, (eds), *Dialogue &
    Deconstruction: The Gadamer-Derrida Encounter* (New York: State

University of New York Press, 1989).

Moore, Stephen D., *Poststructuralism and the New Testament: Derrida and Foucault at the Foot of the Cross* (Minneapolis: Fortress Press, 1994).

Muller, John P. and William J. Richardson, (eds), *The Purloined Poe: Lacan, Derrida, and Psychoanalytic Reading* (Baltimore, MD: Johns Hopkins University Press, 1988).

Naas, Michael, *Taking on the Tradition: Jacques Derrida and the Legacies of Deconstruction* (Stanford: Stanford University Press, 2003).

Norris, Christopher, *Deconstruction: Theory and Practice* (London: Methuen, 1982).

_____, *Deconstruction and the Unfinished Project of Modernity* (London: Routledge, 2000).

_____, *Derrida* (Cambridge, MA: Harvard University Press, 1987).

_____, *The Truth about Postmodernism* (Oxford: Blackwell Publishers, 1993).

_____, *What's Wrong With Postmodernism: Critical Theory and the Ends of Philosophy* (Baltimore: Johns Hopkins University Press, 1990).

Patrick, Morag, *Derrida, Responsibility, and Politics* (Aldershot: Ashgate, 1997).

Rapaport, Herman, *Heidegger and Derrida: Ejections on Time and Language* (Lincoln: University of Nebraska Press, 1989).

_____, *Later Derrida: Reading the Recent Work* (New York: Routlege, 2003).

Ray, William, *Literary Meaning: From Phenomenology to Deconstruction* (Oxford: Blackwell, 1984).

Rorty, Richard, "From Ironist Theory to Private Allusions: Derrida", *Contingency, Irony, and Solidarity* (Cambridge: Cambridge University Press, 1989), pp. 122-37.

_____, "Philosophy as a Kind of Writing: An Essay on Derrick", *Consequences of Pragmatism* (Minneapolis: University of Minnesota Press, 1982), p. 89~109.

Rothfield, Philip, (ed.), *Kant after Derrida* (Manchester: Clinamen Press, 2003).

Royle, Nicholas, (ed.), *Deconstructions: A User's Guide* (New York: Palgrave, 2000).

Rutledge, David, *Reading Marginally: Feminism, Deconstruction and the*

Bible (Leiden: EJ. Brill, 1996).

Ryan, Michael, *Marxism and Deconstruction: A Critical Articulation* (Baltimore, MD: Johns Hopkins University Press, 1982).

Sallis, John, (ed.), *Deconstruction and Philosophy: The Texts of Jacques Derrida* (Chicago: University of Chicago Press, 1987).

Silverman, HughJ., (ed.), *Derrida and Deconstruction* (London: Routledge, 1989).

Silverman, HughJ. and Don Ihde, (eds), *Hermeneutics and Deconstruction* (Albany, NY: SUNY Press, 1985).

Searle, John, "Reiterating the Differences: A Reply to Derrida", *Glyph 1* (1977), p. 198~208.

Sim, Stuart, *Derrida and the End of History* (New York: Totem Books, 1999).

Smith, James K.A., *The Fall of Interpretation: Philosophical Foundations for a Creational Hermeneutic* (Downers Grove: InterVarsity Press, 2000).

Smith, Joseph and William Kerrigan, (eds), *Taking Chances: Derrida, Psychoanalysis, and Literature* (Baltimore: Johns Hopkins University Press, 1984).

Smith, Robert, *Derrida and Autobiography* (Cambridge: Cambridge University Press, 1995).

Spivak, Gayatri Chakravorty, "Translator's Preface" to Jacques Derrida, *Of Grammatology* (Baltimore: Johns Hopkins University Press, 1976), ix—lxxxvii.

Sprinkler, Michael, (ed.), *Ghostly Demarcations: A Symposium on Jacques Derrida's "Specters of Marx"* (New York: Verso, 1999).

Staten, H., *Wittgenstein and Derrida* (Oxford: Blackwell Publishers, 1985).

Sychrava, Juliet, *Schiller to Derrida: Idealism in Aesthetics* (Cambridge: Cambridge University Press, 1990).

Taylor, Mark C., *Erring: A Postmodern A/theology* (Chicago: University of Chicago Press, 1984).

Todd, Jane Marie, *Autobiographies in Freud and Derrida* (New York: Garland, 1990).

Ulmer, Gregory L., *Applied Grammatology: Post(e)-Pedagogy from Jacques Derrida to Joseph Beuys* (Baltimore: Johns Hopkins University Press, 1985).

Ward, Graham, *Earth, Derrida and the Language of Theology* (Cambridge: Cambridge University Press, 1995).

Weber, Samuel, *Institution and Interpretation* (Minneapolis: University of Minnesota Press, 1987).

Wheeler, Samuel C., Ill, *Deconstruction as Analytic Philosophy* (Stanford: Stanford University Press, 2000).

Wigley, Mark, *The Architecture of Deconstruction: Derrida's Haunt* (MIT Press, 1993).

Wood, David, *Derrida: A Critical Reader* (Oxford: Blackwell Publishers, 1992).

Wood, David and Robert Bernasconi, (eds), *Derrida and Différance* (Coventry: Parousia Press, 1985).

주

서론 데리다의 타자/다른 데리다

1 예를 들어, 〈디콘스트럭팅 벡Deconstructing Beck〉(1998)이라는 모음 음반이나 피그미 칠드런the Pygmy Children의 앨범, 〈디콘스트럭트Deconstruct〉(1995)를 보라.

2 《푸드 프로덕트 디자인Food Product Design》(2001. 10.)은 〈파이를 해체하고 뒤집다〉라는 표지 기사를 내보냈다. 나는 독자들이 어디서나 존재하는 해체를 어느 정도 파악하기 위한 연습으로 구글에서 다음과 같은 공식으로 검색해보기를 권한다: 'deconstruct' 또는 'deconstruction' + [모든 음식 항목] 예를 들어, deconstructure + 키 라임 파이key lime pie 같이 말이다. 흥미로운 결과물들은 인터넷[에서 사용되는 언어]의 다의적 본성뿐만 아니라 해체의 언어가 전유되었던 범위에 대해 우리에게 무언가를 말해줄 것이다.

3 예를 들어, 다음을 참조하라. 앨런 블룸, 《미국 정신의 종말The Closing of the American Mind》(Simon & Schuster, 1988), 379쪽 이하.

4 데리다는 읽기가 정치적인 활동이라고, 또는 더 나은 비정치적인 책임이라고 제안한다. "나는 정치적, 윤리적, 법률적 책임은 무한히 철저한 읽기의 과제를 요구한다고 가정한다. 나는 이것이 정치적 책임의 조건이라고 믿는다: 정치인은 읽어야 한다 (…) 내가 이 단어에 부여하는 넓은 의미의 읽기는 윤리적이고 정치적인 책임이다." 자크 데리다, 〈환대, 정의 그리고 책임: 자크 데리다와의 대화Hospitality, Justice, and Responsibility: A Dialogue with Jacques Derrida〉, 《윤리에 대한 질문Questioning Ethics》, 리처드 카니 그리고 마크 둘리Mark Dooley 편집(London: Routledge, 1998), 67, 78쪽. 그는 다른 곳에서는 학자들과 언

261

론인들이 실제로 시간과 규율, 인내심을 요구하고 또한 다양한 분야에서 수 차례의 읽기와 새로운 방식의 읽기를 요구하는 작업을 통하여 소위 존중을 표하고 인내심 있게 읽는 것에 주의를 기울이지 않는 '학술적인 실천' 방식의 산물인 고정관념을 확산시키고 있다고 거의 꾸짖는다(Points, 401).

5   따라서, 괴물에는 또한 어떤 특정한 미끄러짐이 있을 수 있고, 그래서 '그 자신을 보는 것se montre'이 괴물—또는 신일 수 있음을 의미하는 짙은 타자성이 있다. 일부 사람들로 하여금 데리다를 '괴물Derrida-monster'이라고 부르게 만드는 바로 그 낯섦이 또한 다른 사람들에게 데리다를 거의 신으로 만들게 할 수도 있는 이유이다. 구성의 이러한 미끄러짐에 대한 주의 깊은 설명에 대해서는, 리처드 카니, 《이방인, 신, 괴물Strangers, Gods, and Monsters》(London: Routledge, 2002)을 참조하라.

6   "그는 괴물이 아니야, 개스톤. 네가 괴물이야!"라는 개스톤에 대한 벨의 반론은 상당한 분석을 할 가치가 있다.

7   일반적으로 나는 '공인된' 데리다 혹은 신화적인 데리다를 나타내기 위해 따옴표가 붙은 '데리다'라는 용어를 사용할 것이다.

8   선하고 참된 모든 것의 적이라는—데리다와 해체에 대한 흔한 신화와 풍자에 대항하려는 시도에서, 우리는 단순하게 종종 데리다를 선이나 전통의 목소리에 대한 가장 고전적이고 전통적인 옹호자로 그리려는 유혹에 빠질 수 있다. 그러나 그것은 정확하게 데리다를 길들이는 것이다. 만일 해체가 **급진적인** 어떤 것이 아니라면, 우리는 아널드의 비평, T. S. 엘리엇 또는 가다머의 해석학이라는 안식처로 물러서는 것이 좋을 것이다. 하지만 해체는 어떤 의미에서는 괴물**이다.** 그것은 파괴적**이고** 비판적**이지**만, 흔히 추정되는 방식으로는 아니다.

9   《르몽드》나 《뉴욕 타임스》와 같은 주요 국제 신문의 부고란에서는 (보통 하이데거와 드 만과의 연관성을 상기시킴으로써 반유대적 괴물로 여겨진) 이러한 데리다-괴물들이 다시 부활했다. 그의 죽음 이후에, 그렇게 세

계는 다시 한번 '데리다' 신화에 휩싸였다.

10 그 전단은 대학의 주요 커뮤니케이션 매체인 《케임브리지 리포터》(1992. 5. 20., 685~658)로 다시 인쇄되었다.

11 'W. S. 앨런 외'라는 서명이 있는 수여 반대 전단은 《케임브리지 리포터》(1992. 5. 20., 687)로 다시 인쇄되었다.

12 같은 곳.

13 같은 곳.

14 데리다는 Prints, 400~405에서 비평가들이 학술적인 논쟁이었어야 할 것을 적절하게 미디어에서 활용하는 점을 언급하는 것은 물론, 이들의 외부성에 대해서도 언급한다.

15 마치 우리가 무작위로 어떤 페이지를 골라 그 작품의 스타일을 판단함으로써 **전 작품들**을 평가하는 것처럼 말이다!

16 소란이 진정된 후, 투표-후 입장이 양측에서 모여 메리언 잔느레Marian Jeanneret, 니콜라스 데니어Nicholas Denyer, 크리스토퍼 프레더가스트Christopher Predergast, 브라이언 헤블스웨이트, 수잔나 토마스Susannah Thomas, 그리고 크리스토퍼 노리스의 기고와 함께 〈심포지엄: '데리다 사건'에 대한 성찰Symposium: Reflections on 'The Derrida Affair'〉이라는 제목으로 1992년 10월 《케임브리지 리뷰Cambridge Review》, 113권 2318호, 99~127쪽에 게재되었다. 이에 이어 데리다와의 〈인터뷰〉가 131~139쪽에 수록되었다(Points, 399~419에 재인용).

17 브라이언 헤블스웨이트, 〈심포지엄〉, 《케임브리지 리뷰Cambridge Review》 109. 프레더가스트는 철학 교수진 내에서 찬성과 반대 양쪽의 의견이 있었다고 언급한다(107).

18 데리다는 대학 **그 자체**를 '공격'하지 않는다. 시인하는 것처럼, **현재 구성된** 대학을 공격할 뿐이다. 헤블스웨이트는 '자연적'인 것으로서의 대학의 현재 조직을 존재론화하고 본질화하거나 현재 대학 형태를 대학 '그 자체'와 동일시한다. 이에 대한 더 많은 논의에 대해서는 3장

1)의 (4)를 참고하라.

19 헤블스웨이트가 자신의 글에 다른 사람들을 인용하면서 데리다에 대한 인용은 하나도 하지 않았다는 것은 조금 이상해보인다. 그 사건 이후 대학 정보 담임자로서 수잔나 토마스의 '심포지엄'에 대한 기고는 흥미롭다. "보도 매체가 그 아이디어들을 소통할 수 있었던 방식을 먼저 살펴본다면, 나는 과학적 아이디어의 소통과 비교하는 것이 흥미롭다고 생각한다. [데리다 자신도 이와 관련하여 유사한 비교를 제시한다. Points, 115~117을 보라.] 나는 여기서 다루는 문제들과 학문의 보고서에서 다루는 문제 모두 비전문가가 이해하지 못한다는 기본 전제에서 시작하겠다. 따라서 문제와 그 중요성을 설명하는 책임은 저자에게 있다. 대중의 이해와 관련하여, 이 논쟁은 이미 한 가지 큰 차이를 가지고 있었다―[영국에는] 국내 신문에 철학 페이지가 없다. 과학은 철학이 얻지 못한 정기적인 공간을 보장받지만, 그것은 또한 이 논쟁이 일반인들이 더 읽기 쉬운 뉴스와 특집 페이지에서 수행되었다는 것을 의미한다. 신문 내에 위치했다는 이점에서 출발했음에도 불구하고, 아이디어에 대한 논쟁은 잘 전달되지 않았다"(Points, 113). 그러나 나는 그녀가 어떻게 "정확한 정보가 살아 있는 결정적인 상황과는 달리, 논쟁은, 대단하게, 실제적인 부정확성들에 영향을 받지 않았다"(Points, 114)고 주장할 수 있었는지에 대해 혼란스럽다. 데리다의 텍스트를 실제로 **읽는** 데에 대한 실패로부터 비롯된 것은 정확하게 반대non-plact 측 혐의들의 기본적인 실제적 부정확성이었다. '심포지움'에서 크리스토퍼 노리스의 기고, 〈최근 철학에서 채택된 아포리즘적 어조Of an Apoplectic Tone Recently Adopted in Philosophy〉는 간단한 텍스트 설명을 기반으로 반대 측의 혐의들을 인내심 있게 풀어준다.

20 르네 웰렉, 〈문학 연구를 파괴하는 것Destroying Literary Studies〉,《더 뉴 크리테리온 리더The New Criterion Reader》, 힐튼 크레이머Hilton Kramer 편집(New York: The Free Press, 1988), 29~36쪽.

21 같은 책, 30쪽.

22 같은 책, 31쪽.

23 물론, 이것은 "'청년들을 타락시키는 것'에 대한 소크라테스의 기소"라는 철학의 창시적인 장면을 반복한다.

24 같은 곳.

25 하지만, 데리다가 주목한 것처럼, "대부분의 '사실들'과 관련하여, 나는 이 연구들에서 오랫동안 하이데거에게 진지한 관심을 가진 사람들에 의해 이미 알려지지 않은 어떤 것도 아직 발견하지 못했다"(Points, 181). 이런 물음들에 대한 데리다의 더욱 포괄적인 참여는 《정신에 대해서》에서 발견된다. 하이데거, 나치주의 및 하이데거의 저작과 다음 세대의 관계에 대한 더 많은 논의 하이데거 작업과의 관계를 다루는 추가적인 고찰은 존 D. 카푸토, 《하이데거를 탈신화화하기Demythologizing Heidegger》(IN: Indiana University Press, 1993) 및 휴고 오토Hugo Ott, 《마르틴 하이데거: 정치적인 삶Martin Heidegger: A Political Life》, 앨런 블런던Allan Blunden 옮김(New York: Basic Books, 1993)을 참조하라.

26 리처드 월린 편집, 《하이데거 논란: 비판적 리더The Heidegger Controversy: A Critical Reader》(New York: Columbia University Press, 1991); 두 번째 판(Cambridge, MA: MIT Press, 1993).

27 데리다와 토마스 시핸, 리처드 월린 등등의 인물들 사이의 이후의 논의 대부분은 영어로 번역, 출판되는 텍스트에 대해 **누가** 허가의 '권한'을 가지는지에 대한 법적 문제를 중심으로 이루어졌다. 월린은 《르 누벨 옵세르바퇴르》와 연락하여 허가를 받았지만, 데리다는 "《르 누벨 옵세르바퇴르》는 내 동의 없이 나의 텍스트의 번역본 출판을 승인할 권리가 없습니다. 어떤 유능한 변호사도 이것이 사실임을 확인할 것입니다"라고 주장했다(Points, 452, NYRB에 보낸 데리다의 편지 중 하나를 재출판). 하지만 결국 데리다는 문제가 되는 것은 1차적으로 법적인 권리가 아니라 보통의 학문적인 예의라는 점을 강조한다. "내 법적 동의가 필요하지 않았다고 가정하더라도, 허용될 필요가 없는 것으로 인

정하더라도concesso non data, 월린 씨가 몇 달 동안 나의 긴 글을 그의 책에 수록하는 데 적어도 예의상 내 동의를 요청하는 것을 '깜빡'했다는 것을 어떻게 정당화할 수 있을까? 내가 죽은 줄 알았나?"(Points 452~453). 우리는 이 마지막 물음으로 다시 돌아올 것이다.

28 리처드 월린, <편집자에게 쓴 편지Letter to the Editor>, 《뉴욕 리뷰 오브 북스》, 1993. 2. 11.

29 <차이Differance>(1968) 이후, 데리다의 저작은 '부정신학'과 유사점을—중요한 차이점과 더불어—자아냈다. 이후의 논의에 대해서는, 자크 데리다, 《이름에서On the Name》의 <말하기를 피하는 방법How to Avoid Speaking>과 <이름을 제외하고Sauf le nom>를 참조하라. 해체와 부정신학에 대한 거의 완벽한 논의로는 케빈 하트Kevin Hart, 《기호의 침입The Trespass of the Sign》(Cambridge: Cambridge University Press, 1989)과 존 D. 카푸토의 《자크 데리다의 기도와 눈물The Prayers and Tears of Jacques Derrida》(IN: Indiana University Press, 1997), 1~56쪽을 참조하라.

30 데리다는 특히 그러한 개념이 미국 현장에서 일반적이었다고 지적한다. "특정한 집단(특히 미국의 대학이나 문화)에서는 바로 그 '해체'라는 단어에 반드시 부여되어 있는 것처럼 보이는 기술적이고 방법론적인 '은유'가 잊혀지거나 오인될 수 있었던 것은 사실이다." 자크 데리다의 <일본인 친구에게 쓴 편지Letter to a Japanese Friend>, 《데리다 리더The Derrida Reader》, 페기 카무프Peggy Kamuf 편집(New York: Columbia University Press, 1991), 273쪽 참조.

31 같은 곳.

32 같은 곳.

33 아마도 해체에서 정말로 문제가 되는 것은 어떻게 읽어야 하는가에 대한 물음일 것이다(OG, Ixxxx, 157~159 참조). 이 점에서, 우리는 데리다의 루소 읽기의 예에서 구체적인 그의 해체적 읽기 실천을 발견할 수 있다: "우리는 그가 완전히 다른 말을 하도록 만들 수 있다. 그래서

루소의 텍스트는 항상 복잡하고 다층적인 구조로 간주되어야 한다. 그 안에서 어떤 명제들은 우리가, 일정한 정도까지 그리고 몇 가지 예방책을 가지고, 다른 방식으로 자유롭게 읽을 수 있는 다른 명제들에 대한 해석으로 읽힐 수 있다. 루소는 A라고 말하고, 곧이어 우리가 알아내야 하는 이유들로 인해 A를 B로 해석한다. 이미 하나의 해석이었던 A는 B로 재해석된다. 우리는 이 점을 인정한 후에, 루소의 텍스트를 떠나지 않고서도 B로의 해석으로부터 A를 분리할 수 있으며, 실제로 루소의 텍스트에 속하지만 그에 의해 생산되거나 활용되지 않은 가능성과 자원들을 그곳에서 발견할 수 있다"(OG, 307).

34 데리다, 〈일본인 친구에게 쓴 편지〉, 272쪽.

35 같은 책, 270쪽.

36 같은 책, 272쪽.

37 같은 책, 275쪽.

38 데리다, 〈해체와 타자Deconstruction and the Other〉, 124쪽.

39 같은 곳.

40 그러나 존 밀 뱅크John Milbank, 캐서린 피스톡Catherine Pickstock 및 코너 커닝험Connor Cunningham은 데리다에 대해 좀 더 미묘한 허무주의라는 혐의를 제기한다. 그들은 데리다의 사유가 무-도덕적이거나 정치적이지 않은 것은 아니라는 점을 쉽게 인정하면서도, 그럼에도 불구하고 데리다는 좀 더 기술적인 의미에서 허무주의적인 **존재론**에 종사한다고 주장한다. 자세한 내용은 4장의 (2)를 참조하라.

41 데리다, 〈환대, 정의 그리고 책임〉, 78쪽.

42 관련 논의에 대해서는 인터뷰 〈도래할 국제 철학 학교에 대하여Of a Certain College International de Philosophic to Come〉(Points, 109~114)를, 좀 더 주제별로 분류된 자세한 논의는《법에서 철학으로Du droit à la philosophie》를 참조하라.

43 데리다, 〈해체와 타자〉, 125쪽.

44 같은 책, 118쪽.

45 그래서, 데리다의 '목적론적' 또는 '종말론적' 사고에 대한 지속적인
    비판에도 불구하고, 해체에 생기를 불어넣는 어떤 종류의 종말론이
    있다(이것은 마르크스주의에서도 마찬가지이다). 데리다는 "나는 모든 진
    정한 물음은 철학적 용어로 정의하는 것은 불가능한 어떤 유형의 종
    말론에 의해 불러일으켜진다고 생각한다"고 말한다(같은 책, 119쪽).
    우리는 3장의 1) 이하에서 이런 문제들을 다시 다룰 것이다.
46 같은 곳. 우리가 3장의 (1)에서 볼 것처럼, 여기서 데리다의 언어는 몹
    시 레비나스의 형태를 띤다.
47 이 책에 대한 전략과 개요를 채택한 후, 나는 J. 힐리스 밀러J. Hillis Mill-
    er, 〈데리다의 타자들Derrida's Others〉, 《대답: 데리다에게Applying:
    To Derrida》, 존 브래니건John Brannigan, 루스 로빈스Ruth Robbins
    그리고 줄리안 울프레이스Julian Wolfreys 편집(London: Macmillan,
    1996), 153~170쪽에서 그러한 해석학적 렌즈에 대한 확증을 발견하
    게 되어 기뻤다. 하지만, 나는 이 전략이 데리다가 레비나스에 대한 점
    점 더 얕은 언급으로 올바르게 인식하는 것을 피하고 대응하기를 원한
    다. 그가 지적하는 것처럼, "'타자', '타자에 대한 존중', '타자에 대한 개
    방' 등의 말은 다소 지루해졌다. '타자'라는 말의 도덕적 용법에는 어
    떤 기계적인 요소가 있으며, 때로는 최근 몇 년간 약간 기계적으로 레
    비나스를 언급하는 어떤 것, ─ 인위적이고 얕은 것이 있다." 자크 데
    리다, 《파롤에 대하여: 철학의 순간들Sur Parole: Instantanes philos-
    ophiques》(Paris: Aube, 1999), 63쪽.
48 데리다, 〈해체와 타자〉, 123쪽.
49 데리다는 다음의 저서에서 이것을 암시한다: 《아카이브 병Archive Fe-
    ver》, 에릭 프레노비츠Eric Prenowitz 옮김(Chicago: University of Chi-
    cago Press, 1996).
50 데리다, 〈해체와 타자〉, 리처드 카니 편집, 108쪽. 데리다는 이 1981년
    인터뷰에서 "유대적 차원은 그 단계에서 결정적인 언급이 아닌 별개
    의 언급으로 남아 있었다"고 계속해서 말한다(108). 나중에 그는 ─

철학을 **비**-철학적인 것으로 '혼란스럽게 만드는' 것에 대한 데리다의 관심을 반영하는 - 타자성에 대한 레비나스의 **철학적** 관심이 유대교의 **비-철학적** 원천에 의해 발생되었다는 것을 인식하게 될 것이다. "철학의 장소가 아닌 곳, 또는 철학의 위치가 아닌 곳non-lieu을 발견하는 것이 철학의 '타자'일 것이다. 이것이 해체의 과제이다"(112). 우리는 2장 이하에서 철학의 '타자'에 대한 물음으로 되돌아갈 것이다.

51 나는 이 제안으로 데리다의 이론적인 작업을 '전기화'하려는 것이 아니라, 데리다 그 자신이 끈질기게 주목한 것, 즉 그의 작업이 그의 경험으로 특징지어지는 방식을 인식하려는 것이다. 전기와 철학의 비-환원론적 관계에 대해 이해를 돕는 방법론적 설명은 마르틴 벡 마투스틱Martin Beck Matustik, 《위르겐 하버마스: 철학적-정치적 개요Jürgen Habermas: A Philosophical-Political Profile》(MD: Rowman & Littlefield, 2001)를 참조하라.

52 《조종Glas》에서 자넷Genet에 대해 말하면서 데리다는 다음에 주목한다: "어제 그는 나에게 자신이 전쟁 중인 팔레스타인인들 가운데, 소외된 사람들과 함께 베이루트에 있었다고 알려주었습니다. 나는 내 관심사가 항상 거기에서 (그 또는 그것의) 장소를 안내하는 것에 있다는 것을 안다. 하지만 어떻게 그것을 보여줄 수 있을까?" (데리다, 《조종Glas》, 존 P. 리비 주니어John P. Leavey, Jr. 그리고 리처드 랜드Richard Rand 번역(Lincoln: University of Nebraska Press, 1986[French, 1974]).

53 이반 칼마르, 《트로스키, 프로이트, 우디 앨런: 문화의 초상The Trostkys, Freuds, and Woody Allens: Portrait of a Culture》(Toronto: Penguin, 1994), 141~142쪽.

54 자크 데리다, 〈해체와 타자〉, 리처드 카니가 인터뷰하고 편집, 《현대 유럽 대륙 사상가들과의 대화Dialogues with Contemporary Continental Thinkers》(Manchester: Manchester University Press, 1984), 107쪽, 강조는 추가.

55 데리다는 나중(1983년)에 자신의 반유대적 배제에 대한 그의 경험이

"역설적인 효과"를, "비-유대인 공동체에서의 통합에 대한 열망, 매혹적이지만 고통스럽고 의심스러운 욕망"을 낳았다고 언급한다, 동시에 그는 한편으로는 "유대인 공동체에 대한 성급한 거리두기"를 유지했다"(Points, 121).

56 여기서 나는 테리 이글턴, 《이론 이후After Theory》(New York: Basic Books), 2003의 이론 상태에 대한 비판적 평가를 언급하고 있다.

57 만약 우리가 데리다의 현상학적 시작에 불균형적인 시간을 할애한다면, 이것은 내가 (특히 미국에서) 그의 작업을 전유한 사람들에 의해 가장 무시되었던 데리다의 부분이라고 확신하기 때문이다. 하지만 정확하게 이 현상학적 지평이 무시되었기 때문에, 그러한 전유가 크게 **잘못** 전유되었다.

1장 말과 사물

1 자크 데리다, 〈자가 면역: 실제적이고 상징적인 자살, 데리다와의 대담Autoimmunity: Real and Symbolic Suicides, A Dialogue with Jacques Derrida〉, 지오바나 보라도리Giovanna Borradori의 《테러의 시간 속 철학: 위르겐 하버마스와 자크 데리다의 대담Philosophy in a Time of Terror: Dialogues with jürgen Habermas and Jacques Derrida〉(Chicago: University of Chicago Press, 2003), 87쪽, 처음 강조는 추가.

2 마르틴 하이데거, 《존재와 시간》 §§1-2. 비트겐슈타인과 데리다의 유사점들에 대한 유용한 논의는 뉴톤 카버Newton Carver의 명쾌한 《목소리와 현상》 서문, ix~xxix을 보라. 좀 더 일반적으로 '언어적 전회'에 대해서는, 리차드 로티가 편집한 《언어적 전환The Linguistic Turn》(Chicago: University of Chicago Press, 1967)와 그의 《철학 그리고 자연의 거울》(Princeton: Princeton University Press, 1979)을 보라.

3 하이데거가 거부하는 좁은 의미의 '철학적 인간학'(즉, 기초 존재론**으로서의** '인간적인' 철학적 인간학)이 아니라, 더 넓고 기술적인 의미에서: 인

간 정체성, 공동체 및 관계함being-in-relation의 조건에 대한 설명으로서의 철학적 인간학을 말한다. 데리다 그 자신은 이 용어를 싫어하지 않는다(MP, 113 참조). 후설과 하이데거를 따라 그가 거부하는 것은 인간**주의**, 또는 존재론을 **인간**anthropos에 대한 실존적 분석으로부터 연역하는 인간학이다(MP, 116).

4 예를 들어, 아래에서 살펴보겠지만, 일단 우리가 언어의 근원적 지위를 인정하게 되면, '생생한 현재의 자기-정체성을 분열시키는 환원불가능한 타자'(〈정립의 시간The Time of a Thesis〉, 40)가 있다는 사실을 알 수 있다. 즉, 타자와의 관계는 정체성의 근본적인 측면이며, 정체성의 핵심에 타자를 도입한다.

5 데리다, 〈정립의 시간〉, 40쪽.

6 데리다, 〈정립의 시간〉, 37, 39쪽.

7 우리는 여기서 니체의 두 제명을 인용하고 있다: 하나는 《우상의 황혼》에 대한 니체의 설명이고 두 번째는 데리다의 《그라마톨로지》 1장의 제명으로 인용된 니체의 다음과 같은 기록이다: "(글을) 쓰지 않은 자, 소크라테스"(6).

8 이에 대한 대표적인 설명으로는, 플라톤의 《국가》 6권과 7권을 참조하라.

9 우리는 4장 (1)에서 데리다의 후설 읽기와 유사한 그의 플라톤 읽기의 방식을 검토할 것이다.

10 후설의 텍스트 〈기하학의 기원〉은 데리다의 《기하학의 기원Edmund Husserl's Origin of Geometry: An Introduction》(IHOG)의 영문 번역의 부록으로 수록되어 있으며, 나는 이 판본의 쪽 번호를 인용할 것이다.

11 아마도 다음과 같은 물음은 이 문제로 들어가는 또 다른 방법일 것이다: 유클리드 기하학은 유클리드에 의해 '발명'되었는가 아니면 유클리드에 의해 '발견'되었는가?

12 후설은 의사소통의 "측면"인 사람들의 공동체가 1차적으로는 **언어 공동체**, "공통 언어를 가진 사람으로서 자기 자신들을 상호적으로 표

현할 수 있는 이들의 공동체"라고 말한다(162). 우리는 모든 사람이 동일한 언어를 사용하는 후설의 ("정상적인") "세계"와 "공동체"의 동종성에 주목해야 한다. 유일성에 대한 이러한 선호는 이하에서 더 논의될 것이다.

13 후설은 이 "내부"와 "외부" 사이에서 발생하는 미끄러짐에 대해 무신경한 것처럼 보인다. 데리다는《우편엽서Post Card》에서 의사소통에서의 미끄러짐의 문제를 폭넓게 다룬다[2장 2)의 (2) 참조].

14 《존재와 시간》, 35절.

15 내가 생각하기에, 우리는 이 두 가지(우리가 기표와 기의라고 부르는 것) 사이의 **관계**만큼이나 그것들의 **구별**에 이의를 제기하지 않고 있다는 점에 주목해야 한다: 물론 '의미meaning'가 **초과**되어 음성적이든 문자적이든 경험적인 말과 동일하지 않은 어떤 의미sense가 있다. 그러나 그 구별을 인정한다는 것이 **비-의존성의 관계**를 수반하지 않는다. 후설에게 문제가 되는 것은 후자이다: 데리다는 구별을 인정하면서도, 기의가 "본질적으로 실제적 시공간성과 (⋯) **묶인** 상태로 남아 있다"는 점을 유지하고자 한다(70, 강조는 추가). (다시 말해, 모든 이념들은 **묶인** 이념들이다[71~72, 76].) 문제는 이 **묶임**의 본질이다.

16 에드문트 후설,《경험과 판단Experience and Judgment》, 제임스 S. 처칠James S. Churchill 그리고 칼 아메릭스Karl Ameriks(IL: Northwestern University Press, 1973), 267쪽.

17 같은 곳.

18 우리는 물질성이 계속 이어진다고도 말할 수 있다. IHOG, 89n.92를 참조하라.

19 여기서 이러한 분석의 계기는 후설의 (글)쓰기에 대한 설명이지만 데리다의《그라마톨로지》의 고민은 이것이 **언어**의 본질적인 특성이라는 점 – **그러므로** 언어를 **원-(글)쓰기**arche-writing로 명명하는 것 – 을 증명하는 것이다[1장 4)의 (3) 참조].

20 흥미롭게도 데리다는《그라마톨로지》에서 후설과 비교하면서 "피어

스는 내가 초월적 기의의 탈-구축이라고 불렀던 바로 그 방향으로 나아갔다"고 말했다(OG, 49).

21 아우구스티누스 기호학(및 관련 참고문헌)은 제임스 K. A. 스미스, 《말(하기)과 신학: 언어와 육화의 논리Speech and Theology: Language and the Logic of Incarnation》, 래디컬 정통 신앙 시리즈Radical Orthodoxy Series(London: Routledge, 2002), 4장을 참조하라.

22 에드문트 후설, 《논리 연구Logical Investigations》 제1권, J. N. 핀들레이J. N. Findlay 옮김(New York: Humanities Press, 1970[1900; 2nd edn, 1913]). 이후 본문에서 LI로 약칭한다.

23 "따라서 기호의 두 가지 개념은 결코 더 넓은 유 개념과 더 좁은 종 개념의 관계에 있지 않다"(LI, 269).

24 프로이드-이후의 정신-분석적인 환경에서 우리가 대체로 가정하는 '무의식'이나 '잠재의식'에 대한 이해가 후설에게 없다는 점에 주목해야 한다. 후설에게 '프로이트식의 말실수'나 몸짓 언어는 의미가 없다(반면에 프로이트에게 이것들은 우리가 **실제로** 의미하는 것에 대한 간접적인 접근이다).

25 후설은 우리가 매우 느슨하게 우리 자신에게 말할 수 있다고 인정하지만, 이것은 단지 은유적일 뿐이며 비유에 불과하다(LI, 278~279).

26 이 주장은 이념들이 본질적으로 언어의 물질성에 '구속'되거나 '뒤얽혀' 있다는 《기하학의 기원》의 주장과 아주 유사하다(IHOG, 89 n.92).

27 레비나스의 존재론 비판에 대해서는, 《전체성과 무한Totality and Infinity》, 알폰소 링기스 옮김(Pittsburgh: Duquesne University Press, 1969)을 참조하라. 레비나스의 사유에 대한 소개는 아드리안 페이프르작Adriaan Peperzak, 《타자에게: 에마뉘엘 레비나스 소개To the Other: An Introduction to the Philosophy of Emmanuel Levinas》(Lafayette, IN: Purdue University Press, 1993)을 참조하라.

28 그래서 소리는 신체가 없는 영혼과 밀접하게 연결된다(앞 부분 참조). 이 연결은 좀 더 상세하게 〈플라톤의 약국〉에서 논의될 것이다[4장 1)

의 (1)을 참조].

29 후설은 자신의 《데카르트적 성찰》의 다섯 번째 성찰에서 이 핵심 분석을 풀어놓는다. 이에 대한 데리다의 분석에 대해서는, 《글쓰기와 차이》의 〈폭력과 형이상학: 에마뉘엘 레비나스의 사유에 관한 에세이〉을 참조하라.

30 데리다의 기획의 이 부분에는 또한 정신분석적측면이 있으며, 정확하게 자기가 의식의 주인이 아니기 때문에 자기, 특히 저자 또는 화자는 그 또는 그녀의 의도의 주인이 될 수 없다고 주장한다: 지배에서 벗어나는 **무**의식적인 어떤 것이 존재한다.

31 이 점에 대한 자세한 논의는 영문판 《목소리와 현상》의 〈차이Differance〉, 146~148쪽을 참고하라.

32 데리다는 여기서 어떤 아이러니에 주목한다: "자민족중심주의는 그것이 이미 완전하게 작동했고, 말과 (글)쓰기에 대한 그것의 표준적인 개념들을 소리 없이 부과하는 바로 그 순간에 명백하게 예방될 것이다"(OG, 121).

33 나는 나의 책 《해석의 타락: 창조적 해석학을 위한 철학적 기초The Fall of Interpretation: Philosophical Foundations for a Creational Hermeneutic》(InterVarsity Press, 2000), 121~129쪽에서 이러한 노선을 따라 비판을 제시했다.

34 데리다는 자신이 이것이 "오직 그것이 그가 해체하고자 하는 전통에서 본질적으로 (글)쓰기에 대한 통속적인 개념과 소통하기 때문에" 계속해서 원-**(글)쓰기**라고 부른다고 언급한다(OG, 56). 이것은 해체가 구조들에 내부로부터 "거주"하는 방식을 보여준다(OG, 24).

35 이것은 또한 "가칭"일 뿐이다(SP, 129)

36 현전의 형이상학은 공간과 시간 둘 다와 - '여기'와 '지금'과 - 관련하여 '현재'에 특권을 부여한다. '여기'와 '지금'은 어떤 타자성, 외재성 또는 다른 것에 의해 방해받지 않는 장소이며 순간이다. 데리다는 여기가 아닌 (그리고 내가 아닌) 것과 지금이 아닌 것 (과거와 미래)이 모두

자아의 여기와 지금을 구성하는 방식을 보여준다.

37 "우리는 놀이를 놀이의 제한 없음으로서의, 즉, 존재-신학과 현전의 형이상학의 해체로서의 초월적 기의의 부재라고 부를 수 있다"(OG, 50). 이 놀이는 **원칙적으로** 중단되거나 **그 자체로** 멈출 수 없다. 그러 나 우리가 아래 2장에서 볼 것처럼, 그것은 이 놀이의 합법적인 **제동 장치**가 없다거나 해석에 기준이 없다는 것을 의미하지도 않는다.

38 이것은 《존재와 달리, 또는 존재성을 넘어》에서 레비나스의 주체성 에 대한 설명과 유사하며, 또한 《주어짐Being Given》(Stanford University Press, 2003)에서 주체를 '선물 받은 자' 또는 '대화자'로 설명하는 장-뤽 마리옹의 논의와 비슷하다. 나는 이 두 모델을 나의 책, 《사랑의 해석학The Hermeneutics of Charity》(Brazos, 2004)의 〈선물로서의 부 름: 마리옹과 레비나스의 주체의 증여〉라는 이름의 장(217~227)에서 논의했다.

2장   다른 문학, 문학으로서의 타자

1 자크 데리다의 〈정립의 시간: 구두점The Time of a Thesis: punctuation〉, 《오늘날 프랑스의 철학Philosophy in France Today》, 캐서린 매크로 플린Kathleen McLaughlin 번역, 앨런 몬테피오리Alan Montefiore 편 집(Cambridge: Cambridge University Press, 1983), 36쪽을 참조하라.

2 같은 책, 37쪽.

3 〈정립의 시간: 구두점The Time of a Thesis: punctuation〉, 37~38쪽.

4 데리다, 〈해체와 타자〉, 108쪽.

5 이 '방법론적' 전략—철학을 철학적인 것과는 다른 것과 만나게 함으로 써 그것에 활력을 불어넣는 것—은 중요한 선례를 가지고 있다. 첫째, 우리는 이 기획을 (아리스토텔레스에게서 추출된) 그리스의 윤리적 삶의 '현사실성'과 (사도 바울에 의해 해명된) 그리스도교의 종교적 경험을 철 학의 과제를 개편하기 위한 촉매제로 만든 청년 하이데거의 프로젝트

와 비교할 수 있다. 마르틴 하이데거,《종교적 삶의 현상학The Phenom-
enology of Religious Life》, 제니퍼 고세티Jennifer Gosetti 그리고 마티
스 프리츠Matthias Fritsch 옮김(IN: Indiana University Press, 2004)를 참
조하라. 나는《말(하기)과 신학: 언어와 육화의 논리》(Routledge, 2002)
3장에서 이 기획을 해명했다. 둘째, 이 전략은 레비나스의 작업에서 어
떤 유사성을 발견하는데, 여기서 유대주의는 서양철학적 범주들을 해
체하기 위해 존재론에 맞선다. 이 점에 대해서는 질 로빈스Jill Robbins,
《아낌없이 주는 아들/형: 아우구스티누스, 페트라르카, 카프카, 레비나
스의 해석과 변용Prodigal Son/Elder Brother: Interpretation and Alteri-
ty in Augustine, Petrarch, Kafka, Levinas》(Chicago: University of Chicago
Press, 1991), 100~132쪽을 참조하라.

6   이것이 <(고)막>이라는 제목의 의미 중 하나이다: "우리는 이도耳道와
    중이(빈 곳)를 분리하는 얇고 투명한 구획인 귀의 고막이 비스듬히 뻗
    어 있음을 알고 있다"(MP, xii~xiii). 이것은 시작 부분의 의미 중 하나
    다: "고막을 두드리기 – 철학"(MP, x).

7   플라톤의 맥락에는 시와 종교의 본질적인 연관이 존재한다. 그래서 시
    는 철학과 관련하여 일종의 이중적인 (데리다가 관심을 가지는 두 가지
    비–철학적인 장소들인 문학과 종교와 아주 유사한 미적이며 종교적인)
    타자성을 가졌다.

8   로티의 <해체와 실용주의에 대한 논평Remarks on Deconstruction and
    Pragmatism>,《해체와 실용주의Deconstruction and Pragmatism》, 샹탈
    무페Chantal Mouffe 편집(London: New York, 1996), 13~17쪽을 참조하
    라. 커비 딕Kirby Dick과 에이미 지링 코프만Amy Ziering Kofman의 다
    큐멘터리 <데리다>의 매우 웃기는 순간 중 하나는 열성적인 2학년 학
    생이 뉴욕에서 강의를 마친 후 데리다에게 다가가 그에게 지난 여름 그
    의 '소설' 중 하나를 읽었고 그것을 매우 좋아했다고 말하는 장면이다.
    데리다는 친절하게 웃으며 그녀에게 고마워했다.

9   데리다, <해체와 실용주의에 대한 논평Remarks on Deconstruction and

Pragmatism〉, 같은 책, 79쪽. 그래서 데리다는 또한 그가 개념을 유비로 환원하는 데 관심이 없다고 강조한다. 그는 이 두 가지의 "고전적인 대립"을 거절하는 반면, 저 구별에 대한 그의 "새로운 설명"은 개념을 유비로 붕괴시키는 것이 아니다(MP, 262~263).

10 〈해체와 실용주의에 대한 논평〉, 79쪽.

11 데리다, 〈바벨탑Des Tours de Babel〉, 《데리다 리더》, 요셉 E. 그레 햄Joseph E Graham 옮김, 페기 카무프 편집(New York: Columbia University Press, 1991), 253쪽.

12 이것의 정치적 중요성을 이해하기 위해서, 언어의 다양화에 대한 해체의 관심과 미국의 정체성을 위협하는 것으로서―특히 히스패닉 이민자들이 영어를 배우지 않을 것이기 때문에― (개신교) 미국 문화의 '히스패닉화'에 대한 사무엘 헌팅턴의 비판을 대비시켜보는 것은 유익할 것이다. 《새뮤얼 헌팅턴의 미국, 우리는 누구인가Who Are We?: The Challenges to America's National Identity》(Simon & Schuster, 2004), 158~170쪽을 보라. 흥미롭게도, 이 논의는 이 책의 〈미국 해체하기〉라는 장에 등장한다. '해체주의 운동'(141~145) 부분에는 데리다의 이름이 등장하지 않는다. 헌팅턴에 대한 비판에 대해서는 마이클 하트와 안토니오 네그리의 《다중: 제국이 지배하는 시대의 전쟁과 민주주의Multitude: War and Democracy in the Age of Empire》(Penguin, 2004)의 33~35쪽을 참조하라.

13 자크 데리다, 《죽음의 선물The Gift of Death》, 데이비드 윌스David Wills 옮김(Chicago: University of Chicago Press, 1995), 100~101, 109쪽, 3.2.2 이하를 보라.

14 회고록과 자서전에 대한 이러한 관심은 《눈먼 자의 회고록》에 공개된 것처럼 자화상에 대한 데리다의 관심으로도 해석된다.

15 데리다, 〈해체와 실용주의에 대한 논평〉, 80쪽.

16 같은 곳.

17 같은 곳.

18 같은 곳.

19 같은 곳.

20 'exerge'라는 용어는 그리스어에서 유래했으며 '작품 바깥'를 의미한다. 이 용어는 동전이나 메달에 글을 적기 위해 마련된 공간을 설명하는 데 사용되었다. MP, 209n.l.을 보라.

21 니체, 〈초도덕적 의미에서의 진실과 거짓On Truth and Falsity in their Ultramoral Sense〉, MP, 217쪽에서 재인용.

22 데리다는 가스통 바슐라르Gaston Bachelard의 질문을 인용한다: "살아 있는 유기체의 요소를 표시하기 위해 벌집에서 세포라는 용어를 의식적으로 차용함으로써, 인간의 마음이 또한 벌집을 생산하는 협동 작업의 개념을 거의 무의식적으로, 차용했을 것이라는 점을 누가 알겠는가?(MP, 261에서 재인용)

23 데리다가 주목하는 것처럼, 실제로 우리가 일단 근원적인 "문학적" 감각을 포기하면, 우리는 또한 사람은 심지어 근원적인 "은유"에 대한 감각도 포기해야 할 수도 있다 – "은유는 일반적으로 간접적으로 또는 모호하게 언급하는, 의미의 근원적인 '고유성', '고유한' 감각과의 관계를 함축하기 때문이다." 따라서 조금 더 적절하게 말하자면, 데리다가 가리키고 있는 것은 "혼용catachresis", "의미의 폭력적인 생산, 사전 규범이나 올바른 규범을 언급하지 않는 오용이다"(〈해체와 타자〉, 123).

24 정신분석학적 은유는 데리다에게서 흔히 볼 수 있는 것이다. 그는 《글쓰기와 차이》의 〈프로이트와 글쓰기의 무대〉에서 정신분석학으로의 동일한 '귀환'을 검토한다. 특히 그는 (1896년에) 프로이트의 '자연적' 은유에서 (글)쓰기 은유로의 전환의 충격을, 특히 '글쓰기 패드'나 '글쓰기 기계'라는 개념을 정신의 작용을 설명하는 기본적인 은유로 간주한다(WD, 199~200). 꿈은 **해석**을 요구하는 일종의 '글쓰기'로 간주된다(WD, 207~208). 따라서 정신분석학은 근본적으로 일종의 해석학이며, 분석가는 해석학의 대가이다(PC, 〈회화 속의 진리Le facteur de la vérité〉, 411~496을 참조).

주   278

25 《입장들》 또한 필수적인 '저작'으로 여겨지게 된 인터뷰 모음집이었다는 점에서 다소 비-전통적이다. 5장에서 조금 더 세부적으로 이 인터뷰의 장르에 대해 검토해볼 예정이다.

26 데리다는 '빌라노바 원탁 토론'에서 다음과 같이 고백한다: "내가 성 아우구스티누스를 보는 방식은 사실 그다지 정통적이지 않다. 오히려 정통을 거역한다!" 존 D. 카푸토, 《해체에 대한 간결한 요약Deconstruction in a Nutshell》(Bronx, NY: Fordham University Press, 1997), 20쪽.

27 자크 데리다, 〈할례 고백Circumfession〉, 제프리 베닝턴Geoffrey Bennington 그리고 자크 데리다의 책 《자크 데리다Jacques Derrida》(Chicago: University of Chicago Press, 1993), 248쪽.

28 이 결여는 존 P. 리비 주니어의 《용어사전Glossary》(Lincoln, NB: University of Nebraska Press, 1986)을 통해 보충된다.

29 데리다, 〈해체와 타자〉, 122쪽.

30 나는 길을 잃을 '가능성'과 길을 잃을 '운명적인 필연성' 사이에는 상당한 차이가 있다고 주장하고 싶다. 이 점에 대한 데리다에 대한 비판에 대해서는 제임스 K. A. 스미스, 〈말하지 않는 것을 피하는 방법: 증명How to Avoid Not Speaking: Attestations〉, 《다른 방법으로 알기: 영성의 경계에서 바라본 철학Knowing Other-wise: Philosophy on the Threshold of Spirituality》, 제임스 H. 올타이스 편집(Bronx, NY: Fordham University Press, 1997), 217~234쪽과 동일 저자의 〈제한된 성육신: 데리다와 설의 논쟁 다시 보기Limited Inc/arnation: Revisiting the Derrida/Searle Debate〉, 《갈림길에 선 철학Hermeneutics at the Crossroads》, 케빈 밴후저Kevin Vanhoozer, 제임스 K. A. 스미스 그리고 브루스 엘리스 벤슨Bruce Ellis Benson 편집(Bloomington, IN: Indiana University Press, 2006)를 참조하라.

31 로티의 논평은 통찰력이 돋보인다: "영어를 사용하는 [데리다의] 팬들은 전형적으로 문학 비평가들이 오랫동안 마르크스와 프로이트를

사용한 것과 같은 목적으로 데리다를 사용한다. … 이 팬들은 우리가 텍스트에 적용할 수 있고 학생들에게 가르칠 수 있는 '해체'라고 불리는 방법이 있다고 생각한다. 나는 이 방법이 무엇인지 또는 다음과 같은 격언을 제외하고는 학생들을 가르칠 수 있었던 것을 전혀 생각해낼 수 없었다: '자기 모순적으로 보이도록 만들 수 있는 어떤 것을 구하고 그 모순이 텍스트의 중심 메시지라 주장하라 그리고 그것에 몇 가지 변화를 가하라.' 이 격언의 응용으로 1970~1980년대에는 미국과 영국 교수들이 텍스트에 대한 수만 개의 '해체적 읽기'를 생산했다. – 이는 다음과 같은 격언을 충실하게 적용함으로써 비롯된 수만 개의 읽기와 같은 정형화되고 지루한 읽기이다: '해결되지 않은 오이디푸스 콤플렉스의 증상과 비슷하게 들릴 수 있는 어떤 것을 찾으라'" (<해체와 실용주의에 대한 논평>, 14~15).

32 데리다, <해체와 타자>, 123.

33 데리다, <이론을 좇아서Following Theory>, 27쪽.

3장 타자를 환영하기

1 이것은 우리가 여기서 착수할 수 없는 추가 분석이 필요한 주제이다. 문제는 우리가 종말론이라는 말로 의도하는 것이다. 데리다는 정의로운 것으로 **간주**될 수 있는 미래의 어떤 종말에 도달하는 것을 상정하는 종말론적 것의 개념을 거부합니다. 데리다에게는 이것은 유한성 그 자체가 특정한 부정의를 수반하기 때문에 결코 그럴 수 없다. 그러나 다른 한편으로는 깊이 미래적인 어떤 것, 심지어 해체를 주도하는 미래에 대한 희망적인 기대가 있다. 나는 이에 대해 다음의 나의 글에서 더 자세히 논의했다: <결정된 희망: 기독교적 기대의 현상학Determined Hope: A Phenomenology of Christian Expectation>, 미로슬라브 볼프Miroslav Volf 그리고 윌리엄 카터버그William Katerberg 편집, 《희망의 미래: 현대성과 포스트모더니즘 속 기독교 전통에 대한 에세이The

Future of Hope: Essays on Christian Tradition Amid Modernity and Post-modernist》(Grand Rapids, MI: Eerdmans, 2004), 200~227쪽.

2 데리다, 〈해체와 타자〉, 119쪽.

3 〈죄인의 변화〉(OCF, 35)에서와 같이 종교적인 화해나 신과 죄인 간의 화해를 이루어 용서에 "의미"(OCF, 36)를 부여하는 경우도 그렇다.

4 앞서 환대와 관련하여 언급한 바와 같이, 나는 여기에 데리다의 분석에 물음을 제기할 좋은 이유들이 있다고 생각하지만, 이 문맥에서 그러한 비판은 보류한다.

5 〈신호들signals〉, 53쪽 참조. 관계는 어쨌든 기호학적이다. 하지만 이 관계는 우리가 1장에서 묘사한 기호학에 의해, 즉 어떤 신호는 현존이 면서 부재라는 점에 의해 좌우된다.

6 자크 데리다,《다른 곳: 오늘날 유럽에 대한 성찰The Other Heading: Re-flections on Today's Europe》, 파스칼-앤 브라울트Pascale-Anne Brault 그리고 마이클 B. 나스Michael B. Naas 옮김(Bloomington, IN: Indiana University Press, 1992), 17쪽.

7 같은 책, 15쪽 그리고 30쪽 참조.

8 같은 책, 29쪽.

9 같은 책, 77쪽.

10 데리다, 〈정립의 시간〉, 42쪽.

11 〈빌라노바 원탁 토론The Villanova Roundtable〉, 5~8쪽과 〈다가올 국제 철학 학교에 대하여Of a Certain College International de Philosophic Still to Come〉, 《관점들Points》, 109~114쪽에서의 이에 대한 데리다의 유용한 논의를 참조하라.

12 데리다는 우리가 단순히 유대인**이나** 그리스인 **둘 중 하나**일 수 없고, 오히려 '유대그리스인Jewgreek'이라고 말함으로써 우리에게 도움이 되도록 상황을 복잡하게 만든다(WD, 153).

13 레비나스, 《무한한 대화The Infinite Conversation》에서 인용, 자크 데리다, 《아듀, 레비나스Adieu》, 132n.35.

14 데리다와 종교에 관한 대표적인 연구에 대해서는 다음을 참조하라: 존 D. 카푸토, 《자크 데리다의 기도와 눈물The Prayers and Tears of Jacques Derrida》(Bloomington, IN: Indiana University Press, 1997). 또한 케빈 하트Kevin Hart와 마크 C. 테일러의 저작에 대한 참고문헌을 확인하라.

15 종교적인 주제와 문헌에 대한 데리다의 주요 텍스트들 중 많은 것들이 다음의 논문집에 수록되었다: 자크 데리다, 《종교 행위Acts of Religion》, 길 아니자르Gil Anidjar, 편집(London: Routledge, 2002).

16 데리다가 지적하는 것처럼, 레비나스는 그의 획기적인 저작, 특히 《후설의 현상학에서의 직관이론》을 통해 자신의 전체 세대에게 후설과 하이데거를 소개해주었다. 이 저작은 여전히 후설과 하이데거에 대한 권위 있는 해설서이다(Ad, 10~11 참조).

17 레비나스의 기획을 "윤리학의 윤리학"으로 설명하는 유익한 저작으로는, 제프리 두디악Jeffrey Dudiak, 《타자의 음모The Intrigue of the Other》(Bronx, NY: Fordham University Press, 2001)를 보라.

18 레비나스와 데리다는 모두 시간적 용어는 여기에서 작동하지 않는다고 강조한다. 제삼자는 항상 이미 타자의 얼굴에 현존한다. 그러나 우리는 거의 교육적인 측면을 고려하여 이러한 설명을 그것이 **마치** 두 부분인 것**처럼** 현상학적으로 기술한다.

19 우리는 레비나스가 '형이상학'을 '존재론'과 대립시킨다는 점을 주목해야 한다. 후자는 동일자의 영역을 합법화하고 구체화하는 담론이다. 전자는 타자와의 근본적인 관계에서 시작된다. 그래서 여기에서의 '형이상학'은 데리다가 해체하고자 하는 '현전의 형이상학'과는 근본적으로 다르다. 레비나스의 용어로 그것은 '현전의 존재론'일 것이다.

20 데카르트의 제3성찰에서의 데카르트의 핵심 논증, 곧, 유한한 자아 안에 현존하는 무한자의 관념과 관련한 레비나스의 독해에 대해서는 《전체성과 무한》, 210쪽 이하를 참조하라.

21 여기에는 내가 언급하지만 다루지는 않는 두 가지 문제가 있다. (1) **무조건적인** 환영의 감각은 무한자에 대한 환영에서 비롯한다는 것은 자명해보이지 않는다. 나는 데리다가 여기에서 소유격을 혼동한다고 생각한다. (2) 무조건적인 환영이 유한한 존재나 유한한 제도에 대해 어떤 의미일 수 있을지는 전혀 분명하지 않다. 이러한 비판을 다음의 저서에서 더 자세히 다룬다: 《성전과 민주적 십자군 전쟁: 종교적 폭력과 세속적 평화에 대한 신화 해체하기Holy Wars and Democratic Crusades: Deconstructing Myths of Religious Violence and Secular Peace》(출판 예정)

22 데리다는 〈폭력과 형이상학〉에서 이를 초기에 언급한다: "분리로서의 이 함께-있음은 사회, 집단, 공동체에 선행하거나 이것들을 초과한다. 레비나스는 이것을 **종교**라고 부른다. 이것은 윤리를 개방시킨다. 윤리적인 관계는 하나의 종교적인 관계이다"(WD, 95~96).

23 데리다, 〈환대, 정의, 그리고 책임〉, 73쪽.

24 데리다, 〈이론을 좇아서〉, 31~32쪽.

25 데리다, 〈환대, 정의, 그리고 책임〉, 66쪽.

26 같은 곳.

27 우리가 여기서 다룰 수 없는 이 주제는 《눈먼 자들의 기억》에서 좀 더 세부적으로 탐구된다.

28 데리다, 〈환대, 정의, 그리고 책임〉, 66쪽.

29 더 자세한 논의는 데리다 〈신앙과 지식: 순전한 이성의 한계 안에 자리한 '종교'의 두 원천〉을 참조하라. 나는 이 칸트의 이론적 틀을 다음의 저술들에서 비판했다: 〈포스트모더니즘의 재인식?: 데리다의 종교는 이성의 한계 안에 존재한다Re-Kanting Postmodernism?: Derrida's Religion Within the Limits of Reason Alone〉, 《신앙과 철학Faith and Philosophy》 17호, 2000, 558~571쪽; 〈해체는 아우구스티누스의 과학인가?: 아우구스티누스, 데리다 그리고 카푸토의 철학에 대한 헌신Is Deconstruction an Augustinian Science?: Augustine, Derrida, and

Caputo on the Commitments of Philosophy〉제임스 H. 올타이스 편집, 《종교 없/는 종교: 존 D. 카푸토의 기도와 눈물Religion With/out Religion: The Prayers and Tears of John D. Caputo》(London: Routledge, 2001), 50~61쪽.

30 이 미친 믿음은 중산층의 존재를 보호하는 편안한 종교성과는 대조적인 입장에 있다. 데리다는 다음과 같이 논평한다: "만일 당신이 신앙을 안심시켜주고 현명한 어떤 것, 신뢰할 만하거나 거의 확실한 어떤 것으로 체험하고자 한다면, 그건 신앙이 아니다. 신앙은 당신이 때때로 미쳤다고 불합리하다고 말하는 것임에 틀림없다. 그것이 신앙의 조건이며, 예를 들어, '신앙과 지식의 구별'이다" (〈이론을 좇아서〉, 36).

31 "신과 철학"에는 이 '번역'의 레비나스적인 상관관계가 존재한다. (이 논의와 관련해서는 GD, 82~844를 참조)

32 데리다는 이를 그의 마르크스 독해에서 언급하면서, "나에게 그리고 한 평생 그것을 공유한 나의 **세대**의 이들에게 존재했던 것, 마르크스주의에 대한 경험, 마르크스라는 유사-아버지 같은 인물, 다른 계보들과 함께 우리 안에서 그것이 싸우던 방식'"이라고 이야기한다. 이 '세대'에 대한 논의는 《비애의 작업Work of Mourning》, 192~195, 214~215쪽을 참조하라.

33 이 기간의 흥미로운 철학적인 '짧은 묘사'에 대해서는, 데리다의 에세이, 1968년 5월에 작성된 프랑스 철학에 대한 리포트인 〈인간의 종말The Ends of Man〉(in MP)를 참조하라.

34 데리다, 《다른 곳》, 57쪽.

35 자크 데리다, 《입장들Positions》, 앨런 배스Alan Bass 옮김(Chicago: University of Chicago Press, 1981), 61~68쪽 참조.

36 데리다, 《입장들》, 63쪽.

37 같은 책, 62쪽.

38 "해체는 결코 마르크스주의였던 적이 없으며, 마르크스주의가 아니었던 적도 없다. 비록 해체가 마르크스주의의 어떤 특정한 정신에, 그

정신들 중 하나에 충실했고 이것은 결코 너무 자주 반복될 수 없는 것
이지만, 해체는 그 정신들 중 하나 그 이상이며 그 정신들과는 이종적
이다"(SM, 75) "해체가 단념**하는** '다른' 마르크스주의의 정신 중 하나
는 마르크스의 역사 철학에 대한 확신(SM, 74)이며, 리오타르가 역사
와 경제를 합리적으로 정당화하는 '학문'을 제시하려는 마르크스의
주장의 '거대담론'이라고 부른 것이다.

39 여기서 데리다는 《정신에 대해서》에서 그가 지적한 점을 언급하고
    있다: 본질적으로 부정적이고 물음을 제기하는 비판에 앞서 항상 이
    미 그것의 가능성의 조건인 긍정과 '약속'의 형태가 존재한다. 따라서
    비판에 대한 물음 이전에는 언어에 내재하는 긍정이 있다[4장 2)의 (2)
    를 참조]. 마찬가지로 데리다는 '거짓말'조차 좀 더 근원적인 약속에 의
    존한다(《알리바이 없이Without Alibi》, 28~70).

40 '메시아적인' 것의 개념은 이전에 FL에서 언급되었다: 그것은 발터 벤
    야민의 참여, 특히 그의 선집 《조명》에서의 〈역사철학 테제〉 통해 데
    리다의 담론에 들어온 것으로 보인다.

41 데리다, 《다른 곳》, 56쪽.

42 나는 이러한 주제들을 다음의 나의 저술에서 훨씬 더 세부적이고 비
    판적으로 검토했다: 1998년에 발표된 〈결정된 폭력: 데리다의 구조
    적 종교Determined Violence: Derrida's Structural Religion〉, 《종교 연
    구Journal of Religion》 78호, 1998, 197~212쪽. 나는 나의 책 《성전과
    민주적 십자군 전쟁Holy Wars and Democratic Crusades》(출판 예정)에
    서 이 논리를 좀 더 일관되게 비판했다.

43 자크 데리다, 〈이성의 원칙: 학생들의 눈에 비친 대학The Principle of
    Reason: The University in the Eyes of its Pupils〉, 캐서린 포터Catherine
    Porter 그리고 에드워드 P. 모리스Edward P. Morris 번역, 《다이어크리
    틱Diacritics》 13, 1983, 5쪽. 이 에세이는 데리다의 〈계몽이란 무엇인
    가〉 또는 《학부 간의 갈등》의 정신에서 독해될 수 있다. 데리다는 후
    자를 19~20에서 다루고 있다.

44 자크 데리다, 《불량배들Voyous》 (Paris: Galilee, 2003), 211쪽 참조.

45 데리다, 〈도래하는 계몽의 '세계'(예외, 추정, 권력)The 'World' of the Enlightenment to Come(Exception, Calculation, Sovereignty)〉, 파스칼-앤 브라울트 미카엘 나스, 《현상학 연구Research in Phenomenology》 33, 2003, 10쪽.

46 제시된 이 이성 개념들에 대한 비판은 마르틴 하이데거의 《사고에 대한 담론Discourse on Thinking》(San Francisco: Harper & Row, 1959)에서 먼저 언급되었다.

47 데리다, 〈도래하는 계몽의 '세계'〉, 25쪽.

48 같은 책, 27쪽. 모든 강조는 원문 그대로이다.

49 같은 책, 31쪽.

50 같은 책, 33~34쪽.

51 같은 책, 35쪽.

52 같은 곳.

53 데리다, 〈믿음과 지식Faith and Knowledge〉, 18쪽.

54 데리다, 〈도래하는 계몽의 '세계'〉, 39쪽.

55 같은 책, 40쪽.

56 같은 책, 46~47쪽.

57 자크 데리다, 〈최후의 불량국가: 두 차례 '도래하는 민주주의'The Last of the Rogue States: The 'Democracy to Come', Opening in Two Turns〉, 파스칼-앤 브라울트 그리고 마이클 나스 옮김, 《사우스 애틀랜틱 쿼터리South Altantic Quarterly》 103호, 2004, 329.

58 데리다는 다음과 같이 논평한다: "'도래하는 것'은 민주주의는 현재 존재하는 어떤 것이라는 의미에서는 결코 존재하지 않을 것이라는 약속일 뿐만 아니라 사실을 시사한다. 이것은 그것이 연기되는 것이기 때문이 아니라 그 구조상 언제나 난제적으로 남아 있을 것이기 때문이다"(같은 책, 331).

59 데리다, 〈자가 면역: 실제적이고 상징적인 자살, 데리다와의 대담〉,

《테러의 시간 속 철학》, 91쪽.

4장 데리다의 타자

1 문학 이론, 건축학, 신학과 같은 특정 학문 분야 내에서의 데리다의 전
   유에 대해서는 참고문헌을 참조하라.

2 우리는 질 들뢰즈의 문헌과 비교해볼 수 있다. 우리는 (《차이와 반복》과
   《감각의 논리》, 그리고 가타리Guattari와의 작품 같은) 그의 '체계적인' 저작
   들을 칸트와 흄, 라이프니츠 그리고 베르그손에 대한 그의 획기적인 역
   사적 연구들과 쉽게 구별할 수 없다.

3 자크 데리다, 《후설 철학에서 발생의 문제Le probleme de la genese dans
   la philosophie de Husserl》(Paris: Presses Universitaires de France, 1990)
   1—2 참조. 우리는 니체만큼이나 후설도 데리다에게 계보학적 실천을
   가르친 인물이었다고 말할 수 있다.

4 이렇게 말하는 방식은 데리다가 자주 언급하는 그의 선생님 중 한 분의
   영향에 경의를 표하는 것이다: 트란-독-타오Tran-Duc-Thao, 《현상학
   과 변증법적 유물론Phenomenologie et materialisme dialectique》(Paris,
   1951).

5 데리다, 〈해체와 타자〉, 113쪽.

6 같은 책, 113~114쪽.

7 데리다, 〈마치 내가 죽은 것처럼As if I were Dead〉, 220쪽.

8 로티가 언젠가 말한 것처럼, "데리다는 그 자신을 그가 다뤘던 텍스트
   들의 품에 자신을 던진다"(로티, 〈해체와 실용주의에 대한 논평〉, 14).

9 데리다, 〈이론을 좇아서〉, 9쪽.

10 같은 책, 7쪽. 따르는 것과 떠나는 것의 이 이중적인 관계는 보통 다
    음과 같은 모음집에서 의미심장하게 표명된다: 데리다, 《아침의 작
    업The Work of Morning》, 파스칼-앤 브라울트 그리고 마이클 나스 편
    집(Chicago: University of Chicago Press, 2001).

11 데리다, <해체와 타자>, 117쪽.

12 '여성으로서의 진리'에 대한 논의와 관련해서는 《에쁘롱: 니체의
문체들Spurs: Nietzsche's Styles》, 바버라 할로우Barbara Harlow 옮
김(Chicago: University of Chicago Press, 1979)을, 성차에 대한 논의와 관
련해서는 <게슐레크 성적 차이, 존재론적 차이Geschlechk Sexual Dif-
ference, Ontological Difference> 루벤 베레즈디빈Ruben Berezdivin 옮
김, 《현상학 연구Research in Phenomenology》 13, (1983), 65~83쪽과
<게슐레크 2: 하이데거의 손Geschlecht 2: Heidegger's Hand>, 존 P. 리
비 주니어 옮김, 《해체와 현상학Deconstruction and Philosophy》, 존
샐리John Sallis 편집(Chicago: University of Chicago Press, 1987)를 참
조하라. 레비나스에게 '여성적인' 것에 대해서는 <이 일을 하는 이 순
간 나는 이곳에 있다At This Very Moment in This Work Here I Am>,
루벤 베레즈디빈 옮김, 《레비나스 다시 읽기Re-Reading Levinas》,
로버트Robert 베르나스코니Bernasconi 그리고 사이먼 크리츨리 편
집(Bloomington, IN: Indiana University Press, 1991), 11~48쪽을 참조하
라. 또한 인터뷰의 논의들은 <해체와 타자>, 121쪽과 <벌집 속의 여
성들: 자크 데리다와의 세미나Women in the Beehive: A Seminar with
Jacques Derrida>, 《페미니즘의 남자들Men in Feminism》, 앨리스 자르
딘Alice Jardine 그리고 폴 스미스Paul Smith 편집(New York: Methuen,
1987), 189~203쪽을 참조하라.

13 앞선 장에서 우리는 이미 후설[1장의 2)와 3)]과 레비나스(3.2.1), 키에르
케고르[3장의 2)의 (2)] 및 마르크스[3장 3)의 (3)]와의 데리다의 관계를
고려했다. 우리에게 허용된 지면이 헤겔과 아우구스티누스와 같은 다
른 중요한 철학적 인물들과 조이스, 주네, 보들레르와 같은 문학적으
로 중요한 인물들을 고려하기에는 부족하다. 이와 관련하여 이 이상
의 논의는 참고문헌의 자료를 참조하길 바란다.

14 데리다, <플라톤의 약국Plato's Pharmacy>, 《해체Dissemination》,
61~171쪽.

15   데리다, <말하기를 피하는 방법: 부정How to Avoid Speaking: Denials>,
     켄 프리든Ken Frieden 옮김, 《팔리지 않는 것의 언어: 문학과 문학이
     론에서 부정의 역할Languages of the Unsalable: The Play of Negativi-
     ty in Literature and Literary Theory》, 샌퍼드 뷰딕Sanford Budick 그리
     고 볼프강 이저Wolfgang Iser 편집(New York: Columbia University Press,
     1989), 3~70쪽과 <코라Khôra>, 이안 매클라우드Ian McLeod 옮김, 《이
     름에서On the Name》, 89~127쪽 참조.

16   이 측면에서 부정 신학과 부정의 길via negativa과 관련한 더 자세한 논
     의에 대해서는 제임스 K. A. 스미스, 《연설과 신학Speech and Theolo-
     gy》, 1장과 5장을 참조하라.

17   데리다, <코라>, 90~91쪽 참조.

18   《목소리와 현상》이 데리다의 첫 영어판 도서(1973)이긴 하지만, 엄밀
     하게 후설과 현상학에서의 높은-수준의 물음에 대해 초점을 맞춘 이
     저작은 주로 현상학에 종사하는 사람들로 제한된 독자들을 가지고 있
     었다. 문학 이론 분야에서 데리다를 수용하는 데 더 큰 영향을 미친 것
     은 1976년에 출간된 《그라마톨로지》였으며, 스피박의 에세이 형식의
     방대한 서문은 데리다 저작의 독자들을 형성시켰다.

19   실제로 데리다의 마지막 저작들, 특히 《불량배들Voyous》(105~113)에
     서의 "약한 힘"이라는 개념은 매우 다른 어떤 것을 시사한다. "힘의 의
     지"에 대한 데리다의 기도와 관련한 논의에 대해서는 4장 2)의 (2)를
     참조하라.

20   데리다, 《입장들Positions》, 9~10, 54~55쪽 참조.

21   멀홀이 데리다에게 제기한 매우 유용한 물음들과 데리다의 대답에
     대해서는 다음을 참조하라: 스테판 멀홀Stephen Mulhall, <글쓰기와
     해체Wittgenstein and Deconstruction>, 《라티오Ratio》 13. 4, (2000),
     407~414; 같은 책, <멀홀에게 응답Response to Mulhall>, 415~418쪽.

22   예일학파와 데리다의 관계에 대해 더 알고 싶다면, 2차 참고문헌의 앳
     킨스Atkins, 컬러Culler 및 리치Leitch의 저작들을 참조하라.

23 자크 데리다, 〈한스 게오르그 가다머를 향한 세 가지 질문Three Ques-
    tions to Hans-Georg Gadamer〉, 다이앤 미하엘펠더Diane Michelf-
    elder 그리고 리처드 팔머Richard Palmer 옮김, 《대화 & 해체: 가다
    머-데리다의 만남Dialogue & Deconstruction: The Gadamer-Derri-
    da Encounter》, 미하엘펠더 그리고 팔머 편집 (Albany, NY: SUNY Press,
    1989), 53. 프랑스어로 데리다의 강연의 본래의 제목은 〈힘에의 선한
    의지Bonnes volontés de puissance〉이다.

24 가다머, 〈데리다를 향한 대답Reply to Jacques Derrida〉, 같은 책,
    55~57쪽. 가다머는 다음과 같이 격양된 채 대답했다: "도덕적이지 않
    은 존재자조차 서로 이해하려고 노력한다, 나는 데리다가 실제로 이
    점에 대해 나에게 동의하지 않는다고 믿을 수 없다. 입을 여는 누구나
    이해받길 원한다. 그렇지 않다면 우리는 말하거나 글을 쓰지 않을 것
    이다. 마지막으로, 나는 이것에 대한 매우 확실한 증거를 가지고 있다:
    데리다는 나에게 질문을 했다. 그러므로 그는 내가 그 질문들을 기꺼
    이 이해하길 원한다고 가정해야 한다."(55)

25 자크 데리다, 〈끊이지 않는 대화: 두 무한함 사이, 시Uninterrupted Di-
    alogue: Between Two Infinities, the Poem〉, 토마스 뒤투아Thomas Du-
    toit 그리고 필립 로만스키Philippe Romanski, 《현상학 연구》 34,
    2004, 3~19(3-4).

26 데리다, 《영혼: 하이데거 그리고 질문들Of Spirit: Heidegger and the
    Question》, 제프리 베닝턴 그리고 레이첼 볼비Rachel Bowlby 옮
    김 (Chicago: University of Chicago Press, 1989), 94쪽.

27 같은 책, 129쪽.

28 같은 책, 130쪽.

29 같은 곳. 이 주제는 또한 《알리바이 없이》에 수록된 〈거짓말의 역사:
    서설〉에 전개된다.

30 위르겐 하버마스, 《근대성의 철학적 담론The Philosophical Discourse
    of Modernity》, 프레드릭 로렌스Fredrick Lawrence 옮김 (Cambridge,

MA: MIT Press, 1984) 참조.

31 하버마스는 이것을 어떤 전환점으로 언급한다. "데리다가 아도르노상을 수상할 때, 그는 프랑크푸르트의 파울스키르헤에서 매우 재치 있는 연설을 했는데, 이를 통해 이 두 사람의 영적 친근감이 인상적으로 드러났다. 이런 종류의 일은 모두를 감동시킨다." 〈미국 그리고 세계: 위르겐 하버마스와의 대화America and the World: A Conversation with Jürgen Habermas〉, 《로고스Logos》 3.3 (Summer 2004)을 참조하라, 그리고 전문은 다음에서 이용가능하다(http://www.logosjournal.com/habermas_america.htm)

32 자크 데리다 그리고 위르겐 하버마스, 〈우리의 쇄신, 전쟁 후: 유럽의 재탄생Unsere Erneuerung. Nach dem Krieg: Die Widergeburt Europas〉, 《프랑크푸르터알게마이네차이퉁Frankfurter Allgemeine Zeitung》, May 31. 2003, 33 (〈유럽: 공공 외교 정책을 위한 탄원Europe: Plea for a Common Foreign Policy〉, 영문판은 다음에서 이용가능하다: http://watch.windsofchang e.net/themes_63.htm).

33 앞서 존 설과 주고 받은 논의를 생각해보라[2장 3)]. 그리고 '케임브리지 사건' 즈음에 《더 타임스The Times》 지면에 이름을 올린 모든 사람들은 분석 전통과 관련이 있다[서론 1)의 (1) 참조].

34 특히 로티, 〈아이러니스트 이론부터 사적인 암시로: 데리다From Ironist Theory to Private Allusions: Derrida〉, 《우연성, 아이러니, 연대Contingency, Irony, and Solidarity》(Cambridge: Cambridge University Press, 1989), 122~137쪽을 참조하라.

35 제프리 베닝턴Geoffrey Bennington은 이와 같은 기획에 대한 유용한 주의 사항을 제공하며, '진정한' (즉, 옥스브리지) 철학자들이 데리다를 진지하게 받아들이기 위해서는 우리가 데리다에게서 '논증'을 발견할 수 있다는 확신을 가질 필요가 있다고 걱정한다. 그러나 이것은 데리다가 '논증'을 구성하는 것에 대한 그의 통렬한 비판을 놓치는 것이다. 그래서 데리다를 '진정한' 철학자로 가장하여 우리가 얻는 것은

길들여진 데리다가 될 것이다. "이 옮기는 과정은 그래서 - 아마도 에
든버러의 모닝사이드 구역의 고상한 사회가 고양이를 '개선'하기 위
해 수의사에게 데리고 간다고 이야기하곤 한다는 의미에서 - '개선된'
데리다를 산출하는 데 사용될 수 있을 것이다". 베닝턴, 〈논쟁의 목적
을 위해(정점까지)For the Sake of Argument (Up to a Point)〉, 《라티오》
13.4(2000), 332~345(336) 참조.

36 《라티오》(새로운 시리즈) 13.4, 2000의 특별호를 참조하라. 이 특별
호에는 글렌디닝, 베닝턴, 무어, 멀홀, 발트윈Thomas Baldwin, 쉐퍼
드Darren Sheppard의 기고와 데리다의 답변이 실려 있다.

37 데리다, 같은 책, 351, 381쪽.

38 알랭 바디우Alain Badiou, 《무한한 생각: 진리와 철학으로의 회
귀Infinite Thought: Truth and the Return to Philosophy》, 올리버 펠
섬Oliver Feltham 그리고 저스틴 클레멘스Justin Clemens 옮기고 편
집(London: Continuum, 2003), 45~46.

39 같은 책, 48쪽.

40 같은 책, 56쪽.

41 예를 들어, 슬라보예 지젝Slavoj Zizek, 《이데올로기의 숭고한 대상The
Sublime Object of Ideology》(London: Verso, 1989), 153~200쪽과 〈누가
전체주의라고 했는가? 개념의 (잘못된) 사용에 대한 다섯가지 개입Did
Somebody Say Totalitarianism? Five Interventions in the (Mis)Use of a
Notion〉(London: Verso, 2002), 141~189쪽을 참조하라. 데리다의 〈종
교 없는 종교〉에 대한 비판과 관련해서는, 지젝, 《죽은 신을 위하여:
기독교 비판 및 유물론과 신학의 문제The Puppet and the Dwarf: The
Perverse Core of Christianity》(Cambridge, MA: MIT Press, 2003), 5-6,
139~143쪽을 참조하라.

42 테리 이글턴, 《이론 이후After Theory》(Cambridge, MA: Basic Books,
2003), 46, 153~162쪽.

43 같은 책, 165쪽.

44 같은 책, 160쪽. 이글턴에게, 이것은 또한 **신학**에 대한 구체적인 재천명과 종교적인 공동체의 구체적인 실천에 대한 필요성을 시사하기도 한다. 이와 같이 그는 그레이엄 워드와 존 밀뱅크의 작업에서의 '급진 정통주의'에 의해 제공된 데리다에 대한 비판과 공명한다. 이와 관련하여, 워드에 대해서는《진정한 종교True Religion》(Oxford: Blackwell, 2003)를, 밀뱅크에 대해서는《이상하게 만든 말The Word Made Strange》(Oxford: Blackwell, 1997), 219~232와《화해하기Being Reconciled》(London: Routledge, 2003), 138~161을 참조하라. 나는 다음에서 이에 대해 더 많은 논의를 진행했다:《급진적 정교 소개Introducing Radical Orthodoxy》(Grand Rapids, MI: Baker Academic, 2004), 240~243.

5장   저자, 주권 그리고 인터뷰에서의 자명한 것들

1 심지어 제목에 '이론'이라는 단어를 사용하는 것조차 조금은 부당하다. 데리다가 언젠가 다음과 같이 말한 적이 있다: "나는 당신들이 여기서 사용하는 방식으로 '이론'이라는 말을 쓰지 않는다. 나는 당신, 미국인, 영어 사용자들이 이론이라는 말을 쓴 이후에 '이론'이라는 말을 사용하지 않는다." 그래서 우리가 '이론 이후'의 작업에 대해 말한다면, 데리다는 그가 "프랑스어로 이를 '철학 이후의 삶'으로, 해체 이후, 문학 이후의 삶으로 번역할 것"이라고 말할 것이다(〈이론을 좇아서〉, 8).

2 데리다는 한번 이렇게 말했다: "특정한 경우에는, 인터뷰가 누군가를 책의 독서로 이끌 수 있다. 그러나 책의 해석으로 이끌 수 있습니다. 그러나 대다수의 경우, 인터뷰는 어떤 이미지를 '대신한다'. 이 이미지는 텍스트와 책 없이도 문제가 하나도 없이 구성된다. 나는 그것이 걱정이다"(Points, 154).

3 1975년 9월에 진행된〈괄호 사이Between Brackets〉란 인터뷰는 Points, 5~29에 수록되어 있다. 뒤이은 인터뷰는 1975년 10월 말에 진행되었으며, 이것은 〈긍정 아니면 가짜Ja, or the faux-bond〉라는 제목으로

Points, 30~77에 수록되었다. 이 두 인터뷰는 유사한 전략을 사용한다.

4   또는 데리다와 《르몽드》지의 가상-대화의 사례를 고려해보라. 거기서
    데리다는 라틴어 격언(다시 괄호 안에)을 인용하는데, 상대방은 다음과
    같이 대답합니다: "그래서 지금 라틴어로 말하는 중이야?"(Points, 178)

5   자크 데리다, 〈열정: '기울어진 제물'Passions: 'An Oblique Offering'〉,
    《이름에서On the Name》, 토마스 뒤투아Thomas Dutoit 편집(Stanford:
    Stanford University Press), 1995, 23쪽.

6   이 응답의 위험에 대해서는, 같은 글, 18~21쪽 참조.

7   같은 글, 21쪽.

8   무응답의 위험의 개요에 대해서는 다음을 참조하라: 같은 글, 21~22쪽.

9   예를 들어, MP, xiii-xvi 참조.

10 같은 글, 13쪽.

11 IHOG, 45n.37, 72n.70; MP, 121 참조.

12 〈해체와 타자〉, 119쪽.

13 "나에게 데리다는 밀이나 듀이와 같은 좋은 휴머니스트로 보인다. 데
    리다가 '도래하는 민주주의'의 예언자로서 해체에 대해 말할 때, 그는
    나에게 이런 초기의 꿈들에 의해 느꼈던 동일한 유토피아적 사회의
    희망을 표현하고 있는 것처럼 보인다"(로티, 〈해체와 실용주의에 대한 논
    평〉, 14).

14 데리다, 〈해체와 실용주의에 대한 논평〉, 83쪽.

15 자크 데리다, 〈최후의 불량국가: 두 차례 '도래하는 민주주의'The Last
    of the Rogue States: The 'Democracy to Come', Opening in Two Turns〉,
    파스칼-앤 브라울트 그리고 마이클 나스 옮김, 《사우스 애틀랜틱 쿼
    터리South Altantic Quarterly》 103호, 2004, 329, 331쪽.

16 같은 글, 333쪽.

17 〈빌라노바 원탁 토론: 자크 데리다와의 대화The Villanova Roundta-
    ble: A Conversation with Jacques Derrida〉, 《해체에 대한 간결한 요
    약Deconstruction in a Nutshell》, 존 D. 카푸토 편집(Bronx, NY: Ford-

ham University Press, 1997), 23~24쪽. 참조. 〈믿음과 지식Foi et savoir〉
에서도 동일한 주저함이 나타난다.

18 데리다, 〈도래하는 계몽의 '세계'〉, 52쪽.

19 같은 글, 48쪽.

20 〈도래하는 정의를 위하여: 자크 데리다와의 인터뷰For a justice to
Come: An Interview with Jacques Derrida〉, 《표준 문자De Standaard
der Letteren》에 최초 게재, March 18, 2004.(http://www.brusselstribu-
nal.org/derrida.htm.에서 프랑스어, 영어, 독일어로 열람할 수 있다.)

21 데리다, 《파롤에 대하여Sur parole》, 45쪽.

22 앞의 책, 〈도래하는 정의를 위하여〉.

23 〈도래하는 정의를 위하여〉.

24 마이클 하트Michael Hardt 그리고 안토니오 네그리, 《다중: 제국이 지
배하는 시대의 전쟁과 민주주의Multitude: War and Democracy in the
Age of Empire》(Penguin, 2004), 99~100 참조.

25 〈도래하는 정의를 위하여〉.

26 데리다, 〈조건 없는 대학The University Without Condition〉, 《알리바
이 없이Without Alibi》, 페기 카무프 옮기고 편집(Stanford: Stanford
University Press, 2002), 208쪽.

27 〈도래하는 정의를 위하여〉.

28 데리다, 〈도래하는 계몽의 '세계'〉, 45쪽.

29 데리다, 〈자가 면역: 실제적이고 상징적인 자살, 데리다와의 대담〉,
116~117쪽.

30 데리다, 〈이론을 좇아서〉, 26쪽.

참고문헌

1 다른 서지학적 수고들에 대해서는 다음을 참조하라. 조안 노르드퀴스
트Joan Nordquist, 《자크 데리다: 참고문헌Jacques Derrida: A Bibliogra-

phy》, 사회 이론: 참고문헌 시리즈Social Theory: A Bibliographic Series No. 2(Research and Reference Services, 1986); 제임스 헐버트James Hulbert, 〈자크 데리다: 주석을 덧붙인 참고문헌Jacques Derrida: An Annotated Bibliography〉,《가랜드 레퍼런스 도서관 인문 분야Garland Reference Library of the Humanities》No. 534(London: Taylor & Francis, 1988); 윌리엄 R. 슐츠William R. Schultz 그리고 루이스 L. B. 프라이드Lewis L. B. Fried,《자크 데리다: 주석이 달린 1차, 2차 참고문헌Jacques Derrida: An Annotated Primary and Secondary Bibliography》, 현대 비평가와 비평학의 서지학Garland Bibliographies of Modern Critics and Critical Schools Vol. 19(London: Taylor & Francis, 1993), 882; 그리고 조안 노르드퀴스트,《자크 데리다 II : 참고문헌Jacques Derrida II: A Bibliography》, 사회 이론: 참고문헌 시리즈Social Theory: A Bibliographic Series No. 37(Research & Reference Services, 1995). 제프리 베닝턴은 1990년까지의 데리다의 저작의 관한 거의 완전한 참고문헌을 제공한다: 베닝턴 그리고 데리다,《자크 데리다Jacques Derrida》, 356~373: 또한 피터 크랩Peter Krapp이 만든 참고문헌은 다음을 참조하라〔http://www.hydra.umn.edu/derrida/jdyr.html.〕.